データ科学の基礎

笠原健一・宮野尚哉・長憲一郎［著］

共立出版

まえがき

　コンピュータ，通信ネットワーク，情報技術の進歩は，現代社会に大きな変革をもたらした．いまや，地球上のどの地点からでも情報を発信し，また，受信できるようになり，世界は急速に"狭く"なりつつある．同時に，社会の営みは複雑になり，世の中は情報に溢れている．

　本書のテーマはデータ科学である．観測を通して現実世界の様相を数空間に写像したものをデータと捉えてみよう．数空間に展開されたデータに統計学や機械学習を適用し，パターンを見つける，仮説を検証する，あるいは，予測を行うことができる．こうして，現実世界の複雑な有様を簡明にかつ定量的に理解し，理解に基づく結論や提案を，新たなデータ分析を通して反証可能な形で提示する．これがデータ科学の特徴であると言えるだろう．

　データ科学に関心が向けられる動機は，仏文学者であり『文学入門』（岩波書店，1950 年）の著者である桑原武夫氏の言う"インタレスト"という観点から考察できるかも知れない．桑原氏は，人生において文学はなぜ必要かという問いに対して，人は人生に対してインタレストをもつからであると言う．文学と能動的に協同することによって，緊張感を伴う楽しみを感じるのであり，インタレストのないところに心の動きはないと言う．この観点に立つならば，人は現実世界の様相，たとえば，気候変動，経済活動，医療等の国境を越えて複雑に展開する世界の様相にインタレストをもつところから，データ科学への関心が生まれ出るのではないだろうか．

　本書は，立命館大学において 2018 年 4 月より開講された教養科目「実践データ科学」の受講者向けテキストとして著されたものである．この科目は，文系および理系いずれの学部に所属する学生も受講できるので，本書ではこのような受講条件に配慮がなされている．たとえば，データ科学の学習においては実際のデータを用いた分析演習が必須であり，受講者はコンピュータを使用するが，（Python ではなく）Excel（OS は Windows 10）を標準ソフトウェアとした．文系か理系かを問わず，Excel は社会に出てからも頻繁に使用する機会が多い．したがって，本書は，社会人を含む幅広い読者の方々に向けて，データ科学を学ぶ際の参考図書としても役立つであろう．

　本書のもう 1 つの特長は，事例研究のための実データとして，立命館生活協同組合より，日々の売上データをご提供いただいたことである．学生が平素利用する生協の売上データを学生自身が分析し，立命館生活協同組合に対して分析結果に基づいた提案を行うことが期待されている．このデータは，本書の読者の方々に広く公開され，実際にダウンロードして入手可能である．データを快くご提供いただいた立命館生活協同組合に対して，著者らより深く感謝申し上

げる.

　本書の企画，提案から出版に至るまで，一貫して手厚いサポートをいただいた共立出版株式
会社の山内千尋氏，野口訓子氏および木村邦光氏に心よりお礼申し上げる．最後に，著者らを
いつも支えてくれる各々の家族に感謝の気持ちを述べる次第である.

2021 年 11 月　著者ら記す

目　次

第1章

はじめに

1.1 データ活用社会とデータ科学

　経済統計や社会統計，心理統計，医療統計，生物統計といった統計分野では，データを分析し，その背後にある事実関係を明らかにしたり，仮説を検証したりしてきた．現代はCPUやメモリなどハードウェアの性能向上・低価格化に支えられた情報通信技術やディジタル化の進展によって，データが様々な分野で高頻度で大量に生成される時代になっている．いわゆるビッグデータと呼ばれるものである．次世代移動通信規格である**第5世代移動通信システム**（5th generation mobile communication system: 5G）が本格化すれば，光ファイバ網と一体となって，さらにデータが発生・増加する．5Gでは高精細な動画を高速に送れるだけでなく，様々なセンサー情報も送ることができるようになる．センサー情報によって生産性を高めることで，人手不足の問題を解消した食料生産システムの構築，防災や災害予測，グリーンセンサーネットワークによる低炭素社会の実現やインテリジェント交通が実現される．近年において「データ」が注目されているのはこうしたことが背景にある．このように，データを活用することで新たな価値を創造し，発展させていく社会をデータ駆動型の社会という．

　人口や土地データの集計は紀元前からすでに行われていた．古代ローマでは税額算定のための人口調査が定期的に実施され，税金に関わる職業はラテン語でcensereと呼ばれた．それが英語のcensus（国勢調査）の語源であると言われている．データの一部から全体の法則を見いだすことを初めて大規模に行ったのが17世紀の英国商人，グラント（John Graunt, 1620年〜1674年）である．彼は何に駆り立てられたのか，本業の傍ら，ペストが大流行するロンドンで教会の洗礼者や埋葬者記録などを長年かけて調べ，ロンドンの人口を推定した．19世紀中頃，ロンドンは今度はコレラ禍に見舞われる．疫学の父と呼ばれるスノウ（John Snow, 1813年〜1858年）は死者数の統計的なデータから，その原因がある区画の特定の井戸ポンプにあることを突き止めた．疫病の原因であったコレラ菌が発見される，およそ30年前のことである．

　現在のデータ分析手法は**確率論**（probability theory）の考え方抜きには成り立たない．ラプラス（Pierre-Simon Laplace, 1749年〜1827年）は16世紀から17世紀にかけて発した確率論に新しい成果を加えて統合し，「古典的確率論」と呼ばれる体系化された理論にまとめあげた．また，**ベイズの定理**（Bayes' theorem）を再発見し，発展させた．ガウス（Carl F. Gauss, 1777年〜1855年）は誤差を含んだデータから，もっとも確からしい関係式を求めるための**最小**

2 乗法（least-mean-square method）を考案した（図 1.1）. 最小 2 乗法は誤差が正規分布している ときの**最尤推定法**（maximum likelihood estimation method）である. 18 世紀の終わり頃にはボーデの法則から火星と木星の間のメインベルトに天体があると推測されており, その後, 初めて発見されたのが直径 ～ 500 km の準惑星ケレスである. ケレスは発見後に見失われてしまったが, ガウスはそれまでの観測データから最小 2 乗法でケレスの軌道を計算した. そして, それによってケレスが再び見つけ出されたという歴史がある.

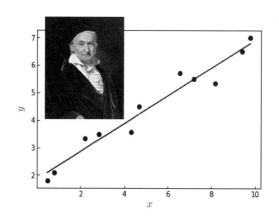

図 1.1　最小 2 乗法とガウス. ガウスはドイツの数学者・物理学者・天文学者. 電磁気学のガウスの法則やガウシアンビーム光学など, ガウスの名前を冠したものは多い.

　近代統計学の礎がつくられたのは 19 世紀の後半から 20 世紀の初頭である. 1946 年にはペンシルバニア大学で電子計算機が開発され, その後, 計算機科学が発展した. **データ科学**（data science）は両者を横断的・総合的に駆使し, データ活用社会を実現するための科学的なアプローチである（図 1.2）.

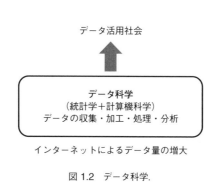

図 1.2　データ科学.

　「紙おむつとビール」という話がある. 米国のシステム会社が 1990 年代の初頭にスーパーマーケットの POS（point of sales）データを分析した. その結果, 紙おむつを買いに来た客がついでにビールも買う傾向があることがわかったという内容である. 紙おむつの近くにビー

ルを配置したことで，売り上げが伸びたという．今の時代もコンビニエンスストアなどで売れ筋商品や客が増える時間帯などの情報が POS から吸い上げられ，データベースに組み込まれている．とくに最近はキャッシュレス化が進み，ポイントカードやモバイルクーポンといった販売促進の仕組みが積極的に取り入れられている．それによって年齢層や性別といったデータが把握されることになる．この先，セルフレジなどによるキャッシュレス決済が一般的になればなおさらである．どういった商品がいつ，どのような購買層に売れているか詳しく分析できるようになるので，購買履歴に合わせたポイントなどの販促情報を配信できる．消費者のオンライン購買も進んでおり，電子商取引サイト内の検索で頻繁に検索されるキーワードも同様の役割をはたしている．このようなビジネスでの使われ方以外にも，データ科学は多様で大量のデータを分析し，広く科学や社会に価値ある知見を導き出す道具となっている．

1.2 データサイエンティストと分析の流れ

　データ科学を習得し，分析を行う専門家は**データサイエンティスト**（data scientist）と呼ばれる．データサイエンティストの扱う対象分野は限定されているわけではないが，コンビニエンスストアの例を想定して全体の分析の流れを見てみる．内容的には課題解決型と課題発見型に分かれるが，まずは目的を明確にすることが肝要である．どのようなモデルで分析を進めるかをある程度，頭に入れて全体設計する（図 1.3）．

　次のフェーズはデータ収集である．収集されたデータは分析しやすいフォーマットになって

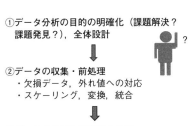

①データ分析の目的の明確化（課題解決？
課題発見？），全体設計

②データの収集・前処理
　・欠損データ，外れ値への対応
　・スケーリング，変換，統合

③データの概観と特徴量を把握
　・ヒストグラムや散布図で可視化
　・平均，分散，相関関係
　・分析目的に有効な特徴量の抽出

④データ分析
　・適切な数理モデル・分析的手法を選択し，
　　仮説を検証
　・有効な方策の提示，予測等のツールを
　　実装・運用

⑤依頼者への分析結果の説明
　・論理的で説得力のあるプレゼンテーション
　・改善や革新に向けての意思決定につながる
　　プレゼンテーション

図 1.3　データ分析の流れ．

いないことも多い．データに含まれる**欠損値**（missing value）や**外れ値**（outlier）などの処理，単位の違いによる表記ゆれの修正，扱いやすい数値に拡大・縮小するための**スケーリング**（scaling），質的データから数値への変換が必要となる．また，データがあったとしても分散していて一元管理されていない場合もあるので，それらの統合も要る．こうした作業は**前処理**（preprocessing）と呼ばれ，自動化されていないので多大な労力がかかる．データベースの形式は**関係データベース**（relational database: RDB）が広く使われているので，そのための問い合わせ言語である **SQL**（structured query language）を扱えることが望ましい．まとめられたデータはグラフにして可視化し，分析目的に有効な**特徴量**（feature quantity）を見いだす必要がある．どのような因子を使って分析すればよいかは自明でないことが多い．目的に沿った特徴量を抽出することがプロジェクトの成否を左右する．

　次に，データ間の関係を説明する**数理モデル**（mathematical model）を立てる．これには回帰モデルや木構造のモデル等がある．モデルに大きく作用する特徴因子を組み込み，適切な解析手法を選択して分析を進める．ただ，それですぐに答えが出るわけではない．因子の追加や変更といった試行錯誤を繰り返すことになる．分析には市販のソフトに値を入れればそれで済むわけではないので，**Python** 等のプログラミングの知識も要る．有効な解決策が見いだされ，効果的な提案ができれば，必要に応じてモデルを予測等のツールとして顧客に提供して実装，運用する段階となる．課題発見型の場合には，そもそも現状のデータ分析を通して何が問題なのかを見いださねばならない．そこから本質的な課題を抽出し，提案につなげていく．目的とした結果が得られた後には，それを伝えるための論理的で納得感が得られる説明をするためのプレゼンテーションが必要となる．

　本書は大学初年次の理系学生を対象にしているが，文系の学生にもわかるように努めた．そこで本全体を前半と後半に分け，前半の第 1〜6 章まではデータ分析の基本を概説した．私たちはインターネットやスマートフォンを通じてほとんど意識することなくデータを受け取っているが，これはどのような仕組みかを理解しておくことも重要である．第 7 章ではこれについて触れている．後半の第 8 章ではデータ分析の数理基盤についてもう少し詳しく説明した．第 6 章までの内容に疑問や不足を感じたら後半のこの部分を見て理解を深めて頂きたい．データ分析の数理的な基盤は統計学にあるが，統計学には**頻度主義統計**（frequentist statistics）と**ベイズ統計**（Bayesian statistics）がある．どちらがよいかということはなく，場面に応じて使い分け，データ分析の幅を広げることが大事であろう．ただ，本書の対象からして，いきなりベイズ統計の話をするのは適切でない．ベイズ統計については第 5 章の後半で少し触れるが，本書では頻度主義に基づいた内容を基本にしている．

　実際にデータを扱うときにはフリーで統計処理専用の **R** や Python を利用する．Python はデータ処理用の様々なライブラリーが入手でき，使いやすく便利である．ただオブジェクト指向のプログラミング言語であるので，プログラミング経験が全くないと難しい．そこで本書の演習は基本的に Excel でできる内容にしてある．

## 第2章

データ分析の例

(2.1) 回帰分析を使った予測と因果関係の推定

　ある年の地域ごとの電気自動車の普及率や学生の試験成績のように，特定の一時点で切り取って見たときのデータを**クロスセクションデータ**（cross-section data）という．クロスセクションとは英語で横断面を意味するが，それを表としてまとめたのが**クロス集計表**（cross-tab）である．大学生を対象として，ある試験の点数と，その科目の一日の平均自宅学習時間，講義への出席回数，一週間あたりのアルバイトの平均時間をクロス集計したところ表 2.1 のようになった．

表 2.1　試験結果に関わるクロス集計表

氏名	点数 y	学習時間 x_1 （時間 / 日）	出席回数 x_2 （回）	アルバイト時間 x_3 （時間 / 週）		
				10 以上	5 以上 10 未満	5 未満
○○○○	86	1	14	0	1	0
◎◎◎◎	60	0.5	15	1	0	0
□□□□	87	0.7	10	0	0	1
△△△△	77	2	15	1	0	0
...	...	...	...	...	...	...

【ステップ 1】　この表から試験の点数が自宅の学習時間や授業の出席回数，アルバイトとどういう関係があるか知りたい．そこで試験の点数を y，学習時間を x として，これだけで試験の結果が説明できるか見ることにする．まずは $y(x) = f(x)$ とおいてクロス集計表のデータから関数 f の形を推測したい．データから人数分の連立方程式ができる．ただし，f はデータから推測するしかなく，観測データにはばらつきが出てくる．そこで $y = f(x) + \epsilon$ とばらつきによる**残差**（residual）ϵ を右辺につけておく．

　関数の形は無限にあるのでまずは理解しやすい 1 次式を使う．つまり，$y = (ax + b) + \epsilon$ とおく（注：統計学では伝統的に切片 b は右辺の最初におくが，初学者には後にしたほうが違和感がないと思われる．そこで，この形で話を進める）．a, b は定数であるが，それらの値を求めるには方程式は最低でも 2 つ以上必要である．だが一体どうやって a, b を求めるかである．これはガウスが編み出した最小 2 乗法を使えばよい．その中身は以降の章で述べるとし，こうして

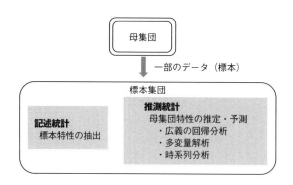

図 2.1　頻度主義統計学によるデータ分析

求めた $y = ax + b$ が**回帰方程式**（regression equation）である．x は**説明変数**（explanatory variable），y は**目的変数**（objective variable），a は**回帰係数**（regression coefficient）という．説明変数は**独立変数**，目的変数は**従属変数**とも呼ばれる．これは統計学でいう**単回帰分析**（simple linear regression analysis）である（図 2.1）．それを使って説明変数が 1 つのモデルを作ったことになる．

　回帰係数や切片が 0 のときには方程式は意味をなさないが，それは**統計的検定**（statistical test）から判断する．「回帰」とは一般的に元の状態に戻ることを意味する．なぜ，こうした奇妙な言葉が使われるかは歴史的な経緯に基づく．19 世紀，ゴルトン（Francis Galton, 1822 年〜1911 年）は多くの子供の身長とその親の身長の関係を調べた．すると親の身長が高いからといって子供の身長が必ずしも高くなるわけではないことを表す 1 次式を得た．長身の親の子供の身長はそれほど高くならず，背丈の低い親から生まれた子供は身長が伸びる傾向にあり，回帰するというのである．そこでデータを説明する関数形を回帰式と呼ぶようになっている．

　試験の点数と学習時間のデータはこの 1 次方程式に完全にのるわけではないが，もっとも確かそうな関係式となる．式は見方を変えると**因果関係**を推定していることになる．「推定」と書いたのは必ずそうなのかはこれだけでは判断できないからである．毎日，適量のコーヒーを飲むことは血管病のリスク低減に有効といわれており，コーヒーは病気のリスクを低減させる．一方，喫煙者はコーヒーを飲むときに喫煙することが多いが，喫煙はリスクを逆に増大させる．この場合，喫煙は両者に絡んだ**交絡因子**（confounding factor）となる．血管病の調査対象者に喫煙者が多く，コーヒーを飲むときに喫煙することが多いという事実に対して喫煙という因子を考慮しないと，コーヒーは血管病を促進するという逆の結果が出てしまう．よって回帰式はあくまでも因果関係の「推定」である．

　回帰式は予測にも使える．学習時間と点数の関係が明らかになるからである．ところが話がこれで終わればよいが，そうはいかない．データでは学習時間を 1 日あたりの時間単位で表しているので，学習時間が 2 倍になれば点数は 2 倍になる．回帰式が本当ならば必死で学習すれば点数はいくらでも上げられることになり，おかしな結果になる．この問題を解決するには 1 次式（線形な関数）ではなく，学習時間とともに飽和するような**非線形関数**（nonlinear function）

を考えればよい．非線形性を取り込んだ**非線形回帰分析**（nonlinear regressive analysis）は統計手法として存在している．

【ステップ2】 表 2.1 のクロス集計表には授業の出席回数という因子もある．これを回帰方程式の右辺に入れなければ授業に出なくとも点数はとれるといった，大学関係者には少し困った結果になる．次善の式は

$$y = a_1 x_1 + a_2 x_2 + b + \epsilon \tag{2.1}$$

である．学習時間と出席回数を区別するためにそれぞれ，x_1, x_2 とした変数を使った．それらに対する係数が a_1, a_2 である．変数が 1 つの時は単回帰分析と呼ぶのに対して，これは**重回帰分析**（multiple linear regression analysis）という．a_1, a_2, b を求めるにはやはり最小 2 乗法を使えばよい（注：本書では使わないが，変数が複数になるとベクトル表記によって回帰式が簡潔に記述できる）．

【ステップ3】 あまり無闇に因子を増やすと関係式の解釈が難しくなるが，最後にアルバイト時間の影響を式に取り込んでみる．アルバイト時間は細かな時間で分けると後で理解が難しくなる．そこで表 2.1 では「10 時間以上」，「5 時間以上 10 時間未満」，「5 時間未満」の 3 つに分けてある．今までとの違いは「アルバイト時間」という因子が数値でないことである．そこで**質的変数**（qualitative variable）を**量的変数**（quantitative variable）に変換する必要があり，その目的で**ダミー変数**（dummy variable）を使う．表 2.1 で「10 時間以上」ならばその列に 1 をつけ，それ以外の 2 つの列は 0 としている．回帰式にアルバイト時間を取り込むには「10 時間以上」と「5 時間以上 10 時間未満」の 2 つの列だけを入れればよい．「10 時間以上」からの寄与は $a_{31} x_{31}$，「5 時間以上 10 時間未満」は $a_{32} x_{32}$ とする．x_{31} や x_{32} は 1 または 0 をとるダミー変数である．「5 時間未満」まで式に入れると方程式が不定となっておかしな回帰係数が出てくるので，ダミー変数は 3 つでなく 2 つにするのがポイントである．そして式は

$$y = a_1 x_1 + a_2 x_2 + a_{31} x_{31} + a_{32} x_{32} + b + \epsilon \tag{2.2}$$

とする．その後の係数を求める手順は同じである．

ダミー変数を入れた他の例として，大学での学習支援授業の効果を測る場合について述べる．学習支援授業の応募者が多かったのでそれまでの成績のスコアで足切りを行ったとする．その後に行った試験の点数 y を分析するときに，

$$y = (学習量の係数) * x_1 + (学習支援効果の係数) * x_2 + b + \epsilon \tag{2.3}$$

と書けるとする．x_1 は連続量，x_2 は学習支援を受ければ 1，そうでなければ 0 とダミー変数を用いる．式 (2.3) は**回帰不連続デザイン**（regression discontinuity design）に基づいたモデル

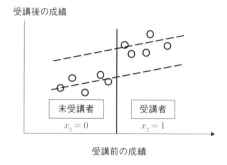

図 2.2　回帰不連続デザインによる学習支援授業の効果の分析

である．図 2.2 のように $x_2 = 1$ で明確な上方へのシフトが観測できれば学習支援が役立ったことになる．これは元々の成績が近かった者どうしで局所的に**ランダム化比較試験**（randomized controlled trial: RCT）を行っているのと等価である．ランダム化は**無作為化**ともいう．

問題 2.1

　因果関係の推定には交絡因子の他に，どのような標本を使うかといった「サンプル選択」が影響する．学習支援の効果を測るときに回帰不連続デザインを使うことは，サンプル選択とどういう関係があるか述べよ．

2.2 効果の有意差を調べる統計手法

● 介入研究（前向き研究）

　人類の歴史は細菌やウィルスとの闘いの歴史でもある．新型ワクチンの開発では何段階かの臨床試験を行わねばならない．それにはワクチンを接種するグループ（**介入群**）と，偽薬を接種するグループ（**対照群**）の人数を同じとし，参加者を無作為に割り付ける RCT を行う．ワクチン接種の効果は年齢や性別，疾患の有無などの諸条件が影響するかもしれないので，あらかじめ，2 つの群の比較には，そうした剰余変数を除いておく．

　治療や予防の有効性を調べるには，様子を見るだけの**観察研究**（observational study）と，対象者を投薬や治療の有無で 2 群に分け，結果の違いを見る**介入研究**（interventional study）がある．上記の新型ワクチンの臨床試験の場合は介入研究となり，時間の流れる方向に研究が進むので前向き研究という．ワクチンの効果は統計学的な手法で有意であることを裏付けねばならない．結論に至るまでの推論のプロセスが透明であれば，効果に対する確証を与える（図 2.3(a)）．物理学で**エルゴード性**（ergodic property）という言葉があるが，個の時間平均と集合平均が等しくなる集団はエルゴード的という．ところが個人の挙動の時間平均は，大勢の人からなる集団のある時間で見た挙動平均とは，同じにならない．当たり前である．人は年齢・性別・疾患の有り/無しといった「個性」があるからである．したがって人間の集団は「非エルゴード的」である．それゆえに統計分析ではランダムに人を選び，比較するという手順が必要となる．

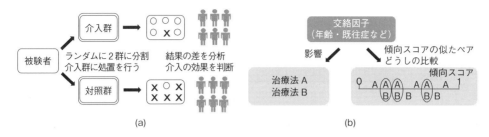

図 2.3 (a) 介入研究（無作為化比較試験による 2 群の比較），(b) 症例対照研究（傾向スコアによる 2 群の比較）

• 症例対照研究（後ろ向き研究）

一方，図 2.3(b) は，病気のステージが進行した患者に対する治療法 A，B でどちらが生存率が高くなるかを調べる場合である．ただ RCT は倫理的に使えないし，法的に処罰されてしまう．この場合は処置後のそれぞれの集団で似たような傾向（年齢，性別，他の併存症など）の人どうしで比較する．これは観察研究の 1 つの**症例対照研究**（case-control study）である．治療法は高齢のためにおのずと A，B のどちらかに決まる場合がある．また生存期間は元々，年齢依存性がある．年齢は処置方法に間接的に影響を及ぼし，結果に直接的に関係するので交絡因子である．そこで A の治療を受けた人をランダムに選び，その人と傾向の似た者を B の治療者から選んでペアをつくる．こうしてできたペアどうしの比較から，A，B の優劣を総合的に判断する．似たような傾向を統計学的に求めたものが**傾向スコア**（propensity score）であり，これは**ロジスティック回帰**（logistic regression）で求める．

RCT と似たような概念で，**無作為抽出**（random sampling）がある．国や地方自治体が行う調査で，どのような政策を新たに進めていけばよいか住民の潜在的な意識を知ることは重要である．このようなアンケート調査では対象に偏りが出るとまずいので，**母集団**（population）からランダムに無作為抽出するプロセスが重視される．調査はモノと違い，対象者の氏名や住所などのリストがないとできない．そのため企業が既存商品の顧客満足度や課題の抽出，新商品・サービス開発に向けてシーズを知りたいときには，ネットリサーチ専門の会社に Web によるアンケート調査を依頼することが多い．こうした会社は依頼条件（性別，年代，地域など）に応じた対象者（パネルと呼ばれる）に対してインターネットで調査を行う．意見の偏りが生じたり，回答者のプロフィールが正確か確認できないといった課題はあるものの，比較的，短期間で結果が得られるというメリットがデメリットを上回るので多くの場合に使われている．

しかしながら，国や公的機関，地方自治体が行う調査では厳格な無作為抽出が要求される．全国的な規模で行う内閣府の世論調査や統計数理研究所の国民性調査，県民の意識調査では，**層化 2 段無作為抽出法**（stratified two-stage random sampling method）が使われる．母集団は，まず大きな規模の行政単位でグループに分ける**層化**（stratification）を行う．このとき**標本**（sample）となる人数は行政単位の人口（多くの目的では有権者数）に応じて比例配分しておく．層化を行わない**単純無作為抽出法**（simple random sampling method）では選ばれた地

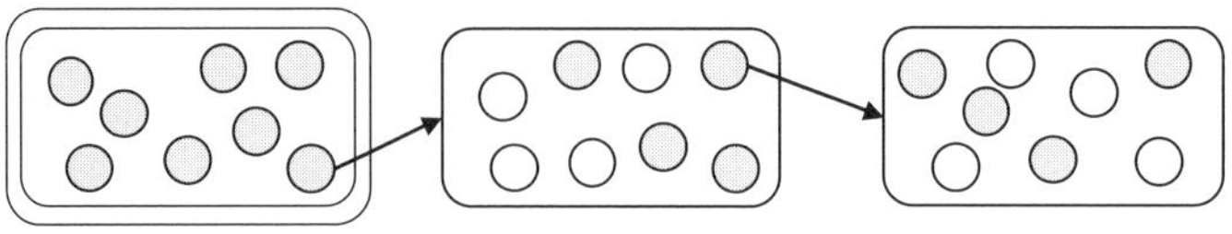

図 2.4　層化 2 段無作為抽出法（層化した大規模行政単位より，その中の小さな行政単位を無作為に抽出．2 段目で個人を選び出す）

域に偏りが出る懸念があるが，層化によってそれが解消される．各層の中も，中・小規模の行政単位でグループ分けをしておき，そこからいくつかの行政単位をランダムに選ぶ（図 2.4）．

ランダムに選ばれた個々の行政単位にも，有権者数に応じた標本数が割り振られる．この後は等間隔な**系統抽出**（systematic sampling）が用いられることが多い．この方法ではスタート番号だけを乱数で決め，それ以降は住民基本台帳の名簿から等間隔で抽出する．標本の数が多い場合にはその数だけ乱数表を引くのは大変なので一般的にこの方法が用いられる．2 段が 3 段の場合もあるが，やり方は同じである．

国勢調査はこうした標本抽出と違って全数調査を行う．日本では調査には紙媒体の調査票が用いられる．一方，米国の国勢調査ではオンライン・電話・郵送の中から選ぶことができ，オンラインによる回答比率が高まっている．

公的機関による調査の他に，放送や新聞といった報道機関による内閣支持率などの調査では**RDD**（random digit dialing）が主流となっている．コンピュータで電話番号をランダムに発生させ，実際に通じた人に対して電話で調査する方法である．賛成または反対といった質問に対し 95 ％ の**信頼度**（confidence level）で精度 ±2 ％ を求めれば，回収率 100 ％ だとおよそ 2400 人以上の標本が要る．RDD は固定電話から始まったが，固定電話の加入者数が減少しており，現在では携帯電話も併用されるようになっている．固定電話は先頭の市外局番や市内局番で地域が決められており，加入者番号だけを乱数で決める．それによって特定の地域に偏ることがないように操作できる．それに対して携帯電話は地域を操作することができないという課題がある．固定電話と携帯電話では，電話をとる年齢層や性別で偏りがでるといったこともあるが，厳密なことを求めなければ比較的，簡便で安いコストで調査ができる．

問題 2.2

層化抽出法では母集団を部分集団に分けて層化し，各部分集団に割り当てる標本数はその大きさ（有権者数など）に応じて比例配分した．しかしながら，仮に県内の企業全体の総売上高を推定するときは，母集団を大企業・中小企業と層化し，標本数を従業員総数に応じて比例配分するのは適切でないことがある．その理由と，どのような配分方式が適切か考察せよ．

第3章

データを扱うための基礎事項

3.1 量的変数と質的変数

　分析で扱う因子は数値で表せる量的な変数と，数値で表せない好みや性別といった質的な変数がある（表 3.1）．データはこうした変数が観測値として表れたものである．量的データは数値に絶対的な意味を持ち，評価基準が**比例尺度**（ratio scale）で表されるものと，数値の差に意味があって**間隔尺度**（interval scale）で表されるものの 二通りがある．尺度は順位関係を表し，表 3.1 で下から上にいくほど数値的な大小関係が明確に存在する．体重や身長，人数等の比例尺度によるデータは絶対的な原点があって数値で示される．西暦における紀元前とその後のように，間隔尺度によるデータの原点は，人為的に決めたものである．量的データはさらに，連続値をとれるものと，離散的でとびとびの値しかとれないものとに分類できる．

　質的変数は数値で表せない因子で，質的データは**カテゴリデータ**（カテゴリカルデータ，category data）とも呼ばれる．たとえば「満足度」は質的変数で，その中の項目は「満足/ある程度満足/少し不満/不満」といったものになる．順位を相対的につけることができるので「満足度」は**順序尺度**（ordinal scale）を持った質的変数である．順位概念が全くないときは**名義尺度**（nominal scale）となる．質的データは加算できないので**平均値**（average value）や**分散**（variance）は意味をなさない．満足度といった順序尺度によるデータは**最頻値**（mode）や中

表 3.1　量的データと質的データ

データの種類	尺度の種類	定義	例	基本統計量
量的データ （数値で表せる）	比例尺度	数字には原点があり，数字の比に意味がある	人数，抗体量，生存率，商品の価格，学習時間，株価，絶対温度	平均，分散，四分位数
	間隔尺度	比例尺度と異なり，数値の差（間隔）のみに意味がある	西暦，摂氏や華氏で表される気温	平均，分散，四分位数
質的データ （数値で表せない．カテゴリデータともいう）	順序尺度	順序には意味があるが，間隔尺度と違って差には意味がない	満足度（満足・ある程度満足・満足・少し不満・不満），成績の順位，時間帯，年代（10 代，20 代など）	四分位数，度数（平均，分散は意味をなさない）
	名義尺度	区別には意味があるが，順序には意味はない	性別，人種，血液型	度数（四分位数も意味をなさない）

央値（median）を持つ．血液型などの名義尺度によるものは，平均値や分散はもちろん，最頻値や中央値も意味を持たない．

2変数の関係をデータセット（データの集まり）から調べるときは，それらが両方とも数値の場合もあるし，数値データと質的データ，あるいは共に質的データの場合もある．回帰分析では数値だけでなく，質的なデータも取り込めることは先に述べた．

2つの群があり，それらの体重に関するデータセットがあったとする．kg単位で片方は64, 66, 73, 76, ...，もう片方は65, 69, 70, 75, ...といった具合である．そのときに2群で体重の平均値や分散に有意差があるかどうかを調べるのが**統計的検定**（statistical test）である．平均値では**t検定**（t-test），分散では**F検定**（F-test）がある．この2つの検定で，比較する平均値や分散は，量的データの基本統計量である．それに対してχ^2**検定**（カイ2乗検定，$\chi^2 - test$）は質的データの基本統計量である**度数**（frequency）の分布に有意差があるかを調べる目的で使われる．たとえば製品を売り出す前のアンケート調査でライトブルーとモスグリーン2つの色でどちらが好みか，2つの年齢層に質問したとする．それぞれの色につけられた丸の数が度数である．度数は広い意味での数ではあるが，比べるのは「色」という質的変数である．「色」に2つの項目があって，それに度数がついているのである．この辺が混乱するところであり，気をつける必要がある．

問題 3.1

日本人の血液型の分布は，O型が31％，A型が38％，B型が22％，AB型が9％である．このときの数字は基本統計量という観点では何にあたるか．

3.2 データの可視化

データをグラフ化すると直感的にわかりやすくなる．グラフは結果を報告するだけでなく，データの特徴を最初におおまかに把握する目的で必要となる．図3.1(a)の棒グラフは，同じ試験を受けた4つのクラスA, B, C, Dの平均点を示している．100点満点でクラス内の平均点を縦軸にとって示している．クラスは質的変数で，名義尺度に分類される．クラス内の項目は各クラス名である．A, B, C, Dとクラス名をつけているが，これには順位は関係はない．

図3.1(b)は1つのクラス内の得点分布を**ヒストグラム**（histogram）で示している．ヒストグラムの横軸は**階級**（ビン，bin）である．階級の数を$bins$と表記する．この例では，$bins = 20$として100点満点を5点刻みにしている．「70点以上〜75点未満」，「75点以上〜80点未満」といったように点数の大きさの順に右方向に階級が並ぶ．1つの階級の度数はその得点幅にいる人数になる．度数に対して**相対度数**（relative frequency）があるが，これはある階級の度数の全体に対する割合を示したものである．したがって相対度数の合計は1になる．ヒストグラムは得点分布を表しているので階級間に隙間はなく，棒グラフとは使い方が異なる．

図3.1(c)は$bins = 10$で10点刻みにしたヒストグラムである．ヒストグラムは階級幅に

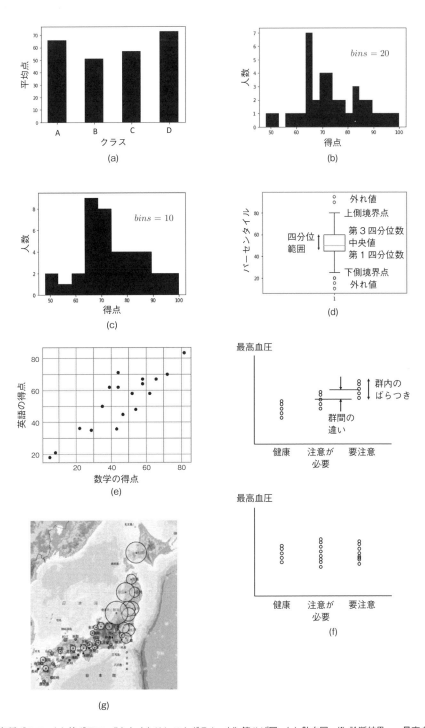

図 3.1　各種グラフ．(a) 棒グラフ，(b) と (c) はヒストグラム，(d) 箱ひげ図，(e) 散布図，(f) 診断結果 vs 最高血圧のスト
リッププロット（群間の相関は上図：あり，下図：なし），(g) 統計データ（県別の水稲収穫量）の地図上表示．

よって見え方が変わるので注意する必要がある．幅を大きくすれば細かな様子が失われ，逆に狭いと全体的な度数分布の傾向がわからなくなる．

データには最小値，最大値，中央値，平均値の他に最頻値がある．最頻値は最も頻繁に発生するデータを指す．平均値は必ずしも中央値や最頻値と同じになるわけではない．データを昇順に並べたものが図 3.1(d) の箱ひげ図（box plot）で，**百分位数**（パーセンタイル，percentile）でデータの相対位置が示される．順位がちょうど真ん中に位置する中央値は**第 2 四分位数**となる．第 p 百分位数は p パーセンタイルともいい，**第 1 四分位数**と**第 3 四分位数**は，それぞれ，25 パーセンタイル，75 パーセンタイルになる．データ数でいえば，それらの点までに 25 %，75 %のデータが入っていることになる．箱ひげ図の定義にはいくつかの流儀があるが，本書では以下のようにする．

$$\text{四分位範囲} = （\text{第 3 四分位数}）-（\text{第 1 四分位数}）$$

$$\text{上側境界点} = （\text{第 3 四分位数}）+ 1.5 \times（\text{四分位範囲}）$$

$$\text{下側境界点} = （\text{第 1 四分位数}）- 1.5 \times（\text{四分位範囲}）$$

四分位範囲はデータが中央値に対してどれくらいばらついているかを表す．上側境界点，下側境界点の範囲に入っていないデータは外れ値となる．

試験の点数といっても実際には数学や英語のように教科ごとに分かれている．上の例では 1 科目の得点であったが，数学と英語の得点の 2 変数の関係を見るとする．2 変数の関係を把握する目的では**散布図**（scatter plot）が使われる（図 3.1(e)）．変数間に**相関**（correlation）があるとは，片方が大きくなれば，もう片方も大きくなる場合をいう．数学ができる人は英語もできる（あるいは数学ができない人は英語もできない）とすれば，たくさんの学生の点数をプロットしていくと右肩上がりとなる．このときは正の相関があるという．数学と英語の点数は互いに無関係で独立していると考えてもよいが，数学の試験勉強を一生懸命やれば時間が食われて英語の勉強は手薄になる．そうなると 2 つの得点は独立ではなくなるので散布図に少し影響が出てくるであろう．散布図からは変数間のおおまかな傾向をつかめるが，あくまでも 2 つの変数の間に何らかの関係性があるか，ないかを把握できるだけである．あったとしても因果関係まではわからない．

変数どうしの関係を見るときには，片方は数値であるが，もう片方は質的データの場合もある．社員が定期健診を受診する場合を考える．社員一人の最高血圧値と最終的な診断結果（1：健康，2：注意が必要，3：要注意のどれか）が 1 つのデータになり，そこからデータセットができる．それを図 3.1(f) の**ストリッププロット**（strip plot）で示してある．「**対応のあるデータ**」とは，たとえば同一対象者の運動前の血圧，運動後の血圧といったデータを指す．今の場合は 3 群の血圧値はそれぞれ別々の人のデータであるので「**対応のないデータ**」である．横軸は数値の意味を持たず，3 つの群を示すだけである．群内の血圧値のばらつき（**群内変動**，variance within a subgroup）よりも群間での平均血圧値の変動（**群間変動**，variance between subgroups）が大きいときは群間に違いが見えてきて，血圧と診断結果には相関があることに

なる（上図）．それに対して下側の図では相関はない．

　最近では地図上にデータをマッピングする技術も多くある．図 3.1(g) は国土地理院のオープンソフトを使い，県別の水稲収穫量を地図上に円グラフの大きさで示してある．地理情報と集計結果を関連づけて表示できるので，一目でわかりやすい．スマートフォンから得られる人出や渋滞情報は**空間統計データ**（spatial statistical data）として地図上にプロット・マッピングされることが多くなっている．こうすればわかりやすい．Excel では図 3.1 の (a) から (f) のグラフまでは描くことができる．Python ではネットから地図表示用のライブラリを入手し，そこに (g) のような統計データをのせることが比較的容易にできる．

【例題 3.1】
ある会社が新商品を開発する際に，A, B の 2 つの試作品を作って何人かに評価点をつけてもらった．女性による評価と男性による評価を分けたとき，ともに A のほうが平均点は高かった．しかし男女の評価をまとめたときには B のほうが高いという，すぐには了解できない分析結果の報告を受けた．こういうことは起こりうるか？

【例題 3.1 の解答】
要約された平均値だけでみると奇妙な印象を受けるが，図 3.2 のようになっていれば何もおかしなことはない．グラフでデータを可視化するとデータの傾向を理解しやすくなる．この例は**シンプソンのパラドックス**（Simpson's paradox）と呼ばれる．全体の中に異なる属性を持った集団が含まれているときには，全体での解析と**層別解析**（stratified analysis）が必要であることがわかる．　　　　　　　　　　　　　　　　　　　　　　　　　　　　　（解答終わり）

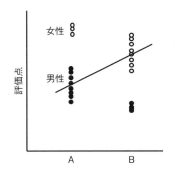

図 3.2　試作品 A, B の男女による評価点.

　図 3.3 (a)〜(d) は別の例で，4 つのデータセットを示してある．(a) は入力と出力の関係が線形の 1 次式で表現できる場合，(b) は 1 点のみ他と違った外れ値がある場合である．(c) は 1 次式で表せない非線形の場合，(d) は非線形性に外れ値が加わった場合である．それぞれグラフにして可視化すれば，違いは明白であり，入力 - 出力間にどのような関数（モデル）を使えば

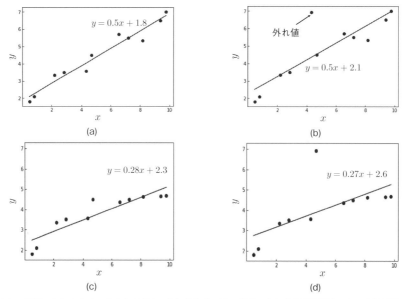

図 3.3　入出力の関係. (a) 1 次式で表される場合, (b) 外れ値がある場合, (c) 非線形な場合, (d) 非線形性に外れ値が加
わった場合.

よいか見当がつく. 図中には線形の関係があるとしたときにデータが最もよくあてはまる回帰
直線を引いてある. (b) で外れた値をとる点は, (a) の中の 1 個だけであるが, 1 次式の切片の
値が変わる. 外れ値を主観で除くことは適切でなく, 除去しない場合, 除去する場合の両方で
どうなるかを見るのが基本である. (c) では出力が入力の増大とともに飽和している. 線形式
をあてはめることは適切でない（回帰直線の傾きや切片の有意性は統計ソフトで出てくる. こ
こでは, 単にもっともよくあてはまる直線という意味合いで載せてある）.

問題 3.2

100 点満点の試験の点数を表す度数分布表の 1〜4 列には順番に, 度数（人数）, 累積度数, 相対度数, 累積
相対度数が入る. 累積度数や累積相対度数はその階級までの度数, 相対度数の合計になる. $bins = 10$ と
して 1 列目の度数には昇順に, $\{\,2,\ 1,\ 4,\ 5,\ 10,\ 18,\ 25,\ 22,\ 10,\ 3\,\}$ が入っている. このときに累積
度数, 相対度数, 累積相対度数の列を埋めよ.

問題 3.3

気象庁の Web サイトより東京の 1980 年から 2020 年までの月毎の降水量のデータをダウンロードする
（付録 1 参照）. そこから梅雨時の 6 月, 7 月だけのデータを抽出してヒストグラムを描け（期間内の 6 月,
7 月の最大降水量は 400 mm 以下なので, 階級幅は 25 mm, $bins = 16$ とする）.

3.3　基礎統計量

回帰分析で予測式 $f(x)$ を求める際に残差 ε をつけたが, 残差は, 実際のデータを用いて推

定された回帰式から算出される値と，実際のデータとの差を表す．真の回帰式は実際にはわからないが，仮にわかったとして，その式から計算される値と実際のデータとの差が誤差となる．「誤差」は，**確率分布**（probability distribution）によって左右されてランダムに現れる**偶然誤差**（random error）である．誤差は独立で**正規分布**（normal distribution）を仮定して回帰式の係数を推定する．誤差には偶然誤差の他に**系統誤差**（systematic error）がある．系統誤差は，特定の原因によって観測値が真値から偏る誤差である．たとえば，測定器が正常でなく，何らかの原因で値が常に高めにでるような場合で生じる誤差である．また，学生の平均体力を知りたいときに，標本として運動習慣のある学生を多く入れれば収集された調査結果は平均の体力からずれた結果がでる．系統誤差は原因がわかれば取り除くことができる．母集団の特性を示す母平均や母分散は**母数**（parameter）と呼ばれる．

　平均と分散は基礎統計量であるが，統計学では標本から得た場合には，**標本平均**（sample mean）や**標本分散**（sample variance），**標本標準偏差**（sample standard deviation）という．数値データ x_i で全標本数を N としたときの標本平均を $\bar{x}$ と表すとすると，

$$\bar{x} = (x \text{ の測定値の和})/(\text{標本数}) = \frac{\sum_{i=1}^{N} x_i}{N} \tag{3.1}$$

となる．これは特に違和感はないだろう．ここでシグマ記号 $\sum_{i=1}^{N} x_i$ は測定値の $i=1$ から N までの総和を表す．平均からの偏りを**偏差**（deviation）という．各データ x_i の偏差は，

$$\text{偏差} = (\text{測定値} - \text{標本平均}) = (x_i - \bar{x}) \tag{3.2}$$

となる．標本のばらつきを統計学的に表現した量が標本分散 s^2 である．これは偏差の平方和の平均であり，

$$s^2 = \text{平均偏差平方和} = \frac{\text{偏差平方和}}{\text{標本数}}$$
$$= \frac{\sum_{i=1}^{N} (x_i - \bar{x})^2}{N} \tag{3.3}$$

で求められる．これも頭に「標本」がつくだけで今まで習ってきたことと変わりない．標本標準偏差は標本分散の平方根であるので，

$$\text{標本標準偏差} = \sqrt{s^2} = s \tag{3.4}$$

となる．$N=2$ とし，$x_1 = \bar{x} + \Delta x$，$x_2 = \bar{x} - \Delta x$ とすれば，平均は $\bar{x} = 0$ である．またそれぞれの偏差は Δx と $-\Delta x$ である．分散は $s^2 = \{(\Delta x)^2 + (\Delta x)^2\}/2 = (\Delta x)^2$ であるので，標本標準偏差は Δx となる．

　ところで，なぜ，わざわざ頭に「標本」とつけるのであろうか？　それは標本から計算した平均や分散が，母集団のそれら（母数）と一致するか保証がないためである．そこで統計学では**不偏推定量**（unbiased estimator）という概念が登場する．**期待値**（expected value）とはある

試行をしたときに得られる数値の平均値であり，得られるすべての値とそれが起こる確率の積を足し合わせたものである．不偏推定量になるとは，推定量の期待値が母数に一致することを意味する．期待値を $E[\cdot]$ で表すと，式 (3.1) から計算される標本平均 $\bar{x}$ は $E[\bar{x}] = \mu$ となって，母平均 μ の不偏推定量になる．問題は標本分散である．s^2 は**母分散** σ^2 の不偏推定量にはならない．分散の不偏推定量は**不偏標本分散**（または**不偏分散**，unbiased sample variance）と呼ばれる．統計学は入り口からこうした区別が出てきてわかりにくい点がある．

【例題 3.2】

(1) 母集団からランダムに標本を抽出して作った変数

$$X = \frac{x_1 + x_2}{2}, \ Y = \frac{x_1 + x_2 + x_3}{3}$$

が μ の不偏推定量となることを示せ．

(2) 不偏推定量は一意的に決まらないのでその分散の大小を考えてみる．今の場合，X, Y は μ を中心に確率分布しているが，それらの分散を求め，どちらの分散が小さくなるか答えよ．

【例題 3.2 の解答】

(1)
$$E[X] = E\left[\frac{x_1 + x_2}{2}\right] = E\left[\frac{x_1}{2}\right] + E\left[\frac{x_2}{2}\right] = \frac{E[x]}{2} + \frac{E[x]}{2} = E[x]$$

となる．なぜならば，a, b を定数として，一般的に

$$E[ax + b] = aE[x] + b$$

が成り立つためである．同様にして，$E[Y] = E[x]$ となる．よってどちらも母平均の不偏推定量であり，母平均の不偏推定量は一意的に決まらない．

(2) 分散を V で表すと，

$$V[X] = V\left[\frac{x_1 + x_2}{2}\right] = V\left[\frac{x_1}{2}\right] + V\left[\frac{x_2}{2}\right] = \frac{V[x]}{4} + \frac{V[x]}{4} = \frac{V[x]}{2}$$

となる．分散の場合は平均と違って，$V[ax + b] = a^2 V[x]$ となるためである．同様にして $V[Y] = \frac{V[x]}{3}$ となる．よって Y のほうが分散は小さくなる．不偏推定量の期待値は母数に一致するが，その**平均 2 乗誤差**（mean square error）には**クラメール・ラオの限界**（CrámerRao bound）で決まる下限値が存在する．　　　　　　　（解答終わり）

不偏標本分散を $\hat{\sigma}^2$ で表すと，

$$\hat{\sigma}^2 = \frac{\text{平均偏差平方和}}{\text{標本数} - 1}$$
$$= \frac{1}{N - 1}(\text{平均偏差平方和}) \tag{3.5}$$

となる（詳しい理由は本書の後半の 8.2 節を参照）．したがって，標本分散 s^2 との間には

$$\hat{\sigma}^2 = \frac{N}{N-1}s^2 \tag{3.6}$$

の関係がある．$\hat{\sigma}^2$ が母分散 σ^2 の不偏推定量になるので $E[\hat{\sigma}^2] = \sigma^2$ と表せる．標本分散 s^2 の期待値は，母分散 σ^2 から σ^2/N だけ小さくなる．標本数が少ないときの統計量は標本分散ではなく，不偏分散を使う必要がある．$\hat{\sigma}^2$ は標本サイズ N を大きくしていくと母分散 σ^2 に収束するので**一致推定量**（consistent estimator）でもある．少し紛らわしいが，不偏性は推定量の期待値が母数から偏らないことを意味し，推定量を何回か調べたときの平均値が母数になっていることを表す．それに対して，一致性は推定量の標本サイズを大きくしていくと母数に収束することをいう．

　テキストによっては，「不偏標本分散」を最初から「分散」と呼ぶものもある．実際，Excel で出てくる「分散」は不偏標本分散のことである．本書では分散の計算になぜ N でなく $N-1$ で割るのかを説明することから出発しているので標本分散，不偏分散と使い分けている．ただ，文脈によって意味がわかる場合には本書でも単に「平均」，「分散」ということもあるのであらかじめ断っておく．分散統計量の記号もテキストによって違う場合があるが，本書では標本で調べたときの平均と分散は $\bar{x}$, s^2，不偏標本分散には $\hat{\sigma}^2$，母集団の平均と分散には μ, σ^2 というギリシャ文字を当てる．

　統計でもう 1 つわかりづらい用語は統計的な**自由度**（degrees of freedom）であろう．式 (3.5) の右辺の分母にある $N-1$ は自由度である．自由度は一般的に，自由度＝（全体の標本数）−（推定せねばならないパラメータの数）で表される．推定せねばならないパラメータの数は，制約条件の数とも言い換えられる．式 (3.5) では不偏分散に平均値を不偏推定量として使っているので自由度は 1 減って，$N-1$ となる．自由度は，いくつかの統計処理で出てくるが，全てが $N-1$ になるわけではない．

　ばらつきを表すのに平均偏差平方和でなく，$(\sum_{i=1}^{N}|x_i - \bar{x}|)/N$ と偏差の絶対値をとって直接的に見てもよさそうである．これは平均絶対偏差（または平均偏差）と呼ばれるが，計算機で実際に求めると，絶対値をとるぶん，余計な手間がかかる．平均絶対偏差もばらつきの尺度となるが，こちらは使われていない．

● 歪度と尖度

　データの様子を表現する特徴量は平均や分散だけではない．分布が中心に対して左右対称になっているとは限らず，非対称性を示すのが**歪度**（skewness）である．また分布の裾の広さを示すのが**尖度**（kurtosis）である．歪度や尖度は N が大きいときには標本分散から計算される標準偏差を使って，

$$歪度 = \frac{標本偏差の 3 乗和平均}{標本標準偏差の 3 乗}$$

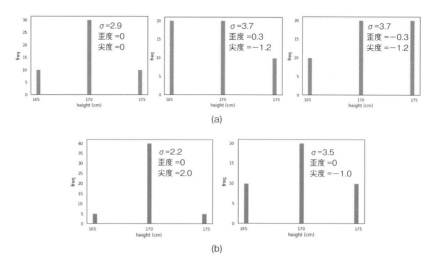

図 3.4　歪度と尖度. (a) 左端の歪度と尖度が 0 の場合に対し，尖度 = −1.2 で歪度が 0.3，−0.3 の場合，(b) 歪度 = 0 で尖度が 2.0，−1.0 の場合.

$$尖度 = \frac{標本偏差の\,4\,乗和平均}{標本標準偏差の\,4\,乗} - 3$$

で表される．尖度は正規分布のときをゼロとしている．図 3.4(a) は尖度が一定で歪度が変わったときの様子を示してある．歪度 > 0 ではピークは左寄り（右側が歪んでいる），歪度 < 0 ではその逆になる．(b) は尖度が変わったときである．尖度 > 0 では正規分布よりも尖り，尖度 < 0 ではその反対になる．

問題 3.4

一般的に母数 θ の推定量を $\hat{\theta}$ とすると，$E[(\hat{\theta} - \theta)^2] = (E[\hat{\theta}] - \theta)^2 + V[\hat{\theta}]$ となることを示せ．

問題 3.5

1 または 3 と書かれたカードが同数入った母集団からランダムに標本を 2 個 (x_1, x_2) 取り出し，標本分散と不偏分散を計算する．取り出した 2 枚のカードはもとに戻すこととする．これを繰り返したときに，不偏分散で計算した値の期待値が母分散に一致することを確認せよ．

問題 3.6

データ分析の目的の 1 つは予測であるが，過去のデータを使って先を予測することが難しくなってきている場合もある．数ヶ月先の天気予報がその例であり，気象庁では「アンサンブル（集団）予報」呼ばれる手法を使って，これを行っている．気候変動が年々，拡大しており，なおかつ初期値のわずかな違いによってその後の様子が大きく変わるという気象現象の性格上，このような手法が使われている．「アンサンブル予報」とはどのようなものか，調べてみよ．また，実際のデータの中には分散や標準偏差の計算はできても，それらがあまり意味を持たないデータもある．どのような例があるか考えてみよ．

3.4　確率分布

3.4.1　様々な確率分布

統計学は確率論に依拠している．確率分布は離散的，あるいは連続的な確率変数がある値となる確率を表したものである．離散的な場合は**確率関数**（probability function），連続的な場合は**確率密度関数**（probability density function）という．確率論は誤差項が正規分布していない**一般化線形モデル**（generalized linear model: GLM）でも重要である．データ分析は情報の抽出でもある．予測には**情報量**を使う手法もあるが，情報量は確率分布と結びついている．

8.8 節で詳述しているが，離散形の確率関数には **2 項分布**（binomial distribution），**ポアソン分布**（Poisson distribution）などがある．連続形の確率密度関数には**ベータ分布**（beta distribution）や**指数分布**（exponential distribution），**ガンマ分布**（gamma distribution），正規分布などがある．確率密度関数において，ある数値の幅で見たときの面積は，その幅の中で事象が起こる確率を表す．全区間にわたって積分した値は「1」であるので，ある領域で確率密度関数の値が 1 より大きくなってもおかしくない．

2 項分布の確率変数 x は

$$x \sim B(n,p) = {}_n C_x p^x (1-p)^{n-x} = \frac{n!}{x!(n-x)!} p^x (1-p)^{n-x} \tag{3.7}$$

に従う．コインを投げて表の出る確率を p とする．コインを n 回投げて，そのうち x 回，表が出る確率分布が $B(n,p)$ となる．このように「表か裏」，「成功か失敗」といった 2 つの結果しか得られない場合を**ベルヌーイ試行**（Bernoulli trials）という．2 項分布は独立で同一な確率を持ったベルヌーイ試行から得られる確率分布である．

コインを投げる回数を増やしていき，表が μ 回 出たとする．$pn = \mu = $ 一定 として，$n \to \infty$ とした 2 項分布の数学的極限がポアソン分布

$$p(x) = \frac{\mu^x}{x!} e^{-\mu} \quad (x = 0,\ 1,\ 2,\ \ldots) \tag{3.8}$$

である．ポアソン分布は稀な事が起こる確率分布で，たとえば，自動車事故が平均で μ 回/日起きるとして，実際に一日に x 回起こる確率を表す．ポアソン分布の x の平均と分散は等しく，μ となる．

【例題 3.3】
国内の自動車事故の死亡者数は $\mu \sim 10$ 人/日といわれている．これがポアソン分布に従うとすれば，死者数が 0 人，1 人，2 人，…10 人，…の確率はそれぞれ $(10^0/0!)\,e^{-10}$，$(10^1/1!)\,e^{-10}$，$(10^2/2!)\,e^{-10}$，…，$(10^{10}/10!)\,e^{-10}$，… となる．ポアソン分布の確率分布をグラフ化し，死者数が最大となる人数とその確率を求めよ．Excel では $x!$ は FACT(x)，$e^{-\mu}$ は EXP$(-\mu)$ で求められる．

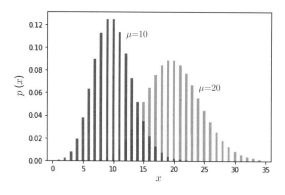

図 3.5　ポアソン分布 ($\mu = 10$, 20).

【例題 3.3 の解答】

ポアソン分布の最大確率は $x = 9$, 10 で 0.13 となる（図 3.5）．ポアソン分布は μ が整数のときは，$x = \mu - 1$, μ で最大となる．図 3.5 には $\mu = 20$ の場合も示してある．　（解答終わり）

ベータ分布は連続形の確率分布で，$Be(a, b) = Cx^{a-1}(1-x)^{b-1}$ $(0 \leq x \leq 1)$ で表せる（図 3.6）．C は規格化定数で，$C = 1/B(a, b)$, $B(a, b) = \int_0^1 x^{a-1}(1-x)^{b-1}dx$ はベータ関数と呼ばれる．コイン投げで表の出る確率がわかっているときに，表が出る回数は 2 項分布に従った．それに対してベータ分布は逆に，「表が出る回数がわかったとき」に，そこから予測される「表が出る確率分布」を表す．表の出る確率 x が 0〜1 の範囲で不明なコインを $(m+n)$ 回投げ，表が m 回，裏が n 回出たとする．このときは，$x \sim Be(m+1, n+1) = Cx^m(1-x)^n$ に従う．たとえば，10 回投げて表が 6 回，裏が 4 回のときは，$x \sim Be(7, 5) = Cx^6(1-x)^4$ になる．$a = b = 1$ のときはコインを投げていない場合に相当し，$Be(1, 1) = 1$ となる．これは**一様分布**（uniform distribution）と呼ばれ，ベイズ統計で確率分布がわからないときの**無**

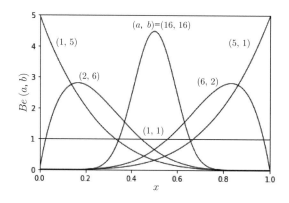

図 3.6　ベータ分布（a, b の値を変えたとき）.

情報事前分布（non informative prior）として使われる．ベータ分布は a, b の違いによって様々な形の確率分布を表すことができるので，ベイズ統計で事前に仮定する確率分布に使われる．ベータ分布の確率変数は1つであるが，これを確率変数の和＝1という条件で複数にした確率分布は**ディリクレ分布**（Dirichlet distribution）と呼ばれる．確率変数が2つの場合のディリクレ分布はベータ分布に一致する．ディリクレ分布もベイズ統計で事前に仮定する確率分布として使われる．

メールの到着時間の間隔は，平均の間隔は出てくるが，メール自体は前のメールと無関係にランダムに到着する．このようにランダムな事象の発生間隔は連続形の指数分布となり，確率密度関数は $f(t) = \lambda e^{-\lambda t}$ $(t \geq 0)$ で表せる．指数分布で表される発生間隔の平均は $1/\lambda$ である．したがって，その逆数の λ はメールの例ならば単位時間内にメールが到着する平均回数を表すことになる．ポアソン分布はある時間内でランダムに起こる事象の発生回数の確率分布，指数分布は発生間隔の確率分布で，両者は見方が異なることに注意されたい．

ガンマ分布は指数分布を一般化したもので，互いに独立で指数分布に従う α 個の確率変数の和の確率分布であり，

$$f(t) = \left(\frac{\lambda^\alpha}{\Gamma(\alpha)}\right) t^{\alpha-1} e^{-\lambda t} \quad (t \geq 0)$$

と表せる．$\Gamma(\alpha)$ は**ガンマ関数**（gamma function）で，$\lambda^\alpha/\Gamma(\alpha)$ は規格化定数である．$\alpha = 1$ のときは $\Gamma(1) = 1$ で指数関数に一致する．ガンマ分布は平均 $1/\lambda$ の間隔でメールが一通届く場合に，α 通届く時間の分布である．

多くの人の試験結果や雨粒のサイズ分布，測定誤差などは左右対称な釣り鐘型の形をした正規分布（ガウス分布）となる．経済現象や社会現象などの状況に当てはめられるものとしては**パレート分布**（Pareto distribution）がある．この名称は，所得の高い人を順に並べていくと富の8割は人口の2割に支配されているという80：20の法則を提唱した経済学者パレート（Vilfredo F.D. Pareto, 1848年～1923年）が考案したことによる．

その他として正規分布から導かれた t 分布，χ^2 分布，F 分布などがある．これらは統計検定や推定に使われる．

問題 3.7

成功確率を p，失敗確率を $(1-p)$ としたときに，r 回成功するまでに k 回失敗する確率は**負の2項分布**（negative binomial distribution）で表すことができ，$_{r+k-1}C_k p^r (1-p)^k$ となる（$r = 1$ のときは**幾何分布**（geometric distribution）と呼ばれる）．$r = 3$, $k = 4$ ならば $_6C_4 p^3 (1-p)^4$ になる．$p = 0.5$ ならば5回成功するまでには失敗は4回くらいはありそうである．$p = 0.5$ として，横軸に失敗回数，縦軸に5回成功する確率を実際にプロットしてどうなるか調べてみよ．

3.4.2 正規分布

パラメトリック（parametric）な統計とは，平均や分散といったパラメータで確率分布が規定された母集団を扱う統計であるが，そのときの確率分布は大抵は正規分布である．コインを

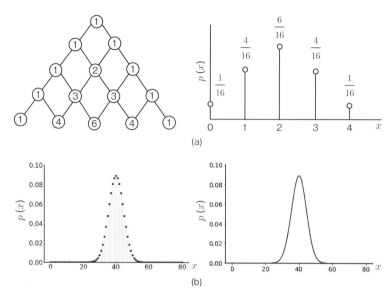

図 3.7 (a) 左：パスカルの三角形と，右：コインを 4 回投げた時の表が出る確率分布（2 項分布），(b) 左：80 回投げた時
の確率分布と，右：平均 40，分散 20 の正規分布.

投げて表が出る確率は 2 項分布に従う．これは上から玉を落として等確率で左右に分かれて落ちていくときの玉の数の分布と同じで，**パスカルの三角形**と呼ばれる（図 3.7(a) 左図）．コインを 4 回投げて表が 4 回出る確率は $_4C_4(1/2)^4 = 1/16$，3 回出る確率は $_4C_3(1/2)^4 = 4/16$，2 回出る確率は $_4C_2(1/2)^4 = 6/16$，1 回出る確率は $_4C_1(1/2)^4 = 4/16$，0 回は 1/16 となる（図 3.7 (a) 右図）．図 3.7(b) 左図は 80 回コインを投げた時の表の出る確率分布で，中心は 40 にあるが，その包絡線は右図の平均 40，分散 20 の正規分布の形状とほとんど同じになる．

平均 μ，分散 σ^2 の正規分布は

$$f(x) = \frac{1}{\sqrt{2\pi\sigma^2}} e^{-\frac{(x-\mu)^2}{2\sigma^2}} \tag{3.9}$$

と書ける．$f(x)$ は確率密度関数であるので $-\infty$ から ∞ まで積分した値は 1 でなければならない．右辺の係数の $1/\sqrt{2\pi\sigma^2}$ はそのためにつけた規格化定数である．正規分布は N(平均, 分散) という形で表し，式 (3.9) は $N(\mu, \sigma^2)$ と表記する．コインを x 回投げた時の 2 項分布では表・裏の出る確率を $p\ (=1/2)$ とすると，x を大きくしたときには $N(xp, xp(1-p))$ に漸近する．よって，$x = 80$ での包絡線は $N(40, 20)$ に近づくという言い方ができる．

$\mu = 0$, $\sigma^2 = 1$ の正規分布 $N(0, 1)$ は**標準正規分布**（standard normal distribution）という（図 3.8）．正規分布を標準正規分布に変換するには以下の確率変数 z の値を求めてこれを横軸にとればよい．

$$z = \frac{x - \bar{x}}{標準偏差} = \frac{x - \bar{x}}{\sigma} \tag{3.10}$$

標準正規分布では横軸 0 で最大，-3, 3 でほぼゼロとなる．巻末の表 8.2 の**標準正規分布表**を

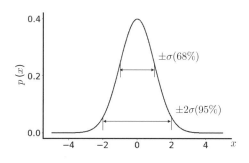

図 3.8 標準正規分布 $N(0, 1)$.

見ると,ある z 値以上で起きる確率がわかる.

　正規分布の広がりは標準偏差で決まる.標準偏差 σ の位置では中心の大きさを 1 とすると $e^{-0.5}(= 0.61)$, 2σ では $e^{-2}(= 0.14)$ となる.$\pm\sigma$, $\pm2\sigma$ の範囲にある面積はそれぞれ,約 0.68, 0.95 であるので,これらの値が $\pm\sigma$, $\pm2\sigma$ の間で事象が起こる確率となる(図 3.8).

【例題 3.4】
身長 [cm] が $N(170, 36)$ の正規分布に従うとして,$P(x \geq 180)$ となる確率を標準正規分布表を使って求めよ.

【例題 3.4 の解答】
$x \geq 180$ は標準正規分布への変換で $z_0 \geq (180 - 170)/6 = 1.67$ となる.標準正規分布表は z_0 以上にある確率 P を表している.よって $z_0 = 1.67$ の値を見ればよいので 0.0475 となる.

（解答終わり）

【例題 3.5】
正規分布で $\pm3\sigma$ の範囲にある確率を求めよ.

【例題 3.5 の解答】
標準正規分布では,$z_0 \geq 3.0$ では $P = 0.0014$ である.したがって,$\pm3\sigma$ の範囲にある確率は $1 - 2 \times 0.0014 = 0.9972$ となる.$\pm3\sigma$ ですでに 1 に近いので $\pm5\sigma$ の範囲にある確率は普通の感覚では 1 である.ところが素粒子物理学ではこの $\pm5\sigma$ の確率(= 99.9999%)で起こっていることを確かめて,初めて納得が得られる世界である.質量を与えると考えられている Higgs 粒子の発見がそうであった.

（解答終わり）

　これに関連して**チェビシェフの不等式**(Chebyshev's inequality)について言及しておく.この不等式は確率分布の広がりが,分散や標準偏差とどう結びついているかを示している.本不

等式によれば平均から $\pm k\sigma$ の間で起こる確率は少なくも $(1 - 1/k^2)$ となる. $k = 2$ なら 0.75 なので, $\pm 2\sigma$ の範囲には少なくも $75\ \%$ は含まれることになる. 50 人程度の試験の得点分布を見ると, ピークが 2 つあるような場合もある. このようなときに, 100 点満点で平均が 50 点, 標準偏差が 10 点ならば, チェビシェフの不等式より少なくも $30 \sim 70$ 点が $75\ \%$ を占めることになる.

時間依存性を持ったデータの予測を行う**時系列分析**(time-series analysis)に関係する話として**ランダムウォーク**(random walk)がある. 最初に点が $x = 0$ にあり, その後, $1/2$ の等確率で左右どちらかに 1 だけ動くとする. これがランダムウォークである. n 回後の点の位置分布は時間が経つと $N(0,\ n)$ の正規分布に漸近する. 1 次元では動きがわからないので, 最初に原点にあった点が毎時刻に距離 1 だけ 360 度方向にランダムに動いたと仮定したときの軌跡をシミュレーションする. 結果は図 3.9 のようになる. 軌跡はシミュレーションごとに異なる. 時系列解析ではある時点での結果が平均値ゼロ, 分散 σ^2 の時間的にランダムな雑音の影響を取り込んで解析を行う.

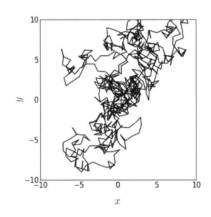

図 3.9 2 次元ランダムウォーク. 1000 回の軌跡. $x_0 = y_0 = 0$, $(n + 1)$ 回目の位置は $x_{n+1} = x_n + \cos(2\pi\theta_n)$, $y_{n+1} = y_n + \sin(2\pi\theta_n)$ とし, θ_n は $(0,\ 1)$ の範囲で一様乱数を発生させた.

• 正規分布の判定

母集団からある数の標本をとってヒストグラムを作る. これが正規分布からずれていなければ, 正規性を基にした統計議論はできる. 標本や残差が正規分布しているかを確認するには**正規確率プロット**(normal quantile-quantile plot, normal Q–Q plot)や**シャピロ・ウィルク検定**(Shapiro-Wilk test)がある.

正規確率プロットは以下のようにして描く. まず, 観測データを昇順に順位づけし, 累積確率を出す. データから平均値と標準偏差は求まるので, 次にそれらのパラメータを持った正規分布の累積密度関数から観測データの期待値を求める(正規確率プロットでの縦軸の値). つまり累積確率をとおして実際の観測データと正規分布を仮定したときの期待値と対応づけるので

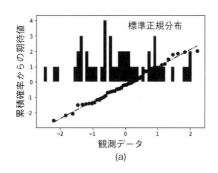 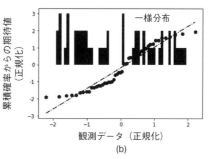

図 3.10 正規確率プロット. (a) 正規分布の場合と, (b) 一様分布の場合.

ある. 確率分布が本当に正規分布ならば両者の値は同じになり, 横軸に観測データ, 縦軸に期待値をとってプロットすれば傾き 1 の直線にのる. 図 3.10 はそうして描いたもので, (a) はデータが正規分布の場合である. 実際に, プロットした点は直線にのる. 正規確率プロットは元の観測データを正規化してから行ってもよい. (b) は一様分布の場合で観測データを正規化してあるが, 両端は直線にのらないことがわかる. ただ, 正規確率プロットは正規分布かどうかを視覚的に判断するものであって, どの程度直線上にあれば正規分布なのかといった定量的な議論はできない.

問題 3.8

問題 3.3 において, 東京の 1980 年から 2020 年までの 6, 7 月分の降水量のデータを正規確率プロットせよ. それには RANK.EQ(), NORM.INV() を使い, 散布図で描くことになるが, やり方については付録 1 を参考にする.

3.4.3 頻度主義統計とベイズ統計での母数に対する見方の違い

統計学には頻度主義統計とベイズ統計の 2 つがあり, 本書では前者を中心にしている. **中心極限定理** (central limit theorem) によれば, 母集団から抽出するサンプル数が大きくなるにつれて, 標本平均の分布は正規分布に近づく. この定理は母集団が正規分布に従わない場合も成り立つ. 平均値といった母数は厳然とした固定値として存在するが, 標本の出現頻度はばらつく. これが頻度主義の基本的な考え方である.

ベイズ統計では考え方が異なる. 母数 (パラメータともいう) は確率変数として扱われる. 事後確率 ∝ (尤度) × (事前確率) というベイズの定理を使い, **事前確率** (prior probability) という考え方を取り入れる. 事前確率は何も知見がなければ一様分布, すでに知見があればそれを入れた事前確率を使う. そして観測データによる**尤度** (likelihood) を使って**事後確率** (posterior probability) を求める. データがまた得られれば, 最初に得られた事後確率を事前確率に使って更新する. このとき事後確率を最大にするパラメータを真値と考える. これがベイズ流である. ベイズ統計が役に立つときは標本数が少ない場合である. 母集団から得られた数個の標本

でパラメータを推定することは頻度主義統計ではできない．それに対してベイズでは上記の定理からこれを推定しようとする．

単回帰分析で比較すると頻度主義統計では $y = ax + b$ とおく．最小 2 乗法から a, b が一意的に決まる．ベイズ統計の回帰分析では a, b の事前確率分布を与える尤度はデータが得られる確率の積となる．そうすると，事後確率 $\propto$（尤度）$\times$（事前確率）より a, b は確率分布する．**最大事後確率推定**（MAP 推定，maximum a posteriori estimation）では，その最大値を尤もらしい a, b とする．

頻度主義統計では少ない因子でデータに潜む本質を把握しようとする傾向がある．個体が集まった集団を回帰分析するときには説明変数をあまり増やさずに特徴をえぐり出そうとする．しかし，まとめすぎると，仔細にみれば存在する特性が全体に埋没して見えなくなってしまう恐れがある．パラメータを増やしたいという要望も実際には色々ある．頻度主義の統計学では**多変量解析**（multivariate technique）の 1 つである**共分散構造分析法**（covariance structure analysis）がそれに対応しているが，ベイズ統計ではより柔軟にこうした要望に応えられる．**階層ベイズモデル**（hierarchical Bayesian model）と呼ばれるものがそれである．事前確率分布は，母数をある値に仮定した確率分布である．階層ベイズモデルではさらに，仮定した母数に対しての事前確率分布を導入する．事前分布に対する事前分布を組み込むということである．それによって，「共通部分」と「個別部分」からなる階層的な事前確率分布が設定でき，パラメータが少ないと難しかった分析ができるようになる．ただ，頻度主義とベイズ主義でどちらがよいと言うことはできない．ワクチンの効果を判断するのにベイズを使う必要性はない．データサイエンティストとしては分析手法の幅を広げ，場面に応じて使い分けるという姿勢が大事であろう．

問題 3.9

ベイズの定理をベン図から説明せよ．

3.5) 2 変数の相関

分散と標準偏差はデータのばらつきを数値的に表す量であったが，変数が 2 つ以上あるときにはそれらの関係を表す**共分散**（covariance）と，これを規格化した**相関係数**（coefficient of correlation）が定義できる．相関係数はピアソンの**積率相関係数**（Pearson's product-moment correlation coefficient）とも呼ばれる．2 変数には数値と質的データという組み合わせもあるが，この場合は**相関比**（correlation ratio）が使われる．説明変数間の相関が強いときに重回帰分析を行うと，変数どうしが独立であるという前提条件が崩れて**多重共線性**（multicollinearity）の問題が出てくる．それによって得られた回帰係数が不自然な値になることは，他の分析手法である木構造を使った分析でも同じである．これを避けるためには事前に相関の強さを把握しておく必要がある．

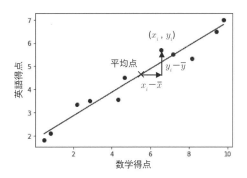

図 3.11　散布図（数学と英語の得点）.

　数学と英語の試験を受けたときの合計得点を例にとり，共分散が何かを説明する．学生（i 君）の数学と英語の点数を (x_i, y_i) としたときに図 3.11 のような散布図が得られたとする．**標本共分散**（sample covariance）は以下のようになる（8.3 節参照）．

$$\text{標本共分散} = s_{xy} = \frac{\sum_{i=1}^{N}(x_i - \bar{x})(y_i - \bar{y})}{N} \tag{3.11}$$

　ここで，$\bar{x}$, $\bar{y}$ はそれぞれ数学，英語の得点の平均値である．標本共分散を s_{xy} で表すと標本分散は $s_{xx}(= s_x^2)$, $s_{yy}(= s_y^2)$ と表せる（以降は簡単に共分散と略記する）．式（3.11）を見ると，共分散は，正ならば数学ができる人は英語もできるといった傾向を表す．また負ならば数学ができるが英語はできないという様子を表す．2 科目の出来がまったく無関係ならば式（3.11）の右辺はプラス，マイナスといった項の足し算となる．そのため，互いに打ち消しあってゼロに近い値となる．つまり，共分散は学生全体の 2 科目の得点の関係性を表していることがわかる．

　ただ共分散の計算結果は単位に依存して大きくなったり，小さくなったりする．そこで 2 変数の標準偏差で割って規格化する．これが相関係数 r_{xy} であり，以下のように計算される．

$$
\begin{aligned}
r_{xy} &= \frac{x_i と y_i 共分散}{\sqrt{(x_i の分散)\,(y_i の分散)}} \\
&= \frac{s_{xy}}{\sqrt{s_{xx}s_{yy}}} \\
&= \frac{\sum_{i=1}^{N}(x_i - \bar{x})(y_i - \bar{y})}{\sqrt{\sum_{i=1}^{N}(x_i - \bar{x})^2 \sum_{i=1}^{N}(y_i - \bar{y})^2}}
\end{aligned}
\tag{3.12}
$$

相関係数は無次元である．

$$a_i = x_i - \bar{x} \tag{3.13}$$

$$b_i = y_i - \bar{y} \tag{3.14}$$

とし，$\boldsymbol{a} = (a_1, a_2, \ldots, a_N)$, $\boldsymbol{b} = (b_1, b_2, \ldots, b_N)$ という N 次元のベクトルを考える．そのなす角度を θ とすると

$$\boldsymbol{a} \cdot \boldsymbol{b} = |\boldsymbol{a}||\boldsymbol{b}| \cos\theta = \sum_{i=1}^{N} (x_i - \bar{x})(y_i - \bar{y}) \tag{3.15}$$

となる．一方

$$|\boldsymbol{a}| = \sqrt{\sum_{i=1}^{N} (x_i - \bar{x})^2} \tag{3.16}$$

$$|\boldsymbol{b}| = \sqrt{\sum_{i=1}^{N} (y_i - \bar{y})^2} \tag{3.17}$$

であるので

$$r_{xy} = \cos\theta \tag{3.18}$$

となる．n 次元空間がイメージしづらければ，平面となる $N = 2$ とのときを考えればよい．平面では上の式が成り立つのがわかるであろう．相関係数は 2 つのベクトルのなす角度の余弦なので $-1 \leq r_{xy} \leq 1$ の範囲にある．全員の数学と英語の得点が比例すれば $\boldsymbol{a}$, $\boldsymbol{b}$ は同じ方向に向くので $\cos\theta = 1$ となって相関係数は 1 となる．

【例題 3.6】
6 人の数学と英語の試験結果を 10 段階評定で比べたところ数学では $\{8, 3, 6, 9, 2, 8\}$，英語は $\{7, 5, 7, 5, 4, 2\}$ という関係であった．この時の相関係数を求めよ．

【例題 3.6 の解答】
数学の平均 $\bar{x}$ は 6，英語の平均 $\bar{y}$ は 5 である．したがって

$$s_{xx} = \frac{\sum_{i=1}^{N} (x_i - \bar{x})^2}{N}$$
$$= \frac{4 + 9 + 0 + 9 + 16 + 4}{6} = 7$$

となる．同様にして $s_{yy} = 3$ である．また，

$$s_{xy} = \frac{\sum_{i=1}^{N} (x_i - \bar{x})(y_i - \bar{y})}{N}$$
$$= \frac{2 \times 2 + (-4) \times (-1) + 2 \times (-3)}{6} = \frac{1}{3}$$

となる．したがって相関係数は，

$$r_{xy} = \frac{1}{3\sqrt{21}} = 0.07$$

となる．この大きさでは数学と英語の点数の間には相関はないと判断してよい．（解答終わり）

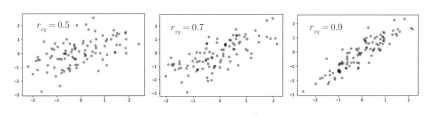

図 3.12　相関係数. $r_{xy} = 0.5,\ 0.7,\ 0.9$ の場合.

相関係数の正負は相関の正負に対応し，この絶対値 $|r_{xy}|$ が 1 に近いほど相関が強く，0 に近いほど相関は弱くなる．図 3.12 には r_{xy} が 0.5，0.7，0.9 の場合を示してある．相関係数の絶対値が，0 ~ 0.3 未満：相関はない，0.3 ~ 0.5 未満：弱い相関，0.5 ~ 0.7 未満：相関がある，0.7 ~ ：強い相関がある，とされている．相関があるとはあくまでも 1 次的な直線関係があるということで 2 次的な曲線関係などにはその考え方は適用できない．$|r_{xy}|$ が ~ 0.9 以上になったら多重共線性に注意する必要がある．

● 相関比

相関係数は数値データ間の話であったが，相関比はデータが「量的変数」と「質的変数」の組み合わせで表されるときの相関を測る尺度である．図 3.13 で健康，注意が必要，要注意の人数を n_1, n_2, n_3, それぞれの最高血圧の群内平均を $\bar{x}_1$, $\bar{x}_2$, $\bar{x}_3$, 全体平均を $\bar{x}$ とすると，

$$\text{群間変動} = n_1(\bar{x}_1 - \bar{x})^2 + n_2(\bar{x}_2 - \bar{x})^2 + n_3(\bar{x}_3 - \bar{x})^2 \tag{3.19}$$

$$\text{群内変動} = \sum_{j=1}^{3}\left(\text{グループ内の偏差平方和}\right)$$

$$= \sum_{j=1}^{3}\sum_{i=1}^{n_j}(x_{ij} - \bar{x}_j)^2 \tag{3.20}$$

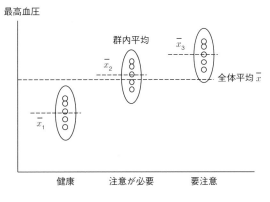

図 3.13　相関比.

であり，相関比 η^2 は以下のようになる．

$$\eta^2 = \frac{\text{群間変動}}{(\text{群間変動} + \text{群内変動})}$$
$$= 1 - \frac{\text{群内変動}}{(\text{群間変動} + \text{群内変動})} \tag{3.21}$$

式（3.21）は群内のばらつきに比べて群間の違いが大きければ相関が強くなることを意味している．$\eta = \sqrt{\eta^2}$ がピアソンの積率相関係数 r_{xy} に対応しており，大きさは 0〜1 の範囲にあるが，強弱の判断は r_{xy} と同じに考えればよい．

このほかに，順序尺度間の相関を見るには**スピアマン順位相関係数**（Spearman rank-correlation coefficient）がある．たとえば，クラスの学生が数学と英語の試験を受け，それぞれの科目で点数順に順位をつけたとする．その時に 2 つの教科の順位の間に相関があるかを見るのに使われる．

名義尺度どうしの相関を測るには**クラメール連関係数**（Cramer's coefficient of association）がある．たとえば，2 つのグループに，新商品の試食をしてもらい，好き・嫌い・どちらでもないのどれかを選択してもらう．その時の評価に相関があるかを調べる場合が該当する．

【例題 3.7】
20 代の男性の総合健康診断で，最高血圧 [mmHg] が {105, 119, 106, 118} のグループ A の 4 名は「健康」，{134, 135, 137, 122} のグループ B の 4 名は「注意を要する」，{149, 153, 135, 147} のグループ C の 4 名は「注意」の判定が出た．健診結果と最高血圧に関連性があるか判断するために相関比を求めよ．

【例題 3.7 の解答】
A，B，C の最高血圧の平均値を，$\bar{x}_1, \bar{x}_2, \bar{x}_3$ とすると，それぞれ 112, 132, 146 となる．また全体平均 $\bar{x}$ は 130 である．群間変動は，$4 \times (112 - 130)^2 + 4 \times (132 - 130)^2 + 4 \times (146 - 130)^2 = 2336$ である．群内変動は A では，$(-7)^2 + 7^2 + (-6)^2 + 6^2 = 170$ となる．B，C の群内変動はそれぞれ，138, 180 となる．よって群内変動の和は 488 である．したがって相関比 η^2 は $2336/(2336 + 488) = 0.83$ となる．この値は健診結果と最高血圧の間には強い相関があることを意味する．　　　　　　　　　　　　　　　　　　　　　　　　　　　（解答終わり）

問題 3.10
説明変数が 2 つの重回帰分析を考える．変数間の相関係数が 1 に近づくと多重共線性の問題が生じる．回帰係数の値は使った観測データによって大きく変わるので，係数の信頼性が低下する．その理由を考察せよ．

問題 3.11
2 変数 x y に相関があるからといって因果関係があるとは限らない．このような擬似相関でどのような例があるか述べよ．

コラム　擬似相関

　タレスはエーゲ海に面したアナトリア半島にあったイオニア人の都市国家ミレトスの自然哲学者である．中学校の数学の教科書に出てくる，「半円の直径に対する円周角は 90 度になる」というタレスの定理のタレスである．彼は地面に映ったピラミッドの影と自分の影からピラミッドの高さを測ることを思いついたという（図 3.14）．紀元前 6 世紀の話である．相関は一方が変わるともう一方が変わる関係であったが，そういう意味では 2 つの影の長さも相関があることになる．ただし，これは太陽の高度が間に入った一種の擬似相関である．

　古代ギリシア建築は，「ドーリア式」，「イオニア式」，「コリント式」と変化し，変わるにしたがって柱頭に装飾が施されるようになる．イオニア式は渦巻き状のものが付くが，コリント式では花のアカンサスが彫られる．アカンサスは日本国内でも見られ，初夏に花をつけるアザミの一種であるが，とげがある．アカンサスは今のギリシアの国花でもある．イオニアの諸都市はペルシアの支配におかれたが，ミレトスに扇動され，紀元前 500 年頃に反乱を起こした．イオニアを後押ししたギリシアはこれがきっかけとなって，後にペルシアとの間でペルシア戦争を起こす．タレス没後の話である．

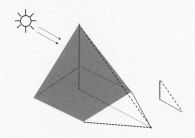

図 3.14　擬似相関とピラミッドの高さの推定．

3.6 最小 2 乗法と最尤法

3.6.1　最小 2 乗法と回帰係数

　単回帰分析を使って最小 2 乗法について説明する（8.6 節「最小 2 乗法と近似」を参照）．単回帰分析では入力を x，出力を y とし，(x_i, y_i) というデータから

$$y_i = ax_i + b + \epsilon_i \tag{3.22}$$

という連立方程式をつくる．右辺の 3 番目の項は残差である．方程式はデータの数 N だけできる．未定定数 a, b を求めるために，

$$i \text{ 番目のデータの残差} = \epsilon_i = (\text{測定値 } y_i) - (ax_i + b) \tag{3.23}$$

とおく．最小 2 乗法では

$$残差の平方和 = \sum_{i=1}^{N} \epsilon_i^2 = \sum_{i=1}^{N} [y_i - (ax_i + b)]^2 \tag{3.24}$$

を最小にする a, b を求める．測定値は真値からずれないところに現れるはずなので，残差の平方和が最小になるのがもっとも確からしいというのが最小 2 乗法の考え方である．結果的にはそうして求めた a, b が真のパラメータの**最尤推定値**（maximum likelihood estimate）となる．残差の平方和が最小になるのは式（3.24）を a, b で微分したときにゼロとなるときである．その結果，

$$a = \frac{s_{xy}}{s_{xx}} = \frac{\sum_{i=1}^{N}(x_i - \bar{x})(y_i - \bar{y})}{\sum_{i=1}^{N}(x_i - \bar{x})^2} \tag{3.25}$$

$$b = \bar{y} - a\bar{x} \tag{3.26}$$

となる．したがって

$$y - \bar{y} = \frac{s_{xy}}{s_{xx}}(x - \bar{x}) \tag{3.27}$$

となる．図 3.15 の例で回帰直線を求めると $y = 0.5x + 1.8$ となる．

　上記の話では最小 2 乗法で a, b の解析解を求めた．重回帰分析や曲線回帰では未定係数が増える．そこで実際にはコンピュータを使った**勾配降下法**（gradient descent）で係数を求める（図 3.16）．勾配の最も急な方向に降下する場合は**最急降下法**（steepest decent method）と呼ばれる．残差の平方和が最小になる (a, b) では勾配（微係数）は a, b どちらの方向でもゼロとなる．したがって，回帰係数や切片は任意の点から出発して勾配がゼロとなる点 P を探す問題に帰着する．

　回帰分析では**決定係数**（coefficient of determination）R^2 も出てくる．今の例では $R^2 = 0.95$ である．データがどれくらい回帰直線にのるかの指標が R^2 である．決定係数は

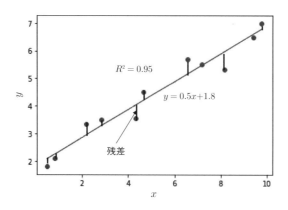

図 3.15　回帰直線.

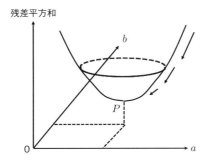

図 3.16 勾配降下法.

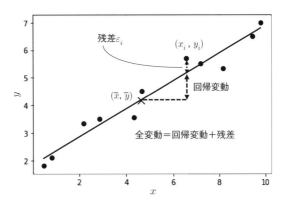

図 3.17 決定係数の計算.

$$R^2 = \frac{\text{回帰変動の平方和}}{\text{全変動平方和}} = \frac{\text{全変動平方和} - \text{残差平方和}}{\text{全変動平方和}} \tag{3.28}$$

$$= 1 - \frac{\text{残差平方和}}{\text{全変動平方和}} \tag{3.29}$$

で求められる（図 3.17）．式（3.28）の右辺の回帰変動の平方和の計算では，全変動と残差の乗算の和が出てくる．この部分は最小2乗法ではゼロとなる．したがって式（3.28）の真ん中の式は右側の式に等しくなる．データが全て回帰直線上にのれば（残差の平方和）＝ 0 なので，$R^2 = 1$ となる．

決定係数と相関係数 r_{xy} は別々の概念であるが，「線形回帰」のときには $r_{xy}^2 = R^2$ となる（8.7 節の「重回帰モデル」参照）．したがって，$R^2 = 0.95$ ならば $r_{xy} = \sqrt{0.95} = 0.97$ となる．

相関係数は 2 変数が直線的な関係にあるときの相関指標である．よって，$y = a_1 x + a_2 x^2 + a_3 x^3 + b$ といった非線形項 x^2, x^3 を含んだ関係式にのるようなデータでは r_{xy} は意味を持たない．r_{xy}^2 が R^2 に等しいという式も成り立たない．

Excel で回帰分析を行うと R^2 以外に**補正 R^2** という値が出てくる．回帰分析では説明変数の数を増やすと R^2 の値は小さくなる．それを補正したのが補正 R^2 値であり，**自由度修正済み決定係数**とも呼ばれる．これは

図 3.18　赤池 (Hirotugu Akaike, 1927 年〜2009 年). 日本の数理統計学者. 赤池情報量規準で知られる. AIC は統計
　　　　モデルの選択に広く使用されている. 時系列解析やシステム制御論に多大な業績を残した. 写真：統計数理研究所
　　　　故赤池弘次先生記念ウェブサイト「赤池記念館」より引用.

$$\text{補正 } R^2 = 1 - \frac{(1 - R^2)(N - 1)}{N - p - 1} \tag{3.30}$$

と表される. N は標本の数, p は説明変数の数である. 回帰式の因子を増やしていくとデータ
にフィッティングさせられ, 残差を小さくできる. データが 1 次式にのらないからといって,
多項式にすることを考えてみればよい. それで R^2 を 1 に近づけることはできるが, これは回
帰式の意味をなさない. 単なる数学的なフィッティングである. そこでこの問題を考慮したの
が補正 R^2 である.

　回帰分析は 1 次式を使うだけでなく, 曲線でフィッティングする曲線回帰もある. $y =
a_1 x + a_2 x^2 + a_3 x^3 + \ldots + b$ としたときも最小 2 乗法を使える. ただし, 予測という観点か
らはべきの次数を無闇に大きくしないほうがよい. 次数が大きいほど自由度が高まり, 観測デー
タを回帰式に合わせられる. しかしながら, 回帰係数はあくまでも「得られたデータ」から推定
したときの尤もらしい係数である. 別の標本をとれば, 偏差平方和は逆に大きくなってしまう可
能性がある. ある特定の問題を勉強して完璧に答えられるようになったが, 異なる種類の問題
が出たら答えられなくなってしまうような状況である. これを**過学習** (over-learning) という.
どのようなデータに対しても一定の精度で予測できるようにすることを**汎化** (generalization)
という. 汎化誤差を小さくするには, 適度な次数で打ち切って過学習を防がねばならない. 予
測の観点から最適なモデルを示す指標として**赤池情報量規準** (Akaike information criterion:
AIC) がある.

問題 3.12

$(x, y) = (10, 7), (3, 4), (6, 7), (9, 6), (4, 4), (4, 2)$ で S_{xx}, S_{yy}, S_{xy} を求め, これより回帰係
数と切片を計算せよ. また, 計算値が正しいことを Excel を使って確認せよ.

3.6.2　最尤法と最尤推定量

最小 2 乗法は誤差が正規分布しているとしたときの最尤法から出てくる. 最尤法はデータか

らパラメータ（母数）を**点推定**（point estimation）する方法で，フィッシャー（Ronald A. Fisher, 1890 年〜1962 年）によって提案された．観測データ $y_1, y_2, \cdots, y_n$ が得られたときに，確率分布のパラメータを求めたいとする．最尤法では観測データは真値からのずれが小さいから観測されたと考え，そこからパラメータを推定する．今，観測データ y はパラメータ θ_0 を持つ確率分布 $f(y|\theta_0)$ に従うとする．

$$y \sim f(y|\theta_0) \tag{3.31}$$

単回帰分析で $y = ax + b$ とおいたときに，確率分布するのは観測結果の y である．説明変数 x は測定点であるので確定値であって，確率変数ではないことに注意する．ここで

$$L(\theta|y) \equiv f(y|\theta) \tag{3.32}$$

と，母数 θ_0 を変数 θ にした**尤度関数**（likelihood function）$L(\theta|y)$ を考える．最尤法では θ をパラメータとし，尤度関数を最大にする θ が母数 θ_0 の最尤推定量と考える．観測データは，そのデータが現れる確率が最も高いために得られたとするのが，最尤法の考え方である．最尤推定量は $\hat{\theta}$ と表記する．数学的には

$$\hat{\theta} = \arg\max_{\theta} L(\theta|y) \tag{3.33}$$

と書く．arg（argument, 引数）が max（maximum）の前についているが，これは $L(\theta|y)$ を最大にする θ という意味である．

単回帰分析ならば，x_i での観測データ y_i との間には，$y_i = ax_i + b + \epsilon_i$ の関係がある．未知数であるパラメータ θ は a, b で，ϵ_i は独立で同一の正規分布 $N(0, \sigma^2)$ に従うとする．$\epsilon_i = y_i - (ax_i + b)$ であるので尤度関数は各正規分布の積となって，以下のようになる．

$$\begin{aligned} L(\theta|y) &= \prod_i \frac{1}{\sqrt{2\pi\sigma^2}} e^{\frac{-\epsilon_i^2}{2\sigma^2}} \\ &= \prod_i \frac{1}{\sqrt{2\pi\sigma^2}} \exp\left\{\frac{-[y_i - (ax_i + b)]^2}{2\sigma^2}\right\} \end{aligned} \tag{3.34}$$

この場合の θ は具体的には a, b となる．$\sum$ はその右側に入る項の総和であったが，$\prod$ は総乗を表す．たとえば $\prod(1+i)$ で $i = 1 \sim 3$ では，$2 \times 3 \times 4 = 24$ となる．尤度関数で自然対数をとった $\log L(\theta|y)$ は**対数尤度関数**（log likelihood function）という．これは単調増加関数である．したがって，最尤推定量は対数尤度関数の最大値を求めてもよく，こちらのほうが扱いやすい．尤度の積は対数を使うと足し算になるためである．式 (3.34) の対数尤度関数は

$$\log L(\theta|y) = N \log \frac{1}{\sqrt{2\pi\sigma^2}} - \frac{\sum_{i=1}^N \epsilon_i^2}{2\sigma^2} \tag{3.35}$$

となり，最大値は右辺の第 2 項の $\sum_{i=1}^N \epsilon_i^2$ が最小になるときである．これは残差平方和を最小

化する最小 2 乗法そのものである.

　最尤法の別の適用例を見てみる. ランダムなメールの到着の間隔は指数分布になり, $\lambda = 1/T$ とすれば, $f(t) = e^{-t/T}/T \ (t \geq 0)$ と表せる. T はメールの受信間隔の平均である. 受信間隔が $t = t_1, t_2$ の 2 つの値を得たとする. 観測値から T を推定せよと言われれば, $(t_1 + t_2)/2$ とするだろう.

【例題 3.8】
最尤法を使って上記の結果を導け.

【例題 3.8 の解答】
この例では尤度関数は 2 つの指数分布の積となる. 推定したい θ は T で, 対数尤度関数は

$$
\begin{aligned}
\log L(T|t) &= \log[f(t_1)f(t_2)] \\
&= \log\left[\frac{1}{T}e^{\frac{-t_1}{T}}\frac{1}{T}e^{\frac{-t_2}{T}}\right] \\
&= -2\log T - \frac{t_1 + t_2}{T}
\end{aligned} \tag{3.36}
$$

となる. これを最大にする T が最尤推定量であるので, 式 (3.36) を T 微分してゼロとすればよい.

$$
\frac{\partial \log L(T|t)}{\partial T} = -\frac{2}{T} + \frac{t_1 + t_2}{T^2} = 0 \tag{3.37}
$$

これより最尤推定量は, $T = (t_1 + t_2)/2$ となり, 直感的に求めた値と一致することがわかる.

（解答終わり）

　赤池情報量規準について前節で述べたが, AIC＝（−2×最大対数尤度＋2×パラメータ数) となり, この値が小さいほどよいモデルと判断する. パラメータ数は, 使用する統計解析モデルに含まれる未知パラメータ θ の数を指し, 上記の指数分布の例ならば T で 1 個となる. AIC にマイナス符号を付けた量は大きいほうがよいので, 対数尤度は大きくしたほうがよいことになり, 前の議論と矛盾はしない. AIC の式にパラメータ数が入るのは, この数が多くなれば誤差を小さくして, もっともらしいモデルになるからである.

問題 3.13

　パレート分布では確率変数 x が $x \geq \alpha$ の範囲で, $x \sim \beta\alpha^\beta/x^{\beta+1}$ に従う（3.7.1 節参照）. ただし, $\alpha, \beta > 0$ である. $\alpha = 1$ では, $x \sim \beta x^{-(\beta+1)} \ (x \geq 1)$ となる. このとき, 2 回の測定から $x = x_1, x_2$ という結果が得られたとして, 対数尤度を最大化するという観点から β の最尤推定値を求めよ. ただし, パレート分布は $\beta > 2$ で平均と分散が存在する確率分布であるので, 求めた β は 2 より大きくなるものとする.

問題 3.14

　前問でパレート分布の代わりに指数分布を使ったとする. すなわち, $x \sim \lambda e^{-\lambda x} \ (x \geq 1)$ とする. 2 回の

測定結果は同じとし，このモデルとパレート分布を使ったモデルでどちらが真のモデルに近いか判断したい．それにはどのように比較したらよいか述べよ．

3.6.3　確率分布とエントロピー

データ分析の手法の 1 つである**決定木**（decision tree）や**深層学習**（deep learning）は情報量を分類の基準に使う．データは情報を含んでいるので，データを分析するとは情報の抽出でもある．したがって確率分布と情報量の関係を理解し，分析に使う情報量の指標を把握しておかねばならない．事象 x が生起する確率を $p(x)$ とすると，それが持つ**自己情報量**（self-information）$I(x)$ は情報の加法性から

$$I(x) = -\log_2 p(x) \tag{3.38}$$

と表せる．対数の底は 2 をとるのが普通であり，$p(x) = 1/2$ ならば $\log_2(1/2) = -1$ であるので $I(x) = 1$（ビット）となる．逆に言えば $p(x) = 1/2$ で $I(x) = 1$ とするために底を 2 としているが，必ずしも 2 である必要はない．底の変換公式より，$\log_2 x = \log_e x / \log_e 2$ が成り立つ．よって，e を底にした情報量は，底が 2 のときの値に $\log_e 2$ をかけた値になるだけで，本質的な違いはない．$p(x) = 1$ のときは「間違いなく起こって不確かさがない」ので情報量はゼロになる．間違いなく起こることは何ら情報を有していない．たとえばイカサマなコインで必ず表だけ出るようになっていれば「間違いなく表が出る」ので，目が持つ情報量はゼロである．表裏が等確率で出るのであれば次に出る目はわからない．普通のコインの目は $-\log_2(1/2) = 1$（ビット）の自己情報量を持ち，イカサマなコインよりも大きくなる．自己情報量は $p(x)$ が $0 \to 1$ で $\infty \to 0$ と単調減少する．事象 i が複数集まった時の情報量の期待値 H は**平均情報量**（average amount of information），あるいは**情報エントロピー**（information entropy）と呼ばれる．エントロピーはそれぞれの事象が起こる確率 p_i を自己情報量にかけ，和をとればよい．したがって

$$H = -\sum_i p_i \log_2 p_i \tag{3.39}$$

となる．確率分布が連続量ならば，確率密度関数 $p(x)$ を使って

$$H = -\int_{-\infty}^{\infty} p(x) \log_2 p(x) dx \tag{3.40}$$

と書ける．確率変数が離散的，連続的かであることを明示するために，前の章までは連続的なときの確率密度関数は f という記号を用いた．しかし，同じ記号にしたほうが統一的に説明できるので，共に p という記号を使ってある．

【例題 3.9】

$p(x)$ が正規分布の場合について H を求めよ．

【例題 3.9 の解答】

$$H = -\int_{-\infty}^{\infty} \frac{1}{\sqrt{2\pi\sigma^2}} e^{-\frac{(x-\mu)^2}{2\sigma^2}} \log_2 \left[\frac{1}{\sqrt{2\pi\sigma^2}} e^{-\frac{(x-\mu)^2}{2\sigma^2}} \right] dx$$

$$= \frac{1}{\sqrt{2\pi\sigma^2}} \int_{-\infty}^{\infty} e^{-\frac{(x-\mu)^2}{2\sigma^2}} \left[(\log_2 e) \frac{(x-\mu)^2}{2\sigma^2} + \log_2 \sqrt{2\pi\sigma^2} \right] dx$$

$$= \log_2 \sqrt{2\pi e \sigma^2} \tag{3.41}$$

となる．式（3.41）の導出には

$$\int_{-\infty}^{\infty} e^{-x^2} dx = \sqrt{\pi}$$

$$\int_{-\infty}^{\infty} x^2 e^{-x^2} dx = \frac{\sqrt{\pi}}{2}$$

を使った． （解答終わり）

　正規分布は分散が σ^2 の確率分布の中でエントロピーが最大となる分布である．正規分布は玉が 1/2 の等確率で左右に落ちていったときの極限分布であった．曖昧さの多い確率分布から生成されるほどエントロピーは大きくなるということになる．

　決定木ではエントロピーを分類に使うが，深層学習の分類では学習時の誤差を**交差エントロピー**（cross entropy）で測る．交差エントロピーは 2 つの確率変数に関する確率密度関数 $p(x)$, $q(x)$ が連続分布をしているときに

$$H_{pq} = -\int_{-\infty}^{\infty} p(x) \log q(x) dx \tag{3.42}$$

で表される．p は変数の真の確率分布，q は変数の予測に使う確率分布とした場合，交差エントロピーの符号を反転した値（$-H_{pq}$）は，q の対数尤度の期待値に相当する（log の底は示してないが，e とする．先に説明したように底が 2 の場合と比べると値が定数倍違うだけで，気にする必要はない）．深層学習を使った分類で，p を「正解の確率分布」，q を「予測の確率分布」とすると，予測が正解に近いほど，p と q の交差エントロピーは小さくなる．交差エントロピーからはさらに，**カルバック・ライブラー情報量**（KL 情報量, Kullback-Leibler information）$D_{KL,\,pq}$ が以下のように定義できる．

$$D_{KL,\,pq} = H_{pq} - H_{pp} \tag{3.43}$$

　KL 情報量は常に 0 以上の値となり，等号は $q = p$ のときに成り立つ（本節の問題参照）．したがって，KL 情報量は予測モデルが真のモデルにどれくらい近いかを表し，予測が真のモデルに一致したときに 0 となる．

　交差エントロピーや KL 情報量の変数は x と書いたが，これらは実際には観測データから計

算されるので, y に変えて説明を進める. $q(y)$ はパラメータの最尤推定量 $\hat{\theta}$ を使って出てくる確率分布なので, $q(y|\hat{\theta})$ とも表せる. $p(y)$ は真の確率分布であるので, 実際にはわからない. したがって, KL 情報量の第 2 項である H_{pp} はわからないが, 統計モデルに依存しない定数である. したがって, KL 情報量を小さくして予測モデルを真のモデルに近づけるには, 第 1 項の H_{pq} を小さくするモデルが良いモデルになる. この項は $q(y|\hat{\theta})$ の対数尤度の期待値を表しているので, **平均対数尤度**（mean log likelihood）と呼ばれる. 平均対数尤度は真の確率分布がわからないので, たまたま得られた観測データを用いた最大対数尤度で置き換える. その結果, 補正が要ることになる. 詳細は省略するが, そこから AIC が導かれ, AIC = −2（最大対数尤度 − パラメータ数）となる. パラメータを増やして当てはまりの良い統計モデルを考えたとしても, それが予測に対して最良のモデルというわけでないことになる. 赤池情報量規準と, 用語に「規準」という言葉がついているのは, 良い予測モデルを判断するための「よりどころ」という意味である.

問題 3.15

(1) KL 情報量は $H_{pq} \geq 0$ であることを示せ.
(2) 真の成功確率は 0.9 であるが, それを知らずに成功確率は 0.7 と予想した. このときの KL 情報量を求めよ.

3.7　大数の法則と中心極限定理

3.7.1　大数の法則

　ある母集団から一定のサイズで独立に標本を抽出し, その標本平均を求める. これを繰り返して標本平均の平均を求めていくとその値は母平均に近づく. 標本数を増やすと標本平均の平均が母平均に近づくというのが**大数の法則**（law of large numbers）である（8.9 節参照）. 標本サイズは何でもよいが, いま, 6 としてサイコロを 6 回振って出た目の平均を求める. 6 個の目の出方は色々なパターンがあるが, これを繰り返して標本平均の平均を求めればその値は $(1+2+3+4+5+6)/6 = 3.5$ と母平均に近づいていくことは想像できるだろう. 標本サイズ＝1 ならば, 標本数を増やしたときの平均は母平均に近づくことになる.

　確率分布では平均値を持たない例外もある. **コーシー分布**（Cauchy ditribution）は $f(x) = 1/\pi(1+x^2)$ で表される. これは正規分布に似ている. しかし, コーシー分布は x が大きくなってもなかなか減衰しないで裾を引く（図 3.19）. fat tail と呼ばれるものである. $(0, 1)$ の間で一様に乱数を発生させて u をつくる. そこから $x = \tan\pi(u-1/2)$ と変換したときの x の確率分布はコーシー分布となる. この確率分布は元々, 平均や分散の期待値が発散して確定値を持たない. 標本サイズを大きくして標本数を増やしても大数の法則は成り立たず, 平均値は収束しない（表 3.2）. コーシー分布の形状は古典物理学の振動やスペクトルの広がりなどで形づくられて, そこではローレンツ関数と呼ばれる.

　大数の法則がパラメータによっては成り立たない別の例として, **パレート分布**（Pareto dis-

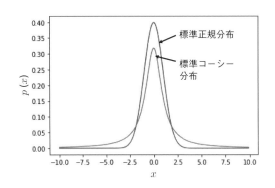

図 3.19　標準正規分布とコーシー分布.

表 3.2　標準正規分布とコーシー分布での平均値の標本サイズ依存性.
標本数は 10,000. コーシー分布では平均値は不定.

標本サイズ	10	100	1000
標準正規分布	−0.10	0.07	0.03
コーシー分布	−0.67	0.49	−6.4

tribution）がある．パレート分布は α, $\beta > 0$ として，

$$f(x) = \frac{\beta \alpha^\beta}{x^{\beta+1}} \quad (x \geq \alpha)$$

と，べき関数で表される．指数分布 $f(x) = \lambda e^{-\lambda x}$ $(x > 0)$ よりも裾を引き，緩やかに減少する．パレート分布は $\beta \leq 1$ では平均も分散も無限大となる，$\beta > 1$ では平均値，$\beta > 2$ では平均値と分散が存在する．

図 3.20　パレート（Vilfredo F. D. Pareto, 1848 年～1923 年）イタリアの経済学者・社会学者．所得分布の不均衡を明らかにした．同じイタリアのジニ（Corrado Gini, 1884 年～1965 年）は所得分配の不平等さを測る指標のジニ係数を考案した．

3.7.2 中心極限定理

中心極限定理は頻度主義統計の基になる．母集団から一定サイズの標本を取り出すとする．中心極限定理からは標本数を増やすと標本和や平均標本和が正規分布に従うことが示される．いま，変数 x が平均 μ，分散 σ^2 の母集団に属しているとする．母集団は正規分布である必要はなく，何でもよい．ここから標本サイズとして n 個を取り出して加算した部分和

$$S_n = \sum_{i=1}^{n} x_i \tag{3.44}$$

を考える．S_n の分布は，標本数が大きくなると平均が $n\mu$，分散が $n\sigma^2$ の正規分布に近づく．これが中心極限定理である．正規分布は $N(\text{平均}, \text{分散})$ という形で表すので，S_n は $N(n\mu, n\sigma^2)$ に近づくということになる．標本平均を

$$\bar{S}_n = \frac{\sum_{i=1}^{n} x_i}{n} \tag{3.45}$$

とすると，標本数を増やすと $\bar{S}_n$ の分布は $N(\mu, \sigma^2/n)$ の分布に漸近するともいえる（図 3.21）．

中心極限定理が成り立つかどうか，シミュレーションしてみる（図 3.22）．計算ではまず，$(-0.5, 0.5)$ の範囲で乱数を一様に（等確率という意味）10,000 個発生させた．その後，n 個の $\bar{S}_n = (\sum_{i=1}^{n} x_i)/n$ を求めた．よって $\bar{S}_n$ は $(-0.5, 0.5)$ の範囲にある．標本サイズ n を 1, 2, 10 と一定にし，標本数 $= 10,000$ としたときの $\bar{S}_n$ の分布をそれぞれ，図 3.22 (a)，(b)，

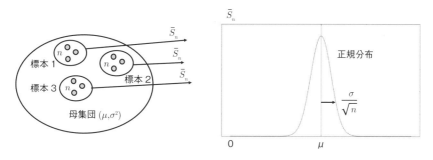

図 3.21 中心極限定理．母集団から標本サイズとして n 個取り出した時の標本平均 $\bar{S}_n$ は，標本数が大きくなると $N(\mu, \sigma^2/n)$ の分布に従う．

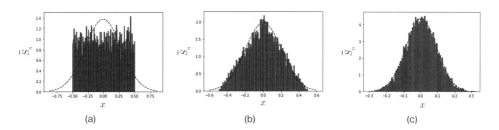

図 3.22 $\bar{S}_n$ の分布．$(-0.5, 0.5)$ の範囲で乱数を発生させた．標本サイズは (a) 1, (b) 2, (c) 10. 母集団は $\mu = 0$, $\sigma = 0.29$. 標本数 $= 10,000$. $\bar{S}_n$ の分布は (c) では $N(0, 0.29^2/10)$ に近づいている．

(c) に示してある. $n \geq 2$ では釣り鐘形の正規分布に近づく.

【例題 3.10】

上記のシミュレーションでは母集団の平均は $(-0.5, 0.5)$ で一様乱数を発生させたので $\mu = 0$ である. 母集団の分散を求めて図 3.22(c) の結果と見比べ, 中心極限定理が成り立っていることを確認せよ.

【例題 3.10 の解答】

母分散はこの場合, 連続値なので以下のように計算すればよい. n は積分の範囲 $\Delta x (= 1)$ に置き換えられ,

$$
\begin{aligned}
\sigma^2 &= \frac{\sum_{i=1}^{n}(x_i - \bar{x})^2}{n} \\
&\to \frac{1}{\Delta x}\int_{-0.5}^{0.5}(x - \mu)^2 dx \\
&= \int_{-0.5}^{0.5} x^2 dx \\
&= \left[\frac{x^3}{3}\right]_{-0.5}^{0.5} = \frac{1}{12}
\end{aligned}
\tag{3.46}
$$

となる. 標準偏差は $\sigma = \sqrt{1/12} = 0.29$ である. 中心極限定理では分散が σ^2/n になるので $n = 10$ では, $\sigma^2/10 = 1/120$ となる. 標準偏差は $\sqrt{1/120} = 0.09$ である. 図 3.22(c) を見ると, おおむねそのようになっていることがわかる. （解答終わり）

【例題 3.11】

サイコロを 100 回振って目の合計を求める. これを繰り返してその分布を見たときに目の合計が 300 以上, 400 以下になる確率を求めよ.

【例題 3.11 の解答】

サイコロの目の平均値は

$$
\mu = \frac{\sum_{i=1}^{6} x_i}{6} = 3.5,
$$

分散は

$$
\sigma^2 = \frac{\sum_{i=1}^{6}(x_i - \mu)^2}{6} = \frac{35}{12}
$$

である. よって S_{100} は $N(100\mu, 100\sigma^2) = N(350, 3500/12)$ に近づく. これは $z = (x - 350)/\sqrt{3500/12}$ の分布が $N(0, 1)$ の標準正規分布になることを意味する. 目の合計が 300 以上, 400 以下になる確率は, 標準正規分布で

$$p\left(|z| \le \frac{50}{\sqrt{\frac{3500}{12}}}\right) = p(|z| \le 2.93)$$

の確率と同じになる．標準正規分布表より，この確率は $(1 - 2 \times 0.0017) = 0.9966$ となる．

（解答終わり）

確率分布の中には中心極限定理が成り立たないものもある．指数分布とパレート分布で比較したのが図 3.23 である．指数分布 $f(x) = \lambda e^{-\lambda x}$ で $\lambda = 1$ のときは $\mu = 1$，$\sigma^2 = 1$ である．標本サイズ $n = 30$ では標本数を大きくすると $\bar{S}_{30} \sim N(1, 1/30)$ に近づく．一方，パレート分布 $f(x) = \beta\alpha^\beta/x^{\beta+1}$ は，x が大きいところまで裾を引く確率密度関数であった．$\alpha = 1$，$\beta = 1.9$ では，計算上の平均は $\mu = 2.1$ となり，分散は不定となる．パレート分布は一見，指数分布に似ている．しかし実際に $\bar{S}_n$ をプロットすると正規分布には近づかず，中心極限定理は成り立たないことがわかる．

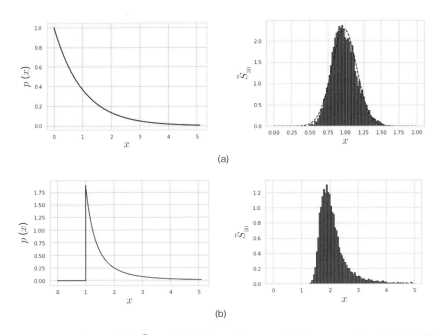

図 3.23 (a) 左：指数分布 ($\lambda = 1$)，右：$\bar{S}_{30}$ の分布（標本サイズ $n = 30$，標本数 $= 10,000$）．破線は中心極限定理から期待される正規分布．(b) 左：パレート分布 ($\alpha = 1$，$\beta = 1.9$)．右：$\bar{S}_{30}$ の分布（標本サイズと標本数は (a) と同じ）．

3.8 一般化線形モデル

3.8.1 線形回帰モデルが適用できる対象の拡大

これまでの回帰分析では，観測値 y は正規分布 $N(0, \sigma^2)$ に従う偶然誤差を内包していると仮定した．すなわち，$y \sim \exp\left[-(y-\mu)^2/2\sigma^2\right]/\sqrt{2\pi\sigma^2}$ になる．$E[y] = \mu$ であるので，単回帰分析の場合は $\mu = ax + b$ とおいたことになる．観測値の持つ誤差の確率分布を**誤差構造**（error structure）といい，誤差構造が正規分布でないときには観測データは非線形になる．このようなデータに対して直線的な回帰モデルを当てはめることは無理がある．しかし，誤差の確率分布を規定するパラメータを変数変換した**自然パラメータ** θ(natural paramter) を使うと，線形回帰モデルと同じような議論ができる．このときの変数変換する関数は**リンク関数**（link function）と呼ばれる．

指数型分布族 (exponential family of distributions) と呼ばれる確率分布には正規分布の他に 2 項分布やポアソン分布，指数分布の一般形であるガンマ分布などがある．一般化線形モデルでは，指数型分布族の確率分布のパラメータ u を，リンク関数 g を使って $\theta = g(u)$ と変数変換する．それによって，直線回帰モデルと同じような式をたてることができる．たとえば説明変数が 1 つならば以下のようになる．

$$g(u) = ax + b \tag{3.47}$$

右辺は**線形予測子** (linear predictor) と呼ばれ，複数の説明変数や説明変数の 2 乗の項などがあっても線形結合になっていればかまわない．リンク関数は，誤差構造に応じて最適なものがある（表 3.3）．線形予測子に含まれる未定の係数（この例ならば a と b）は，尤度関数を最大化することで推定できる．誤差構造が正規分布のときは $u = \mu$ であり，リンク関数は恒等関数で，$g(\mu) = \mu$ となる．したがって，尤度関数の最大化から最小 2 乗法が導かれることに変わりはない．以下では誤差構造が 2 項分布のときに，一般化線型モデルではどう扱われるか説明する．

たとえば，ある病気を発症するかを調べるためのマーカー検査を n 人に実施し，マーカーの値が x であったとする．その後，実際に病気を発症したかを調べたところ，y 人が発症し，残りの $(n - y)$ 人は発症しなかったとする．このような場合には，発症の確率は 2 項分布し，$y \sim B(n,p) = {}_nC_y p^y (1-p)^{n-y}$ に従うと考えられる．ここで，p は発症の生起確率である．

表 3.3　誤差構造と使用するリンク関数.

誤差構造	リンク関数	分析の名称
正規分布	恒等関数	通常の回帰分析
2 項分布	ロジット関数	ロジスティック回帰分析
ポアソン分布	対数関数	ポアソン回帰分析
ガンマ分布	逆数関数	ガンマ回帰分析

　2 項分布では $u = p$ で，$g(p) = \log\left[p/(1-p)\right]$ となり，リンク関数は**ロジット関数**（logit function）と呼ばれる．ロジット関数と線形予測子は以下のように関係づけられる．

$$\log \frac{p}{1-p} = ax + b \tag{3.48}$$

対数の中は**オッズ**（odds）と呼ばれる．オッズはある事象の起こる確率を p として，

$$\text{オッズ} = \frac{\text{起こる確率}}{\text{起こらない確率}} = \frac{p}{1-p}$$

で計算される．$p = 1/2$ のときには起こる・起こらないは等確率となってオッズは 1 となる．$p > 1/2$ ならばオッズは 1 以上になる．オッズは確率の別の見方で，賭け事で成功する見込みを表す言葉として使われてきたものである．オッズが 1 よりも大きいと起こる確率が高く，1 よりも小さいとその逆であることを意味する．オッズに対して**オッズ比**（odd ratio）がある．これは事象の起こりやすさを 2 つの群で比較するときに使う．

　式 (3.48) は変形すると以下のようなロジスティック回帰式が立てられる．

$$p(x) = \frac{1}{1 + \exp[-(ax+b)]} \quad (0 \le p \le 1) \tag{3.49}$$

　2 項分布の対数尤度関数は

$$\log L(a, b|y) = \sum_i \left[\log {}_{n_i}C_{y_i} + y_i \log p_i + (n_i - y_i) \log(1 - p_i)\right] \tag{3.50}$$

となる．ここで n_i, y_i, p_i はそれぞれ，マーカーの値が x_i であったときの検査者数，検査後に発症した人の数，x_i であるときの発症の確率を表す．この式を最大化して a, b の推定値を求めることができるが，右辺の第 1 項の $\log {}_{n_i}C_{y_i}$ は a, b を含まない．したがって，計算ではこの項をおとしてもかまわない．$n_i = 1$ では，y_i は 1 または 0 となり，第 1 項も ${}_1C_1 = {}_1C_0 = 1$ で，$\log L(a, b|y) = \sum_i [y_i \log p_i + (1 - y_i) \log(1 - p_i)]$ となる．p_i が 0 と 1 しかとらないような場合のロジスティック回帰曲線は図 3.24 のようになる．

　因子が 2 つならば，数学の学習時間・物理の学習時間と最終合格の可・不可といったような関係である．そのときのロジスティック回帰式は，

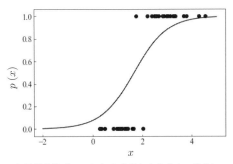

図 3.24　ロジスティック回帰曲線（$p = 0, 1$ の 2 値しかとらない場合）．$a = 1.5$，$b = -0.5$.

$$p(x_1,\, x_2) = \frac{1}{1 + \exp[-(a_1 x_1 + a_2 x_2 + b)]} \quad (0 \le p \le 1) \tag{3.51}$$

となる．この式は

$$\frac{p}{1-p} = \exp(a_1 x_1 + a_2 x_2 + b) \tag{3.52}$$

と書き直せる．この式で数学と物理のそれぞれの 1 日あたりの平均学習時間と最終合格の関係が回帰係数 a_1, a_2 で表されるとする．数学を勉強して最終合格する場合で，学習時間が 1 時間増えたときのオッズ比は e^{a_1} となる．物理を勉強して最終的に合格する場合も同じように考えると，オッズ比は e^{a_2} となる．

　一般化線形モデル（GLM）をさらに拡張したのが**一般化線形混合モデル**（generalized linear mixed model: GLMM）である．GLM では誤差が 2 項分布しているときには $\log[p/(1-p)] = ax + b$ とおいた．しかし，実際のデータには，全ての x に共通な a, b だけでは説明できないばらつきを含む場合もある．こうしたばらつきは，統計モデルに織り込まなかった（織り込めなかった）因子から生じ，各 x で予測から変動する**ランダム効果**（random effect, あるいは変量効果）として現れる．ランダム効果に対して，a, b は全ての x に共通なパラメータであり，**固定効果**（fixed effect, あるいは母数効果）があるという．ランダム効果を取り込むには，各 x_i でばらつきを表す項 r_i を追加し，$\log[p_i/(1-p_i)] = ax_i + b + r_i$ とすればよい．GLMM では，r_i は通常，平均 0 で分散 σ^2 の正規分布を仮定する．a, b, σ は対数尤度関数 $L(a,\, b,\, \sigma|y)$ を最大化して求めることができる．

　GLMM は GLM に比べ，より現実のデータが説明できる統計モデルを実現できる．ベイズ統計で使われる階層ベイズモデルも目的は同じである．階層ベイズモデルでは，事前分布に使うパラメータ数を一定の統制のもとに増やし，複雑なデータに当てはまる統計モデルの構築ができるようになる．

問題 3.16

指数型分布族の確率分布は一般的に，$f(y|\theta, \phi) = \exp\{[y\theta - b(\theta)]/a(\phi) + c(y, \phi)\}$ という形になる．ここで，θ, ϕ はパラメータで，a, b, c は関数である（θ は自然パラメータと呼ばれる）．誤差が正規分布 $f(y) = e^{-(y-\mu)^2/2\sigma^2}/\sqrt{2\pi\sigma^2}$ の場合には，$\theta = \mu$ になることを示せ．次に 2 項分布での θ を求め，ロジスティック回帰式が導かれることを示せ．

問題 3.17

100 人の学生の卒業判定で数学を週に 3 時間以上，勉強した 50 人のうち 40 人が最終合格し，勉強時間が週に 3 時間未満だった 50 人では 30 人が最終合格した．このときのオッズ比を求めよ．

3.8.2 変数変換

　一般化線形モデルでは形がわかったリンク関数という眼鏡を通して線形化し，パラメータを推定した．似たような方法として変数変換がある．変数変換には**対数変換**（logarithmic transformation）や**平方根変換**（square-root transformation），**ボックス・コックス変換**（Box-Cox

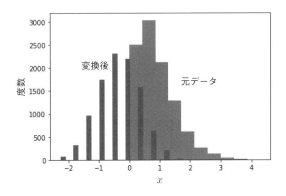

図 3.25 ボックス・コックス変換によるデータの正規化.

transformation）等がある．変数変換ではデータを正規分布するように近づけるが，一般化線形モデルと違って誤差構造に基づいた変換というわけではない．

変数変換でも元々の変数に変換の意味があるときは，変数変換の結果は解釈しやすい．たとえば需要の価格弾力性を見るときには，価格を x，需要を y として以下のように対数変換する．

$$X = \log x \tag{3.53}$$

$$Y = \log y \tag{3.54}$$

X, Y に対して

$$Y = aX + b \tag{3.55}$$

と線形回帰式を立てると，

$$a = \frac{dY}{dX} = \frac{\frac{dy}{y}}{\frac{dx}{x}} \tag{3.56}$$

となる．右側の項の分子は y の変化率，分母は x の変化率を示している．したがってこれらが比例関係にあるときは a は定数となる．需要と価格の間にはこうした関係があると言われている．言い方を変えればこうした分析では対数変換が有効である．

ボックス・コックス変換は対数変換や平方根変換を一般化したものである．この変換では横軸のスケールの拡大，縮小をデータを見ながら自動的に行って正規分布に近づけ，線形回帰モデルが適用できることになる．

3.9 構造化されていないデータ

いままでの話ではデータはクロス集計表のように構造化できるものであった．実際にはそうでないデータが増えている．時系列データもそうであるが，構造化されていないものに対する分析法は，それだけで豊富な内容がある．時系列データ解析は統計学の中の 1 つの分野であり，分析手法が開発されてきた．ここではその概要を述べるにとどめる．

• 時系列データ

　ある 1 つの項目について，時間による推移を記録したデータを時系列データという（8.4 節参照）．国内の電気自動車の普及率，高齢者人口の割合などの年次推移は時系列データである．またコンビニエンスストアの毎月の売り上げ，株価，ツイッターのフォロー数もそうである．時系列データは横軸となる時間の単位が年単位から分単位まで様々存在する．時系列データは一般的には，ある時の結果が過去の結果からの影響を受けている．データにはほぼ定常とみなせるものと，そうでないものがある．株価の動きは非定常なデータである．ほぼ定常は**弱定常**（weak stationary）と呼ばれ，期待値や自己共分散（autocovariance）が時点 t に関わらず，一定とみなせるデータである．自己共分散は，時間を変数として持った原系列データと，これを時間軸上で τ だけずらしたものとの間の共分散である．したがって自己共分散は τ の関数となる．時系列データで定常というときには，ほとんど弱定常を指していると考えてよい．

　解析作業はデータの特徴を捉えることから始まる．元データに合った時系列モデルができれば，それを使って少し先の将来が予測できる．モデルには**自己回帰**（autoregression: AR）と**移動平均**（moving average: MA）を組み合わせて現実に対応するようにした**自己回帰移動平均モデル**（autoregressive moving average model: ARMA model）がある．さらに非定常データを分析するための，**自己回帰和分移動平均モデル**（autoregressive integrated moving average model: ARIMA model）や**季節自己回帰和分移動平均モデル**（seasonal ARIMA model: SARIMA model）がある．AR モデルは現在の値が過去のデータから決まる（回帰する）とする．データは一定時間間隔でサンプリングする．時点 t での値を y_t としたときに，y_t はそれよりも過去の $y_{t-1}, y_{t-2}, \ldots$ を用いて表す．1 次 AR モデルならば

$$y_t = a_0 + a_1 y_{t-1} + \epsilon_t \tag{3.57}$$

と 1 つ前の時点の y_{t-1} が影響を与える．これは時間変動する過程を描写しており，自然現象や経済の動きをモデル化したものの 1 つである．式 (3.57) は単回帰の式と似ている．y_t が目的変数，y_{t-1} は説明変数，a_1 は回帰係数，a_0 は切片，ϵ_t は雑音項に対応する．ϵ_t は時点 t での白色雑音で，$N(0, \sigma^2)$ に従うとする．AR モデルは a_1 の値によって定常，または非定常な状態が現れる．1 次元ランダムウォークは一般的に $a_1 = 1$ で表され，y_t は非定常過程に従う．しかし，差分をとった $(y_t - y_{t-1})$ の期待値は a_0 で定常となる．

　MA モデルは 1 次ならば

$$y_t = b_0 + b_1 \epsilon_{t-1} + \epsilon_t \tag{3.58}$$

となり，y_t は現時点での雑音 ϵ_t の他に，1 つ前の時点の雑音 ϵ_{t-1} の影響を受けるとしたモデルである．y_t の期待値は b_0 となる．MA モデルでは常に定常状態が現れ，期待値や自己共分散は一定となる．

　AR モデルと MA モデルを組み合わせた ARMA モデルの一般形，$\mathrm{ARMA}(p, q)$ は

$$y_t = c_0 + \sum_{i=1}^{p} a_i y_{t-i} + \sum_{j=1}^{q} b_j \epsilon_{t-j} + \epsilon_t \tag{3.59}$$

となる．非定常な時系列データでも，隣り合う時点の差をとる階差処理によって定常的な時系列に変換できる場合がある．d 階差分をとってから ARMA モデルを適用するのが ARIMA(p, d, q) モデルである．これによって平均値の揺動となるトレンドがあってもそれを取り除き，定常過程に変換できる．データにトレンド以外に周期的な変動成分（周期：s）があるときにはこの部分をさらに ARIMA(P, D, Q) と s で表す．これが SARIMA モデルで，(p, d, q), (P, D, Q), s の合計 7 個のパラメータがある．パラメータは情報量規準 AIC を最小にするようにして決定する．

　SARIMA モデルを使って COVID-19 の感染者数予測をしてみた．図 3.26(a) の実線は 2021 年 2 月 1 日から 5 月下旬までの COVID-19 の日単位の感染者数である．このうち 3 月 31 日までのデータを使い，それ以降 25 日分の感染者数の予測をしてみた．周期はコレログラム（自己相関プロット，correlogram）から $s = 7$（1 週間）であることがわかった．SARIMA モデルは (p, d, q), (P, D, Q), s を $(3, 1, 3)$, $(2, 2, 2)$, 7 とした．同図 (b) は上から元データ，ト

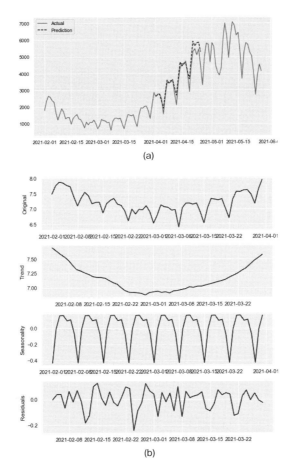

図 3.26　COVID-19 の時系列データ分析（元データは厚労省ホームページより）．(a) 実際の感染者数（実線）と SARIMA モデルによる 4/1 以降の感染者数予測（破線），(b) 上から順に元データ，トレンド，季節変動，残差．

レンド，季節変動，残差である．予測結果が同図 (a) の破線である．4 月 20 日くらいまでは予測と実際は合っているが，4 月 25 日からは緊急事態宣言が発令されたので予測の後半は実データよりも多めに見積もられてしまっている．

　時間変化を考えないデータの統計検定には t 検定などがあるが，時系列データに対しても統計検定量がある．**拡張 ディッキー・フラー検定**（augmented Dickey-Fuller test）は非定常な時系列データであるが，差分をとると定常になるかを判別するための検定である．**リュング・ボックス検定**（Ljung–Box test）は時系列データに自己相関が存在するかを確かめる検定である．説明できないで残った残差が本当に雑音か調べるために用いられる．

　時系列分析では**状態空間モデル**（state space model）も使われている．ARIMA 等では，過去の観測値から予測値を求める．状態空間モデルでは，直接観測できない「状態」を考える．状態は時間的に変化し，各時点の状態に従って，その時点での観測値が得られると考える．たとえば，時々刻々変わる市況は株価を通して見ることができるが，直接はわからない．状態空間モデルでは，観測できない隠れた「状態モデル」と，観測した結果である「観測モデル」から，現時点での状態を推定する．アポロ 8 号が 1968 年に初めて月に向かったときに，飛行士は「六分儀」で宇宙船の位置を測定した．しかし観測誤差があるので宇宙船の真の位置（＝状態）はわからない．そこで**カルマンフィルタ**（Kalman filter）を使って正確な位置を常にはじき出し，月までの飛行が可能となったのである．カルマンフィルタでは，現時点での観測による位置データと，1 つ前の時点での真の位置から現時点での真の位置を求める．こうした状態推定は制御工学の分野で用いられているだけでなく，時系列分析でも応用されている．

● 半構造・非構造化データ

　構造化されていないデータには**半構造化データ**，**非構造化データ**がある（表 3.4）．半構造化データは **JSON**（JavaScript object notation）形式で書かれているデータがそうである．インターネットによってたくさんの情報が生まれており，分析の対象は Web や SNS にまで広がっている．これらはコンピュータですぐに扱えない非構造化データである．また工場の機器の**異常検知用データ**は時系列データであり，非構造化データでもある．こうした非構造化データはインターネットによって増えている．

表 3.4　データ構造による分類.

分類	内容	例
構造化データ	RDB：スキーマが定義，構造が変わらない	ERP（enterprise resource planning，企業資源計画）ソフトパッケージ用データベース
半構造化データ	JSON：スキーマがないので中のデータ構造が変わる	ネットショッピング用データベース
非構造化データ	データ構造がない	SNS，Web，社内文書，音声，画像，センサー

　構造化データは CSV ファイルなどのように，列と行の形式をもってメモリに格納された格好をしている．企業では人材，資材，資金，情報などの経営資源を統合的に管理し，業務の効率化を図るためのソフトウェア・パッケージを使用している．これらのソフトではデータを効率よく管理するために構造化された関係データベース（RDB）が使われている．RDB はデータを複数の表で管理し，スキーマによってデータ構造を定義する．たとえば，RDB として学生の氏名や学籍番号，学部，メールアドレスなどの基本情報を入れた表，受講科目のコードや担当教員，単位数などが入った表，一科目に対する履修登録者の学籍番号が入った表，成績が記載された表などを用意しておく．SQL を使い，異なる表に対して射影や制限，結合といった演算を行うことで，学生ごとの履修単位数や成績を抽出できる．

　RDB によるデータ管理システムは，重要なデータの読み出しや書き換えといった一連の処理が外部から隠蔽され，途中で中断やミスが生ずることなく実行されるようになっている（ACID トランザクション処理と呼ばれる）．銀行の入出金を管理するデータベースサーバもこうした原則に基づいて構築されている．そのためには，データを複数のサーバに分散させることは基本的に好ましくないし，分散させれば表と表との結合に時間がかかるという問題が発生する．

　ところが，ネットショッピングで商品を購入する時代では，商品の個数や履歴を管理するデータは JSON を使った半構造化データとなっている．ネットショッピングではアクセスが一時的に集中する時がある．そこで，JSON といった簡易的な定義言語が使われている（図 3.27）．JSON は {"key": "value"} といった構造をしている．こうしたキー・バリュー形型データベースは NoSQL と呼ばれ，SQL を使わないデータベースの１つである．JSON は Web のプログラム言語である JavaScript で使われているし，Python，C++，Java でも使うことができる．"key" の数や並べ方が自由に定義できるが，データ検索ときに SQL ほどに条件指定で柔軟にデータを抽出することはできない．厳密な意味での ACID トランザクションも成り立たないが，RDB と比べて単純で読み書きの性能が高いので，データを分散させることができる．したがって，ビジネス関係ではこうした SQL を使わないデータベースも扱わなくてはならない．

```
{
    "ID": 1,
    "name": "yamada",
    "attribute": {
        "gender": "male",
        "faculty": "xxxxxxxxxx"
        "birth": "2000/12/24",
        "male address":
"zzzzzzzzz"
    }
}
```

図 3.27　JSON の例．

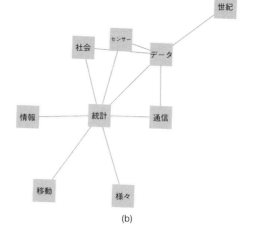

データ分析で意味ある情報を抽出する.

データ	名詞,一般,*,*,*,*,データ,データ,データ
分析	名詞,サ変接続,*,*,*,*,分析,ブンセキ,ブンセキ
で	助詞,格助詞,一般,*,*,*,で,デ,デ
意味	名詞,サ変接続,*,*,*,*,意味,イミ,イミ
ある	動詞,自立,*,*,五段・ラ行,基本形,ある,アル,アル
情報	名詞,一般,*,*,*,*,情報,ジョウホウ,ジョーホー
を	助詞,格助詞,一般,*,*,*,を,ヲ,ヲ
抽出	名詞,サ変接続,*,*,*,*,抽出,チュウシュツ,チューシュツ
する	動詞,自立,*,*,サ変・スル,基本形,する,スル,スル
	記号,句点,*,*,*,*,.

(a)　　　　　　　　　　　　　　　　　(b)

図 3.28　テキストマイニング. (a) 形態素解析, (b) 本書の 1.1 節のキーワードの共起ネットワーク分析.

　非構造化データは SNS や Web などの情報である. SNS などを含めたテキストを対象とした解析は**テキストマイニング**（text mining）と呼ばれる. コンピュータでテキストマイニングを行うには文章を品詞に分解し, **形態素解析**（morphological analysis）によって名詞や助詞といった品詞の分類を行う. フリーソフトである「MeCab」を使えば図 3.28 (a) のようになる. さらにテキスト中のキーワードの関係を可視化した**共起ネットワーク分析**（co-occurrence network analysis）ができる（同図 (b)）. 単語の重要度は, その頻出度や, 逆に出過ぎて一般的な言葉でないかを **TF-IDF 法**（term frequency, inverse document frequency method）で調べられる. キーワードの 1 つを A, もう 1 つを B とすればその関係性はジャッカード係数（Jaccard index）からわかる. テキストの中の文（または段落）に出てくる A と B の回数 $N(A)$ と $N(B)$ を調べる. 次に A と B が一文に同時に出てくる回数 $N(A \cap B)$ を調べる. ジャッカード係数は $N(A \cap B)/(N(A)+N(B)-N(A \cap B))$ より求められる. この値は 0〜1 の範囲にあるが, 1 に近いほど関係性が高いことになり, 共起性がわかる.

　音声データも非構造化データである. 音声認識技術でテキストに変換すれば同じである. コールセンターの録音データをテキストに自動変換し, 顧客の声や潜在ニーズをつかむといった目的に使える.

　画像も同じである. **画像認識**（image recognition）は, 1）人や車といったようにその画像が何かを識別する**画像分類**（image classification）, 2）同じ分類でも画像に色々なサイズの矩形枠（bounding box）をあてて動かし, それによってどこに人がいて, どこに車があるかを識別する**画像検出**（image detection）, 3）画素（ピクセル）単位で人や車の意味づけを行い識別する**画像セグメンテーション**（image segmentation）がある. 技術的な難度は高くなるが, 画像セグメンテーションならば車がおおまかな矩形枠にいるというだけでなく, 車の輪郭までわ

かることになるのでより精細に検出できることになる.

　画像認識はそれ自体が人間の目の役割を果たすので様々な分野で使われているが，**データマイニング**（data mining）という観点からも重要になるだろう.道路の監視カメラからの路面状況を自動的に分析していち早く運転者に伝えたり，河川防災カメラの映像を分析して事前に危険を察知するといった応用が考えられている.

● オープンデータ

　データの形態には，構造・非構造とは別の切り口からオープンデータと呼ばれるものがある.企業内のデータは一般的にクローズド・データである.その中でデータ利活用に向けて 2016 年に「官民データ活用推進基本法」がつくられ，法整備が進められた.その結果，現在では政府や地方自治体や個人が，自由に利用できるデータをインターネット上に公開している.政府統計の窓口は **e-stat**（https://www.e-stat.go.jp/）となっているが，総務省統計局は企業・家計・経済に関する内容を，気象庁は気象データ，国土地理院は地理空間データ，国立環境研究所は大気環境や公共用水域水質検査結果を出している.各地方自治体からもコンピュータでそのまま使える CSV，JSON 形式での様々な情報を公開している.

　企業の中には内部情報を **Web API**（application programming interface）で公開している会社もある.ツイッターのデータも Web API で利用できるので，使用目的を記して申請取得できる.Web API は Web 用の HTTP プロトコルを用いてネットワーク越しに企業のデータやアプリケーションを呼び出すためのインターフェースである.ツイッターの Web API を使って数多くの関連サービスが生み出されたが，これはツイッター社の成長も支えている.商品情報といった自社データを外部に公開することで新たな協業関係をつくり，新規サービスを生み出すことができる.Web API が広がるきっかけになったのが多くのスマートフォンアプリである.これらは単体で閉じているわけでなく，何らかの形で Web API を使っている.多くの企業がサービスで連携を行う際に Web API を利用するようになっている（図 3.29）.

　Web API 以外にも電力会社は電力使用の時系列データをリアルタイムで公開している.移動体通信事業者はエリアごとのモバイル空間統計データを出している.Web 上のデータを収

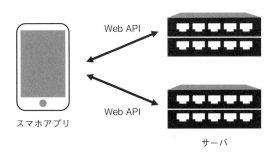

図 3.29　Web API

集するには **Web クローラー**（crawler）/**スクレイピング**（scraping）と呼ばれる方法がある．
Web から必要な情報を抜き出すもので，同種製品の市場価格や性能，製品のトレンドが抽出で
きる．

第4章

データの前処理と特徴量の抽出

4.1 データの前処理

4.1.1 欠損データの処理法

　多くのデータは全ての項目に抜けのない完全データにはなっていない．部分的に欠けた欠損も出てくる．欠損データを含む 2 群について Excel で相関を見ると相関係数は出てくる．しかし回帰分析を行おうとすると不可となる．欠損の出方には，1) 欠損が完全にランダムに生じる **MCAR**（missing completely at random），2) **MAR**（missing at random），3) **MNAR**（missing not at random）の 3 つに分類される．MAR は他の観測データ（＝因子）に依存し，欠損値に依存しない欠損，MNAR は自らの因子に依存した欠損であるが，説明がないとわかりづらいだろう．例として，英語に関するアンケート調査で学習意欲（高い・ある程度高い・それほど高くない・低い），TOEIC スコアとさらにいくつかの質問項目があり，TOEIC スコアにだけ記入がない欠損が何箇所も生じている場合で説明する．欠損が無い人でのスコアと学習意欲や他の質問項目との相関を調べ，相関が低ければ欠損はランダムに生じた MCAR と考えればよい．そのときの欠損データの扱いとしては，欠損がある人のデータは全く使わない**リストワイズ削除**（list-wise case deletion）や，**ペアワイズ削除**（pair-wise case deletion）がある．ペアワイズ削除法では，分析に必要な項目が欠損していなければその人のデータも含めて分析する．ほとんどの統計ソフトは欠損があればそのデータは使わないようになっている．MCAR では，欠損はランダムに起こっているので取り除いても全体の傾向は変わらないだろうと考える．機器の不具合でデータが取れなかったりして生ずる欠損も MCAR と考えればよいだろう（もちろん欠損が大量に発生しているときはそこを埋める手立てを考えねばならない）．

　次に MAR と MNAR である．上に述べた例で相関を調べた結果から，TOEIC スコアと学習意欲に相関が認められたとする．この場合が MAR である．また，実際に測ることはできないが，欠損がスコア自体の関係から生じている場合が MNAR である．そのときにはスコアを記入しなかった理由としては，MAR では学習意欲の低い人は一般的にスコアなどの意識が低く，覚えていなかったために記入しなかった，MNAR ではスコアが低いので記入しなかったということになる．欠損が MAR で生じているときにはそれを埋める方法として**多重代入法**（multiple imputation）が用いられる．全データの平均値や回帰分析で求めた 1 つの値を入れて欠損値を埋めるやり方は推奨はされない．多重代入法では欠損箇所に異なる値をいくつか入

れ，複数の完全データセットを作った後，それらの結果の平均をとって最終的な結果とする．どのような値を入れるかはいくつかの方法論があって実際の統計ソフトで使われている．

　MNAR を MAR と区別することは難しく，仮に MNAR としても欠損値を埋めるための推奨できる方法はないと言われている．

4.1.2　スケーリングとエンコーディング

　単位が違うために大きさが異なる複数のデータが混ざると分析結果はその影響を受ける．回帰分析では必要に応じて変数のスケールを揃えるのがよい．スケーリングでは，1) 大きさを $(0, 1)$ の範囲におさめる**正規化**（normalization）がある．また，2) 平均を 0，標準偏差を 1 に変換する**標準化**（standardization）がある（図 4.1）．**主成分分析**（principle component analysis）では**相関行列**を使う方法と**分散共分散行列**による方法があるが，規格化された相関係数を使う前者の方法では単位の影響を受けない．木構造ベースのアルゴリズムではスケーリングといった問題はない．

　質的データのダミー変数への変換は，**one-hot** エンコーディング（one-hot encoding）ともいう．ダミー変数の数は 1 つのカテゴリ内の水準数に対して，（水準数 − 1）としなければならない．

【例題 4.1】
目的変数 y が男性あるいは女性の性別で影響を受ける場合で，男女に 2 個のダミー変数を使ったときにどのような問題が生ずるか考察せよ．

【例題 4.1 の解答】
男性であれば 1，そうでなれば 0 というダミー変数 x_1 を使い，同様に女性であれば 1，そう

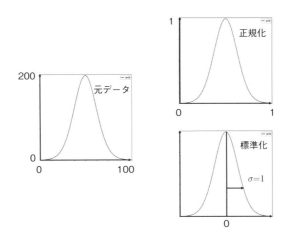

図 4.1　スケーリング．正規化（右上）と標準化（右下）．

でなければ 0 としたダミー変数 x_2 を用いるとする．その場合の関係式を

$$y = a_1 x_1 + a_2 x_2 + b \tag{4.1}$$

とおく．この式は

$$y = a_1 x_1 + a_2(1 - x_1) + b = (a_1 - a_2)x_1 + a_2 + b \tag{4.2}$$

と書き直せるが，最小 2 乗法で求められるのは，x_1 の係数 $(a_1 - a_2)$ と $(a_2 + b)$ の 2 つである．これでは，3 つの未知数 a_1, a_2, b は定まらないことになる．男性と女性は表と裏の関係にあるので独立ではなく，ダミー変数の数は (項目数 -1) $= (2 - 1) = 1$ とせねばならないことがわかる．項目が 3 つでも同じであり，そのときは使うダミー変数は 2 個となる．

（解答終わり）

one-hot エンコーディングは目的変数が説明変数の線形和で表せる回帰分析に適用できる．しかしながら項目数が多くなると列幅が大きくなっていく．決定木分析では回帰分析と違って one-hot エンコーディングである必要はない．その場合には列幅を増やさない**ラベルエンコーディング**（label encoding）を使うことができる．ラベルエンコーディングは単純に 0, 1, 2, 3, . . . と数字をつけるやり方であるが，カテゴリが順序尺度であれば，その順番で 0, 1, 2, 3, . . . の数字を割り当てればよい．決定木分析では項目の昇順，あるいは降順に並び替える作業がいるので，これとの整合性がよい．名義尺度のときは**カウントエンコーディング**（count encoding）を使えばよい．カウントエンコーディングは項目の出現回数に比例するように数字を順番に割り当てる方法である．

問題 4.1

一連のプログラミングの授業をとった学生群 A，B，C に対して，その後のプログラミング力を追跡調査した．そのときに，以下のような回帰式をたてて分析した．$z = ax + b_1 y_1 + b_2 y_2 + c$．ここで，$z$ はプログラミング力，x は毎日のプログラミングの平均学習時間である．y_1 はダミー変数で，A の学生ならば 1，そうでなければ 0 とした．また，y_2 もダミー変数で B の学生ならば 1，そうでなければ 0 とした．このモデルでは切片は何を意味しているだろうか？

4.2 分析の目的に適合した特徴量の抽出

4.2.1 特徴量の把握

　データを分析にかけるといっても何に着眼し，どのような因子を拾い上げればよいかは必ずしも自明ではない．データの中から目的に有効な特徴量を見つけ出すことがデータ分析の成否を大きく左右する．**特徴量設計**（特徴量エンジニアリング）という言葉がある．これは，分析にかけるデータの中から有用な因子を特徴量として取り出すだけでなく，変換によって冗長性を除いた新たな特徴量をつくり出すことを指す．データ分析を成功させるにはこのような特徴

量をいかに見つけ出すかが鍵となり，着眼点が重要となる．結果に関係がありそうな変数を増やせばモデルの説得力は高まる．しかし関係が薄く，有用と思われない変数が混じってくると予測精度は落ちる．深層学習では特徴量（次元）が多くなると，必要な訓練データ数が指数関数的に増えてしまう．たとえば，特徴量の1つが「色」だとすると，色といっても赤・青・黄…と様々あり，組み合わせの数はたくさんある．これが「次元の呪い」である．主成分分析は2つの因子から新たな1つの特徴量をつくり出す．それによって次元削減を行える．

アンデルセン童話の「みにくいアヒルの子」は大きくなって白鳥になった．雛のときは色は灰色で，黄色で綺麗な周りのアヒルの子とは違っていじめられた．しかしこの違いは色だけであり，水面を泳ぐ生き物であることなど，両者は多くの点で類似性を持っている．相違もあれば類似点もある．相違か類似かの見方は主観に依存することも多い．みにくいアヒルの子定理（ugly duckling theorem）と呼ばれるものがある．これは何らかの仮定がないと，分類は理論上困難であるという定理である．仮定は事前知識などによって意識的に，あるいは無意識にされることもある．特徴量の抽出もこうしたプロセスが働く可能性があり，そのことをわきまえてデータを眺めることが必要である．

特徴量の抽出には，目的変数と説明変数と考えられる因子との相関や，因子どうしの相関を見るのが最初のステップである．図 4.2 はペアプロット図（pair-plot）で，散布図行列とも呼ばれる．因子が n 個あると $n \times n$ のマトリクスが作成される．対角線上の図は因子単独のヒストグラムとなる．それ以外の図は因子間の散布図になる．対角の位置にある散布図は縦軸と横軸を入れ替えた図である．ペアプロット図を使うと因子どうしの関係を全体的に俯瞰でき，そこから相関の強弱を把握できる．

その後に回帰分析を行うのならば，因子は目的変数と関係性が強いものから順番に増やして

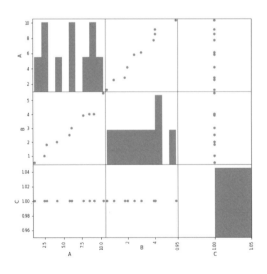

図 4.2　ペアプロット図（散布図行列）．因子が 3 個の場合．

いき，最適な説明変数の組合せを探す．**ステップワイズ法**（stepwise method）はこのような考えで行われる．説明変数の全ての組み合わせを総当たりで調べるよりも効率がよい．木構造をした決定木ではどの変数が目的変数に関係しているか調べることができ，**変数重要度**（variable importance）を測ることができる．

4.2.2 因子関係におけるいくつかのパターン

回帰分析で特徴量を発見するには，因子間に存在するいくつかのパターンを理解しておく必要がある．これは決定木でも共通する．図 4.3(a) 左図は x_1, x_2, x_3 が互いに独立のときである．目的変数が説明変数の線形和で表され，説明変数が 2 個以上の重回帰分析では各因子からの寄与率が出る．寄与率が小さなものは落とし，関係性を理解するのがよい．

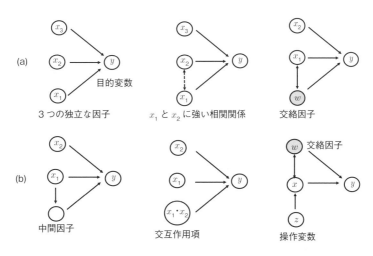

図 4.3　(a) 左から順に，説明変数が独立な場合，強い相関関係がある場合，交絡因子がある場合．(b) 左から順に，中間因子がある場合，交互作用の項がある場合，操作変数がある場合．

真ん中の図は x_1, x_2 に強い相関関係がある場合である．このようなときには x_1, x_2 を入れて重回帰分析を行うとする．因子間に線形関係がある場合には相関係数は ± 1 となる．回帰係数を求める方程式は不定となるので，出てきた係数は不合理な値となる．線形関係でなくとも 2 つの因子に強い相関があると多重共線性の問題が生じ，得られた回帰係数の統計的有意性は低くなる（問題 3.10 参照）．信頼性が低下するという意味である．相関係数が ~ 0.9 と大きいときには x_1, x_3，または x_2, x_3 とした両方の回帰分析を行う．そして目的変数に対する説明の寄与率が高い方を使うのが安全である．

右図は要因に交絡因子 w がある場合である．説明変数と間接的な関係があり，目的変数には直接的に影響を与える因子が交絡因子であった．コーヒーと発がんの関係では間に交絡因子として喫煙が入っていたが，コーヒーの他に交絡因子の喫煙まで入れた重回帰モデルを立てれば，交絡因子があっても分析はできる．ただ，交絡因子が何かわからないことが多いのが実際

である.

　図 4.3(b) 左図は**中間因子**（intermediate variable）がある場合である. 中間因子はこの場合,
x_1 によって生まれ, 結果に影響を与える. 中間因子を説明変数に入れると因果関係を過小評価
することになるので注意を要する.

　真ん中の図は 2 つの因子が重なった効果があり, **交互作用**（interaction）がある場合である.
たとえばデータ分析の基礎的な知識に実践を加えると分析の総合力がどのくらい上がるか？　総
合的な分析力は（知識）＊（実践）の**相乗効果**があるはずで, その分, 知識量と実践の個別の寄
与以上になるはずである（図 4.4）. 逆のマイナスの効果が出ることは考え難いが, あれば**拮抗
効果**が働いたことになる. 交互作用も回帰分析の説明変数に加えればその大きさが分析できる.

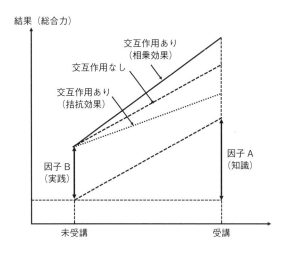

図 4.4　総合的なデータ分析力における知識と実践の交互作用.

　右図は交絡因子があっても, それが測定できない場合である. このときに交絡因子 w とは直
接的な関係がないが, 因子 x とは関係性を持った z を見つけたとする. このような因子を**操作
変数**（instrumental variable）という. 操作変数を使った 2 段階の回帰分析を行うと, 交絡因
子の影響を取り除くことができる. よくある例は教育と賃金の関係である. 教育を受けた年数
が長く給与が高くなったとしても, それは向上心が強かったせいかもしれない. 向上心は教育
年数と関係性を持ち, 向上心が強いと学びの年数が長くなる傾向がある（図 4.5）. そこで操作
変数として親の教育年数を使う. 親の教育年数 z と子供の教育年数 x とは一定の相関があり
そうである. しかし, 親の教育年数は交絡因子である子供の向上心 w とは直接的な関係はない
（遺伝的であれば別だが, 今はそうでないとする）. 解析ではまず, x と z 間の回帰式を求める.
次に x と賃金 y の関係で交絡因子（向上心）を除いた回帰式を求めるのだが, そのときには先
に求めた x と z の関係式を使う. こうした 2 段階の手続きを通じて, 交絡因子の影響を取り
除いた教育年数と賃金の関係がわかる.

　定型的な分析手法をあてはめれば何かの結果は出てくる. しかし, 正しく行われているとは

図 4.5 教育年数と賃金の関係.

限らない．因子間の関係を事前に検討してから始めないとおかしな結果になり，無駄な時間を使うことになる．

問題 4.2

過剰な塩分摂取は血圧を高め，心疾患などの病気を誘引する．この場合，血圧は中間因子である．心疾患のリスクを目的変数にし，塩分摂取量と血圧を説明変数にとった重回帰分析を行うと，塩分摂取量の回帰係数はどのようになると予想されるか？

コラム　操作変数

X, Y を独立な確率変数として期待値や分散，共分散を求める操作を E, V, Cov と表すと

$$E[X + Y] = E[X] + E[Y] \tag{4.3}$$
$$E[XY] = E[X]E[Y] + Cov[X,Y] \tag{4.4}$$
$$V[X + Y] = V[X] + V[Y] + 2Cov[X,Y] \tag{4.5}$$
$$V[aX] = a^2 V[x] \tag{4.6}$$
$$r_{XY} = \frac{Cov[X,Y]}{\sqrt{V[X]V[Y]}} \tag{4.7}$$

となる．r_{XY} は相関係数である．式 (4.4) からは

$$Cov[a, X] = E[aX] - a\bar{X} = a\bar{X} - a\bar{X} = 0 \tag{4.8}$$

となる．これらの式を使うと，操作変数でなぜ交絡因子の影響を除けるか理解しやすい．賃金に対する教育年数と向上心（交絡因子）の関係は線形の回帰式で表すとすると，本来，以下のようになる．誤差項 ϵ の平均はゼロである．

$$y = ax + bw + c + \epsilon \tag{4.9}$$

ところが向上心はなかなか測れない因子である．そこで

$$y = a'x + c' + \eta(w) \tag{4.10}$$

とおくと，誤差項 η は w に依存してしまう．すると w は x の交絡因子であるので誤差項のランダム性という仮定は成り立たなくなる．操作変数法ではまず，本人の教育年数 x と親の教育年数 z の関係を求める．回帰式は以下のようにおく．

$$x = \alpha_1 z + \beta_1 + \epsilon_1 \tag{4.11}$$

そうすると，求めたい係数 a は以下の式で表せる．

$$a = \frac{Cov[y, z]}{Cov[x, z]} \tag{4.12}$$

なぜならば

$$
\begin{aligned}
\frac{Cov[y, z]}{Cov[x, z]} &= \frac{Cov[ax + bw + c + \epsilon, z]}{Cov[x, z]} \\
&= \frac{Cov[ax, z]}{Cov[x, z]} = a
\end{aligned}
\tag{4.13}
$$

となるからである．ここで向上心と親の教育年数は関係性がないので，$Cov[w, z] = 0$ である．また $Cov[c, z] = 0$, $Cov[\epsilon, z] = 0$ であることを使った．実際の手順としては，第 1 段階として本人と親との教育年数の予測式

$$\hat{x} = \alpha_1 z + \beta_1 \tag{4.14}$$

を求める．次に，第 2 段階として以下の回帰式を立て，α_2 を最小 2 乗法で求める．このときには $\hat{x}$ は式 (4.14) で求めたものを使う．親の教育年数が実質的な変数となるので，交絡因子である向上心は誤差項として扱える．

$$y = \alpha_2 \hat{x} + \beta_2 + \epsilon_2 \tag{4.15}$$

そうすると，得られた回帰係数 α_2 が a となる．なぜならば，式 (4.15) の両辺で $\hat{x}$ との共分散を求めると，

$$\alpha_2 = \frac{Cov[y, \hat{x}]}{V[\hat{x}]} \tag{4.16}$$

となるが，これは

$$
\begin{aligned}
\alpha_2 &= \frac{Cov[y, \alpha_1 z + \beta_1]}{V[\alpha_1 z + \beta_1]} = \frac{\alpha_1 Cov[y, z]}{\alpha_1^2 V[z]} \\
&= \frac{Cov[y, z]}{\alpha_1 V[z]} = \frac{Cov[y, z]}{Cov[x, z]}
\end{aligned}
\tag{4.17}
$$

となるためである．このように 2 段階の回帰分析を通じて交絡因子の影響を取り除き，本人の教育年数と賃金の関係が求められる．

第5章

データの解析手法

5.1 様々な手法を総合的に駆使した分析

統計学が体系化されたのは 19 世紀の後半から 20 世紀の初めにかけてである．ゴルトン，カール・ピアソン（Karl Pearson, 1857 年～1936 年）によって記述統計学（descriptive statistics）が，その息子のエゴン・ピアソン（Egon S. Pearson, 1895 年～1980 年），ネイマン（Jerzy Neyman, 1894 年～1981 年），フィッシャー等によって標本から母数の推定・検定を行う推測統計学（inferential statistics, 推計統計学とも呼ばれる）が築かれた（図 5.1）．こうした統計学では母集団から取られた標本は確率分布に基づいた頻度として現れたものと考える．頻度主義統計では多変量解析や時系列の解析手法が開発され，一般化線形モデルによる回帰分析の拡張も成された．また，「ベイズの定理」を統計に応用したベイズ統計も，2000 年代以降になって柔軟性の高い統計手法として認識されるようになった．

	統計学	情報科学
1900 年代	ゴルトン，カール・ピアソンによる記述統計 エゴン・ピアソン，ネイマン，フィッシャーらによる推測統計 多変量解析，時系列解析 一般化線形モデル	1943 年 マロニック・ピッツ形式ニューロン
2000 年代	ベイズ推定	1956 年 ダートマス会議で「人工知能」機械学習 深層学習

図 5.1　統計学と情報科学によるデータ分析の歴史.

一方，計算機科学が誕生したのは ENIAC の開発以降である．人工知能（artificial intelligence: AI）という言葉が 1956 年の夏の「ダートマス会議」で定義された．機械学習（machine learning）は AI の中の 1 つの分野であり，そのデータ解析のアルゴリズムは統計分野で編み出されたいくつかの分析手法とともに今日，使われている．統計学はどちらかというと予測とともに因果推論や解釈に焦点を当てる．それに対して機械学習では大量のデータを計算機に与え，予測によりスポットを当てるアプローチである．深層学習はニューラルネットワーク（neural network）の階層を深めたアルゴリズムである．しかし計算機内部でどのようなモデルがつくられて予測がなされているかわからない．因果関係が複雑に絡み合った大規模データの分析・予測ができるのはよいが，なぜそうなるか説明できないとまずい．そのため，1990 年代の後半に，統計学と計算機科学の両方の分野の協力が必要であるとの議論から出てきた用語が「データ科学」である．

　回帰分析は因子が結果にどのように関係しているかを明らかにする．回帰係数がわかれば予測に使えるわけだが，機械学習の立場では，これは**教師有り学習**（supervised learning）になる（8.11 節参照）．コンピュータに回帰式をプログラミングし，観測で得たデータセットの一部を入れて回帰係数を求める．その後，残りのデータの一部を使ってデータが求めた式にのるか**検証**（validation）する．学習に使うデータは**訓練データ**（training data）あるいは**学習データ**（learning data）と呼ばれる．使うデータを更新させていけばその状況に合った予測が可能となる．

　回帰分析の例では統計学と機械学習は本質的に差がないが，機械学習では目的を実現するためのアルゴリズムがあれば，計算機で力任せにタスク処理ができる．COVID-19 の県単位の感染者数予測を深層学習で行うとすれば，過去の入力（未感染者数，発症中の人数，回復した人数，全体の人数, 気温など）vs 出力（その条件で出た感染者数）に関するデータを入れて学習させる．計算機の内部で入力と出力の関係性が得られれば，新たな状況での感染予測ができることになる．状況の変化による入力データのドリフトがあればもちろん再学習は要る．たとえば進化段階が異なる銀河の膨大な写真をデータセットとして学習させておけば，撮影した星々の中から特定の進化段階にある銀河の識別・分類ができて人手が省けることになる．

　出力が**数値**の場合は「回帰」，**カテゴリ**の場合は「分類」という言葉の使い分けがされる．COVID-19 の例ならば回帰予測であり，銀河の例は分類となる．表 5.1 には分析の目的とそれに応じてどのような手法やアルゴリズムが使われるかが示してある．データの特徴や傾向をつかむための記述統計は全てのデータ科学の基本である．**クラスター化はクラスタリング**（clustering）ともいう．クラスタリングはデータ間の**距離**（あるいは**類似度**）だけでクラスターに分ける**教師無し学習**（unsupervised learning）の中の手法である．店舗の顧客層の特性分けなどに使うが，絶対的な正解はない．分類というときには教師有りの場合を指し，学習時にこれは何々とラベル（またはクラス）を示して学習させ，それに基づいて提示されたものが何か区別する場合を指す．手書き文字や画像の認識がこれに該当する．分類ではその結果として正解・不正解が出てくる．

　どのような手法が適切かは目的によって異なる．新しい病気の治療法が有効であるかは統計学的なアプローチによる厳密な分析が求められる．一方，機械学習的な手法で過去に蓄積された診断画像や健康診断の数値，論文などの医療データを解析し，有効な治療法を見つけようとする試みは有益である．上記の感染者予測もできれば有難い．しかしながら，同時にその違いがなぜ生じているのか要因分析ができれば，一般的な感染症対策から一歩進んだ地域単位での次善の対策がうてる．予測重視でなぜそうした結果が出たのかが説明できないと，医療や自動

表 5.1 分析の目的に応じた手法・アルゴリズム.

分析の目的	データの特徴・傾向把握	教師無し			教師有り
		群どうしの有意差検出	要約/クラスター化	変数間の関係性・予測	回帰・分類
手法・アルゴリズム	・グラフ化（平均・分散等） ・相関図	・t 検定 ・χ^2 検定 ・分散分析（F 検定）	・主成分分析 ・NMF, LLE, LSA ・因子分析 ・ウォード法（階層的） k 平均法（非階層的） ・混合ガウスモデル	・回帰分析 ・ロジスティック回帰	・線形・非線形判別(SVM) ・決定木・勾配ブースティング ・k 近傍法 ・ナイーブベイズ ・KNN ・深層学習
応用例	記述統計に関わる内容は全ての分析の基礎	医療・医薬・遺伝子工学・農学・生物統計・経済・製品検査・市場調査	・顧客アンケートや顧客情報などのクラスタリング ・異常検知	・売り上げと広告費の関係分析 ・疾病の進行度 ・スコアリング	・ある商品の売上予測 ・テキスト分類 ・変動の予測

運転への応用で問題が起きたときには大変な事態を招く．データ科学では様々な手法のメリット・デメリットを理解し，必要に応じていくつかの手法を相補いながら使い，有益な知見を導き出していかねばならない．

5.2 分析手法の概要

ここではいくつかの分析手法について概要を述べる．技術的な内容を知ることで特徴や目的によった使い分けがおのずとわかる．

5.2.1 回帰分析：因果関係の推定・予測
● 単回帰分析

ここで述べる例では紙面の都合上，データ数は少ない．回帰分析の説明が目的であるので誤差項に対する正規性の仮定は満たされているとして話を進める．

いま，10 人の試験の結果が 100 点満点中で表 5.2 のようであったとする．学習時間は 1 日当たりの平均学習時間で，点数は 10 点で割った値にしてある．＃1～＃5 の 5 人は授業には出たが予習・復習は全くやらなかった学生，#6～＃10 は授業も出ており，予習・復習を一日当たり 1 時間やった学生である．点数の基礎統計量は表 5.3 のようになる．Excel で出る分散は不偏分散であることに注意する．10 人全体の平均は 5.46，不偏分散は 8.12，その平方根をとった標準偏差は 2.85 である．**標準誤差（standard error）**は

$$標準誤差 = \frac{不偏分散の平方根}{データ数の平方根} = \frac{\hat{\sigma}}{\sqrt{n}} \tag{5.1}$$

であるので，$2.85/\sqrt{10} = 0.90$ となって，その値が表 5.3 に出ている．標準偏差は母集団から抽出したデータのばらつきを表すのに対して，標準誤差は標本から得られる推定量のばらつき

表 5.2 学習時間と試験の点数.

学生	平均学習時間	点数 / 10 点
# 1	0	1
# 2	0	2.8
# 3	0	3
# 4	0	3
# 5	0	5.5
# 6	1	6.1
# 7	1	7.5
# 8	1	8
# 9	1	8.7
# 10	1	9

表 5.3 基礎統計量 (点数).

	# 1～# 10	#1～#5	# 6～# 10
平均	5.46	3.06	7.86
標準誤差	0.90	0.72	0.51
中央値（メディアン）	5.80	3.00	8.00
最頻値（モード）	3.00	3.00	#N/A
標準偏差	2.85	1.60	1.15
分散	8.12	2.57	1.31
尖度	−1.54	2.13	0.56
歪度	−0.20	0.58	−0.95
範囲	8.00	4.50	2.90
最小	1.00	1.00	6.10
最大	9.00	5.50	9.00
合計	54.60	15.30	39.30
データの個数	10	5	5

を表す．言い換えれば推定量の精度である．標準誤差は，一般的には，標本平均の標準偏差を表すが，回帰分析ならば回帰係数や切片の標準偏差となる．以下では，1) 学習時間を連続量として単回帰分析した場合と，2) 統計検定で扱った場合の 2 通りを示してある．一見すると回帰分析と検定は違うように見えるが，前者も回帰係数に対して検定を行っており，中味は実質的にほとんど同じであることがわかる．

1）x は学習時間，y は試験の点数とし，$y = ax+b$ とおいて単回帰分析を行う．その結果が図 5.2 と表 5.4 である．補正 R^2 から求めた相関係数は 0.87 である．回帰直線は $y = 4.8x+3.06$ となるので学習を毎日平均 1 時間すれば，その分，48 点稼げることになる．

表の下段には得られた係数（回帰係数と切片）の信頼度について t 検定した結果が出ている．

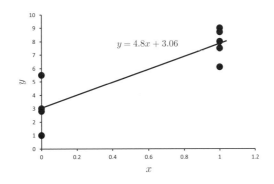

図 5.2　試験の得点と学習時間に対する回帰分析.

表 5.4　単回帰分析結果.

	自由度	変動	分散	分散比	有意 F
回帰	1	57.60	57.60	29.68	0.00061
残差	8	15.52	1.94	—	—
合計	9	73.12	—	—	—

重相関 R	0.89
決定係数 R^2	0.79
補正 R^2	0.76
標準誤差	1.39
観測数	10

	係数	標準誤差	t	P-値	下限 95 %	上限 95 %	下限 95.0 %	上限 95.0 %
切片	3.06	0.62	4.91	0.00118	1.62	4.50	1.62	4.50
X 値	4.80	0.88	5.45	0.00061	2.77	6.83	2.77	6.83

正規分布した母集団からサンプルサイズ n の標本データを抽出して，母平均が μ と同じか t 検定する場合は以下のようになる．中心極限定理から

$$\frac{\bar{x} - \mu}{\frac{\sigma}{\sqrt{n}}} \tag{5.2}$$

は $N(0, 1)$ の確率分布を持つが，母分散 σ はわからない．そこで不偏分散から求めた $\hat{\sigma}$ で置き換える．するとこれは t 分布する（8.10.2 節参照）．t 検定はいくつかあるが，その場合は 1 群 t 検定となる．これに対して回帰係数の t 検定では次のようになる．検定の**帰無仮説**（null hypothesis）H_0 と**対立仮説**（alternate hypothesis）H_1 は，それぞれ「係数 $= 0$」，「係数 $\neq 0$」である．回帰係数がゼロならば，傾きを持った意味のある回帰直線は引けなくなる．**検定統計量**（test statistic）t は $\mu = 0$ なので，

$$t = \frac{a - \mu}{標準誤差} = \frac{a}{標準誤差} \tag{5.3}$$

となる．回帰係数 $a(X$−値) に対しては標準誤差 $= \sqrt{(残差の平方和)/((n-2)(x の偏差平方和))}$ となる．また自由度は $(n-2)$ となる（2 つの係数の自由度を除くため）．t-値は t 分布の横軸の値である．これに対応する P-**値**（P-value）は t-値以上で起こる確率である．t の値が臨

界値を超えると稀なことが起こったとして帰無仮説を棄却し，対立仮説を採用する．**有意水準**（significance level）α は，帰無仮説を設定したときにそれを棄却する基準となる確率で，通常 5 ％ に設定される．検定は**両側検定**（two-sided test）である．有意水準は別の言い方で**危険率**である．5 ％ で有意と判断すれば 100 回中 5 回は得られた結論が誤りであることを表す．したがって 5 ％ のリスクをとったうえでの判断なので危険率と言われる．

　今の場合は，t は 5.45 で P-値は 0.00061（0.061 ％）である．有意水準 5 ％ に比べると十分に小さいので H_0 は棄却され，求めた回帰係数はゼロでなく有意と判断できる．切片 b も同じである．P-値は 5 ％ に比べて小さいので有意となる．表 5.4 には回帰係数と切片の 95 ％ の信頼区間（confidence interval）も出ている．a の 95 ％ **下側信頼限界**（lower confidence limit）は 2.77，**上側信頼限界**（upper confidence limit）は 6.83 となっているが，これは 100 回測定すれば 95 回はこの範囲にあることを表している．

　2）次に統計検定を行う．予習・復習をした/しなかったの 2 群で平均得点に有意差があるか見てみる．これは少し考えねばならない．なぜならば 2 つの学生群の得点の分散は 2.57，1.31 と同じでないためである．t 検定は平均値の有意差を見る検定法であるが，「対応がある・ない」，「分散が等しい・等しくない」で用いる検定統計量が異なる．統計的検定は様々あり，必要に応じて違いを記載したテキストを見て使い分けるしかない．この場合は比較する学生が異なるので「対応がなく」，分散が異なるので**ウェルチの t 検定**（Welch's t-test）を使わねばならない（図 5.3）．ウェルチの t 検定では，

$$検定統計量 = \frac{\bar{x}_1 - \bar{x}_2}{\sqrt{\frac{\hat{\sigma_1}^2}{n_1} + \frac{\hat{\sigma_2}^2}{n_2}}} \tag{5.4}$$

となる．これを計算すると，

$$t = \frac{7.86 - 3.06}{\sqrt{\frac{1.31+2.57}{5}}} = 5.45 \tag{5.5}$$

となる．H_0 は「平均値は同じである」，H_1 は「平均値は異なる」である．自由度は標本数が 10 個，推定値の数は平均値で 2 個で 8 になりそうである．しかし，ウェルチの t 検定の自由度は実はもう少し複雑な計算を要し，この場合は 7 となる．自由度 7 で有意水準が 5 ％ として両側検定する．このときの臨界 t-値は t 分布表より 2.36 である（片側で見たときの P-値は 2.5 ％ になっている）．計算による t の値は 5.45 であるので，臨界 t-値よりも大きく，稀なことが起こったことになる．よって，2 群の平均得点には有意差があると判断できる．

　Excel の回帰分析で「分析が等しくないとした 2 標本による検定」を使った結果を表 5.5 に示す．計算と同じ結果が得られている．この例では得点分布を見れば平均点に差があることはほぼわかるが，統計的にはこうした手続きを行って結論を出す．実際に検定を自ら手計算で行うことはないので，どのようなことが行われているかだけ頭に入れておけばよいだろう．1），2）の各場合でデータの扱いを見たが，回帰分析も検定も大まかに見れば，実質的にはほとんど同じことをしていることがわかる．

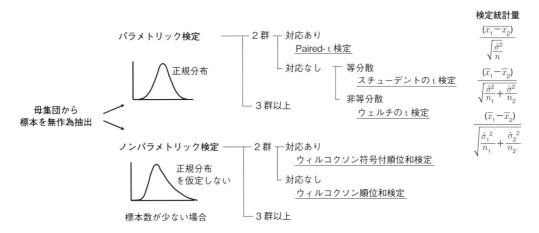

図 5.3　2 群以上の平均値に関する統計検定. 2 群（対応あり）を 1 群, 2 群（対応なし）を 2 群と呼ぶ場合もある. 検定統計量に出てくる $\hat{\sigma}^2$ は Paired-t 検定では 2 つのデータの差の不偏分散, スチューデントの t 検定では $\hat{\sigma_1}^2$ と $\hat{\sigma_2}^2$ の荷重平均：$\hat{\sigma}^2 = \{(n_1 - 1)\hat{\sigma_1}^2 + (n_2 - 1)\hat{\sigma_2}^2\}/(n_1 + n_2 - 2)$. 自由度は Paired-t 検定：$n - 1$, スチューデントの t 検定：$n_1 + n_2 - 2$. 3 群以上のパラメトリック検定には分散分析がある. 分散分析は 2 群以上の場合にも使えるが, 2 群のときは実質的には t 検定と同じとなる.

表 5.5　ウェルチの t 検定の結果.

\	変数 1	変数 2
平均	7.86	3.06
分散	1.31	2.57
観測数	5	5
仮説平均差異	0	—
自由度	7	—
t 値	5.45	—
P-値 $(T \leq t)$ 片側	0.0005	—
t 境界値 (t_c) 片側	1.89	—
P-値 $(T \leq t)$ 両側	0.001	—
t 境界値 (t_c) 両側	2.36	—

● 重回帰分析（交互作用の有無）

　重回帰分析では交互作用が扱える. これを表 5.6 のデータを使って試みてみる. このデータは自宅での学習時間と, 学習支援システムの利用が試験の点数にどれだけよい影響を与えるか調べたものである. 説明因子は 2 つである. 学習時間は 1 時間/日で規格化してある. 学習支援システムは, ティーチング・アシスタントが毎週, 定期的にマンツーマンで授業でわからないことを学生に教えるものである. 学生は自分の意志でいつでも参加できる. 学習時間と学習支援システムの利用は相乗効果があるだろうとの予想から, 回帰式は以下にように立てた.

$$y = a_1 x_1 + a_2 x_2 + a_{in} x_1 x_2 + b \tag{5.6}$$

表 5.6　点数 vs 学習時間と学習支援システム利用の有無.

学生	規格化学習時間	学習支援システム利用	交互作用	点数/10 点
＃ 1	0	0	0	1
＃ 2	0	1	0	5.1
＃ 3	0	0	0	3
＃ 4	0.7	1	0.7	7.2
＃ 5	1	0	0	5.1
＃ 6	1	0	0	6.7
＃ 7	1	1	1	9
＃ 8	1	1	1	8.5
＃ 9	1	1	1	8.7
＃ 10	1	0	0	6.1
＃ 11	1.1	1	1.1	9.6
＃ 12	1.3	1	1.3	9.1
＃ 13	1.3	0	0	6.4
＃ 14	1.3	1	1.3	9.7
＃ 15	1.5	0	0	7

表 5.7　重回帰分析の結果.

重相関 R	0.97
決定係数 R^2	0.94
補正 R^2	0.93
標準誤差	0.67
観測数	15

＼	自由度	変動	分散	分散比	有意 F
回帰	3	82.67	27.56	61.53	3.67×10^{-7}
残差	11	4.93	0.45	—	—
合計	14	87.60	—	—	—

＼	係数	標準誤差	t	P-値	下限 95 %	上限 95 %	下限 95.0 %	上限 95.0 %
切片	2.14	0.46	4.70	7.0×10^{-4}	1.14	3.15	1.14	3.15
X 値 1	3.50	0.46	7.64	1.0×10^{-5}	2.49	4.51	2.49	4.51
X 値 2	2.96	0.76	3.90	2.4×10^{-3}	1.29	4.62	1.29	4.62
X 値 3	0.03	0.76	0.04	9.7×10^{-1}	−1.64	1.69	−1.64	1.69

　この式で x_1 は学習時間で連続量, x_2 は学習支援システムを利用した場合は 1, 利用しなかったときは 0 としたダミー変数を使っている. $a_{in}x_1x_2$ の項が交互作用を表す. 結果を表 5.7 に示す. 学習時間や学習支援システムの利用は得点の大きさに有意に作用したが, 交互作用の係数（X 値 3）は 0.03 で P-値は 0.97 と大きい. したがって期待したプラスの交互作用はなさそうである.

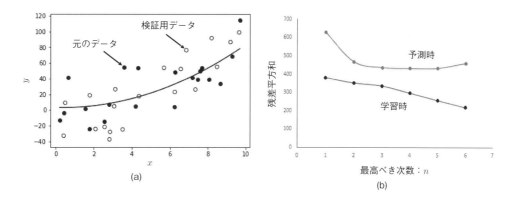

図 5.4　非線形回帰分析．x 軸上で 20 個の乱数を発生させる．各位置で $(-5, 5)$ の範囲で乱数を発生させて $y = x^2$ に加算（●）．検証用データは ○ で示されている．(a) 2 次式までの多項式でフィッティングさせた場合，(b) 多項式の最高次数を 1 次から 6 次まで変えたときの学習時，予測時の残差平方和．残差平方和は乱数を 5 回発生させて見たときの平均をとってある．

● 非線形回帰分析

　結果が線形式で表せない場合は曲線を使った非線形回帰分析が使える．ガウスが観測データから準惑星ケレスの軌道を求めたのも実はこの方法である．ケレスが楕円軌道を動くということは知られていたので，非線形関数の形はわかっていた．しかしそうでないときはデータを説明する関数を探索しなければならない．複数の因子があると観測データに合致させることは格段に難易度が上がる．また解釈も難しくなる．

　図 5.4(a) は擬似データである．x 軸で 20 個の乱数を発生させた．各位置で $(-5, 5)$ の範囲で一様に乱数を発生させて $y = x^2$ に加算した．これを見ただけでは，何も情報がなければ直線回帰式を当てはめるであろう．回帰式は $y = \sum_{i=1}^{n} a_i x^i + b$ とし，多項式でフィッティングさせたが，(a) は $n = 2$ の場合を示してある．これが予測にどのくらい有効か，検証用に 20 個の点をランダムに発生させてある．

　図 5.4(b) では回帰式を求めるのに使った学習用データの残差平方和と，検証用データのそれと比較した結果を示してある．$n = 1 \sim 6$ とし，多項式の最高次数で残差平方和がどう変わるか調べたものである．次数を上げ，パラメータを増やすほど回帰曲線をデータに合わせることができる．学習が進むほど訓練誤差は小さくなるという言い方もできる．しかし予測時と記した検証用のデータに対しては 3 次以降は誤差が小さくなるわけではないし，6 次まで使うと上昇する傾向が見て取れる．予測という点では手元のデータに回帰式を合わせ過ぎてはいけないということである．

5.2.2　統計的検定と推定：群間における平均値・分散の有意差の有無を検出

　検定は医療統計・生物統計といった分野では不可欠である（8.10 節参照）．ただ検定には様々な種類があり，どのような条件で使うのか厄介である．2 つの群で平均が同じかを検定すると

きには，1) 対応がある t 検定（paired t-test），2) 対応はないが等分散ではスチューデントの
t 検定（Student's t-test），3) 対応がなく，分散も異なる場合にはウェルチの t 検定がある
（図 5.3 参照）．

　χ^2 検定は度数の違いに有意差があるかを見る．サイコロを 30 回振って 1〜6 の目の出る回
数（度数）を記録する．度数分布からサイコロに細工がないか，正常なサイコロと比べるなら
ば適合度の検定（goodness-of-fit test）である．2 人のイカサマ師が別個に仕掛けをしたサイ
コロを作ったとする．それぞれ 30 回振って目の度数分布を調べる．そこから 2 人のイカサマ
師が独立に作ったことを判定するならば独立性の検定（test of independence）となる．

　3 群以上で平均値に有意差があるかを検定する場合は分散分析（analysis of variance: ANOVA）
と呼ばれる．群内のばらつきを通して群間の平均値に違いがあるかを検定する．名称に「分散」
とついているが，平均値に違いがあるかを調べる検定である．分散分析には F 検定が用いら
れる．Excel の回帰分析表の中段に F-値が出てきたが，F 検定も自動的に行われている．

　検定の逆のプロセスは区間推定（interval estimation）である．検定では稀なことが起こっ
たかを見る．逆に稀とはならない確率分布の範囲から出すのがパラメータの区間推定である．
こうした検定はパラメトリック検定である．中心極限定理を根拠にした正規分布が常に背後に
仮定されている．パラメトリック検定を行うには標本サイズは 〜30 以上と言われている．誤
差の等分散性や正規性が満たされていない可能性があるからである．標本数がこれより少ない
ときにはノンパラメトリック検定も併用することが勧められている．ノンパラメトリックな方
法では，データの大小の順位を使う．パラメトリックな手法に比べて外れ値があっても使える
が，有意差の検定能力は低い．「対応があるデータ」ではウィルコクソン符号付き順位和検定
（Wilcoxon signed-rank test）が，「対応のないデータ」に対してはウィルコクソンの順位和検
定（Wilcoxon rank-sum test）がある．

　後者のウィルコクソンの順位和検定はスチューデントの t 検定に対応する．たとえば 2 つの
大学のサッカーチームからそれぞれランダムに 3 名または 4 名を選んでキックでボールが一定
距離まで蹴れるか調べたとする．各大学とも蹴るのは 20 回とする．それぞれが目標超えした
回数を記録する．そこから 2 大学の選手のキック力に差があるか判定する．こうした目的では
「対応がない」順位和検定を使う．2 大学全体を見て回数の昇順に各選手に 1, 2, 3, ... と順位
をつける．その後，大学ごとの「順位の和」を求める．この値から検定表を使って差があるか
検定する．

● 3 群以上で平均値が同じかの検定：分散分析

　分散分析は各群の平均値に違いがあるかを群間のばらつきを見ることで検定する．群が 2 つ
のときは t 検定の結果と同じになる．分散分析の帰無仮説 H_0 は「群の平均値はみな同じ」で，
対立仮説 H_1 は「平均値が等しくない群 がある」である．ただ，帰無仮説が否定されたとして
も，どの群の平均値が等しくないかは検出できない．分散分析は顧客好感度の年齢階層別比較
や，製品売り上げを機種間や地域間で比較する場合に使われる．

表 5.8 分散分析.

(a) 一元配置

性能 A	性能 B	性能 C
点数	点数	点数
点数	点数	点数
点数	点数	点数
●	●	●
●	●	●
●	●	●

(b) 二元配置

	性能 A	性能 B	性能 C
デザイン A	点数 点数 点数	点数 点数 点数	点数 点数 点数
デザイン B	点数 点数 点数	点数 点数 点数	点数 点数 点数
デザイン C	点数 点数 点数	点数 点数 点数	点数 点数 点数

いま，製品化に向けて 3 つの試作品を作ったとする．これらの性能を無作為に選んだ異なる客に試してもらい，各人に 3 つに対して点数をつけてもらうとする（表 5.8(a)）．このときには Excel の**一元配置分散分析**（one-way analysis of variance）が使える．独立変数である因子（要因）は「性能」で 1 つである．因子の中の項目は水準と呼ばれるが，この例では性能 A，性能 B，性能 C の 3 水準がある．従属変数となる変数は，この例では点数である．群比較の「1 つの群」とは，表 5.8(a) の縦の列の水準になる．性能 A，B，C の行方向の点数は同じ客につけてもらっているので，「対応のある」データである．たとえば 5 クラスの数学の試験結果を比較し，クラスの平均点に違いがあるかを一元配置分散分析で調べるとすれば水準は 5 である．その場合は，得点は「対応がない」データである．表 5.8(a) で性能の違いによって点数に差があったのか，それとも，群内のばらつきの範囲であったかを F 検定で判断する．F 検定には分散比を使うが，「F」はこれを考案したフィッシャーの名前からきている（図 5.5）．分析結果が有意であるときは，ある水準の平均値と全体平均との差異が偶然誤差では説明できないほど大きいときである．ただ，どの水準に有意差があるかは分散分析だけではわからない．それには別途，**多重比較検定**（multiple comparison test）する必要がある．

表 5.8(b) は性能とともにデザインも変えて複数の客に点数をつけてもらう場合である．この場合には性能とデザインという 2 つの因子があるので**二元配置分散分析**（two-way analysis of variance）になり，性能 A，B，C の平均値に違いがあるか，デザイン A，B，C の平均値に違いがあるかを検定できる．例では（性能，デザイン）で 6 つの組み合わせができる．各組み合わせの中に複数の客 N 人（表では 3 人）の評価点がつくので「繰り返しのある」二元配置分散分析になる．対応の有無は，2 要因とも対応のある場合（このときは評価者は 3 人），1 つは対応があり，他の 1 つは対応がない場合（9 人必要），2 要因とも対応がない場合（27 人必要），の 3 通りがある．二元配置分散分析では因子間の交互作用が評価できる．ただし Excel では条件が付き，繰り返し数が等しくないと分析ができない．Excel にはこれとは別に，「繰り返しのない」二元配置分散分析が用意されている．これは $N = 1$ の場合に相当する．この場合は交互作用は検出できない．

分散分析の考え方を具体的に数値を入れて説明する．群の数が 2 の場合の分散分析は 2 標本

図 5.5　フィッシャー. イギリスの統計学者，進化生物学者で推測統計学の基礎を築いた. 最尤法や分散分析，実験計画法，
　　　　線形判別関数，フィッシャーの情報行列などを編み出した. 第一次世界大戦の終結後にロンドン郊外のロザムステッ
　　　　ド農事試験場で働き，そこで実験計画法を考案した.

表 5.9　性能 A, 性能 B の点数分布.

客 ＼ 水準	性能 A	性能 B
＃ 1	10	6
＃ 2	8	8
＃ 3	9	7

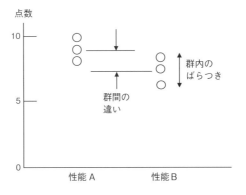

図 5.6　性能 A, B のストリッププロット.

での t 検定に一致するが，ポイントを理解するために一元配置で水準が 2 の場合を考える. 性能 A と性能 B で 3 人の客に評価点をつけてもらう（表 5.9）. 点数は 10 点満点とする. 点数に有意差があるときは，群間（水準間）の平均点の違いが群内（水準内）の得点のばらつきよりも大きいときである（図 5.6）. そこで点数分布を図 5.7 のように群間と群内のばらつきに分解し，群間と群内の分散比を調べる. 同図では二重枠で囲った 3 つの点数を足せば元の点数になっている.

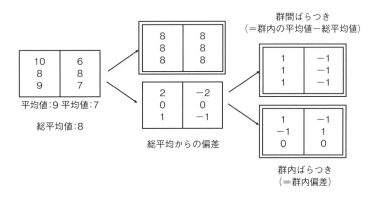

図 5.7 点数を群間と群内のばらつきに分解.

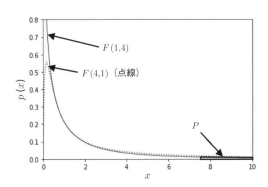

図 5.8 $F(1, 4)$ 分布. 参考までに $F(4, 1)$ 分布を示してある. F 分布の定義より, $F(1, 4)$ で x を $1/x$ に変えると $F(4, 1)$ になる. また, $F(m, n; P) = 1/F(n, m : 1 - P)$ が成り立つ.

群間と群内の分散比と書いたが, 正確には不偏分散比である. そこでまず,

$$不偏分散 = \frac{偏差平方和}{自由度}$$

を計算する. 群間では,

$$不偏分散 = \frac{1^2 + 1^2 + 1^2 + (-1)^2 + (-1)^2 + (-1)^2}{1} = 6$$

群内では,

$$不偏分散 = \frac{1^2 + (-1)^2 + (0)^2 + (-1)^2 + 1^2 + (0)^2}{4} = 1$$

となる. 群間での自由度は性能 A と性能 B の二つのデータを用いているが, 総平均値を用いているので自由度は（群数 -1）$= (2 - 1) = 1$ である. また群内は 6 個のデータがあるが, 2 つの性能の平均値を用いているので（全標本サイズ $-$ 群数）$= (6 - 2) = 4$ となる.

したがって, 群間と群内の不偏分散の比は 6 となる. この後は F 分布表（第 8 章の表 8.5）を使う. F 分布は不偏分散の比がしたがう確率分布であり, 分子には通常, 不偏分散で数値の大きい方をとる. 今の場合は自由度は分子が 1, 分母が 4 なので $F(1, 4)$ に従う（図 5.8）. 有

表 5.10   一元配置分散分析の結果.

グループ	データの個数	合計	標本平均	不偏標本分散
列 1	3	27	9	1
列 2	3	21	7	1

変動要因	変動	自由度	不偏分散	不偏分散比	P-値	F 境界値
群間	6	1	6	6	0.0705	7.7086
群内	4	4	1	−	−	−
合計	10	5	−	−	−	−

意水準 5 ％での F 境界値は F 分布表より 7.71 である．不偏分散比の 6 はこの値よりも小さいので群間のばらつきが群内のそれよりも大きいとは言い難い．Excel で出した不偏分散比や F 境界値は表 5.10 のようになるが，それらは計算と一致している．P-値は 0.0705（約 7 ％）と微妙なところで性能 A と性能 B のばらつきには差はないことになる．ただ 5 ％ というのも慣習的にこの値に設定しているだけなので，そのことも念頭に置いて判断すればよい．

5.2.3   結果を 2 値とした因果の推定・予測：ロジスティック回帰分析

毎日の家での平均学習時間と学習支援システム利用による，試験の合格/不合格 $(y = 1/0)$ への影響をロジスティック回帰分析した（表 5.11）．合格の確率 p は

$$p(x_1,\ x_2) = \frac{1}{1 + \exp[-(a_1 x_1 + a_2 x_2 + b)]} \tag{5.7}$$

とおいた．ここで a_1, a_2 はそれぞれ，学習時間，学習支援システムの利用に対する偏回帰係数，b は定数項である．x_1 は連続量，x_2 は学習支援システムを利用したときは 1，利用しないときは 0 とする．

これらの値を求めるために Excel のソルバー（solver）を用いた．表 5.11（a）の初期状態の推定値の列には，式（5.7）の右辺で a_1, a_2, b を全てゼロにしたときの値を入れておく．したがって 0.5 が入る．各学生に対する対数尤度 $\log L(a_1, a_2, b|y)$ は

$$\log L(a_1, a_2, b|y) = y \log p + (1 - y) \log(1 - p) \tag{5.8}$$

と表せる．この式を各対数尤度の列に入れておく．15 人の対数尤度の合計は最上段の右側の対数尤度に入るようにしておく．

ソルバーは変数セルに入った値を変えて，目的のセルに入った値を目標値に近づける．目標値としては最大値や最小値，指定値（たとえばゼロ）が設定できる．今の場合は変数セルは上段にある偏回帰係数であり，目的セルは対数尤度である．ソルバーのエンジンは 3 種類が選べるが，「GRG（generalized reduced gradient）非線形エンジン」を使えばよい．3 つの係数 a_1, a_2, b の値を変えて対数尤度が入ったセルの値を最大化する．最大値になった時点で求める 3 個の係数が出てくる（表 5.11（b））．$a_1 = 2.144$，$a_2 = 0.259$，$b = 0.000$ となり，これが

表 5.11 試験の合格/不合格の結果に対するロジスティック回帰分析. (a) 初期状態, (b) 対数尤度を最大化したとき. 上段の偏回帰係数に求める a_1, a_2, b の値が出る.

(a) 初期状態

偏回帰係数	0.000	0.000	0.000			対数尤度 = −10.397	
学生	定数項 b	学習時間 a_1	学習支援システム a_2	点数/10 点	合格/不合格 y	各尤度	各対数尤度
#1	1.0	0	0	1	0	0.5	−0.6931
#2	1.0	0	1	5.1	0	0.5	−0.6931
#3	1.0	0	0	3	0	0.5	−0.6931
#4	1.0	0.7	1	7.2	1	0.5	−0.6931
#5	1.0	1	0	5.1	0	0.5	−0.6931
#6	1.0	1	0	6.7	1	0.5	−0.6931
#7	1.0	1	1	9	1	0.5	−0.6931
#8	1.0	1	1	8.5	1	0.5	−0.6931
#9	1.0	1	1	8.7	1	0.5	−0.6931
#10	1.0	1	0	6.1	1	0.5	−0.6931
#11	1.0	1.1	1	9.6	1	0.5	−0.6931
#12	1.0	1.2	1	9.1	1	0.5	−0.6931
#13	1.0	1.3	0	6.4	1	0.5	−0.6931
#14	1.0	1.3	1	9.4	1	0.5	−0.6931
#15	1.0	1.5	0	7	1	0.5	−0.6931

(b) 対数尤度を最大化したとき

偏回帰係数	0.000	2.144	0.259			対数尤度 = −5.3855	
学生	定数項 b	学習時間 a_1	学習支援システム a_2	点数/10 点	合格/不合格 y	各尤度	各対数尤度
#1	1.0	0	0	1	0	0.5000	−0.6931
#2	1.0	0	1	5.1	0	0.5645	−0.8313
#3	1.0	0	0	3	0	0.5000	−0.6931
#4	1.0	0.7	1	7.2	1	0.8532	−0.1587
#5	1.0	1	0	5.1	0	0.8951	−2.2547
#6	1.0	1	0	6.7	1	0.8951	−0.1108
#7	1.0	1	1	9	1	0.9171	−0.0866
#8	1.0	1	1	8.5	1	0.9171	−0.0866
#9	1.0	1	1	8.7	1	0.9171	−0.0866
#10	1.0	1	0	6.1	1	0.8951	−0.1108
#11	1.0	1.1	1	9.6	1	0.9320	−0.0704
#12	1.0	1.2	1	9.1	1	0.9444	−0.0572
#13	1.0	1.3	0	6.4	1	0.9420	−0.0598
#14	1.0	1.3	1	9.4	1	0.9546	−0.0464
#15	1.0	1.5	0	7	1	0.9614	−0.0393

解である．この計算では定数項 b は 0 となるが合格にマイナスの影響を与えるような因子（た
とえばアルバイト時間）を加えれば，そうでなくなるだろう．Excel では係数の信頼度は出て
こないが，専用の統計ソフトを使えば **Wald 検定**（Wald-test）による P-値が出てくる．

5.2.4 全体の見通しをよくするための分析：主成分分析とクラスター化

● 主成分分析

　主成分分析は多変量解析の 1 つである．この手法を使えば，複数の因子を分析して見通しの
よい解釈を引き出すことができる．たとえば企業が製品化に向けて試作品を作り，いくつかの
評価項目で多くの人に評価点をつけてもらったとする．目的は，顧客がそれぞれの項目を，どの
くらい重視しているか調査することにある．性能やコストなど，個々の項目が大切にされるこ
とはわかっていても，重視の度合いまでは把握できていない．こうしたことがわかれば，試作
品の改良に向けて注力すべき方向性が見いだせる．話を簡単にするために項目が A（性能）と
B（デザイン）の 2 つで，評価点が図 5.9(a) のようになったとする．点数は第 1 主成分と書い
た軸方向にばらついた分布をしている．ばらつきが大きいとは情報を多く含んでいることと等
価である．この結果は，人々が性能とデザインを同じくらいの重みで重視していると解釈でき
る．評価軸を変えると，2 つをまとめた 1 つの因子で顧客の評価ポイントが要約できる．2 次
元的にばらついていた評価点が，座標軸を回転させて見ると 1 次元の線上にのるので，主成分
分析は次元削減とも言われる．項目（因子）が多くあるときは，こうした主成分分析が役立つ．

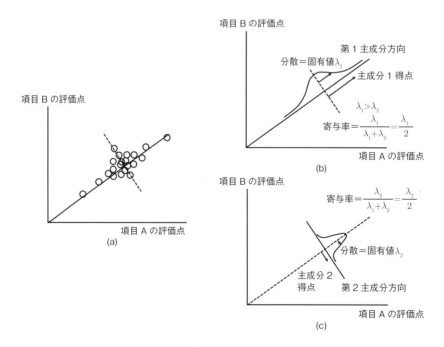

図 5.9　試作品の評価点に対する主成分分析（相関行列を使った場合）．(a) 評価点，(b) 第 1 主成分，(c) 第 2 主成分．

　主成分分析では，**第 1 主成分**（first principal component）の他に，**第 2 主成分**（second principal component）等の成分が出てくる．変数の数だけ主成分がある．図 5.9 では変数が 2 個なので主成分は第 2 主成分までである（8.3 節参照）．主成分分析は変数の相関関係の方向とばらつきを調べるので，数学的には変数の**相関行列**（correlation matrix）を使う．その**固有値**（eigenvalue）の最大値 λ_1 から出てくるものが第 1 主成分で，以降，降順で λ_2 からは第 2 主成分が出てくる．固有値の大きさは主成分方向でのデータの分散と同じになる．固有値の合計＝変数の数となり，図 5.9 では $\lambda_1 + \lambda_2 = 2$ となる．各固有値にはそれに対する**固有ベクトル**（eigen vector）が存在する．相関行列は変数空間のベクトルを一般的に回転させるが，中には大きさの拡大（縮小）はあるものの，回転しないベクトルがある．これが固有ベクトルであり，拡大（縮小）の比率が固有値に相当する．固有ベクトルの中にある変数の係数は**主成分負荷量**（principal component loading）と呼ばれる．固有ベクトルは 大きさ ＝ 1 であるので主成分負荷量の平方和は 1 となる．**主成分得点**（principal component score）はデータがその主成分の軸上でとる値を指す．

　主成分分析を次の例で見てみる．大学の生協食堂が 3 つの試作メニュー #1, # 2, # 3 を作った．それらをランダムに選んだ 20 人の学生に試食してもらい，最大 10 点で点数をつけてもらった．その結果をソルバーを使って主成分分析した（表 5.12）．20 人の評価点の右横にある規格化と書いた列には，評価点を（評価点 − 平均値）/（標準偏差）で規格化した値を入れてある．一番上にある a_1, a_2, a_3 のセルは各メニューに対する主成分負荷量が入る．これらは変数セルであり，初期値として全てゼロを入れておく．右端の積和のセルには主成分負荷量と規格化した評価点の 3 つの積和を入れてある．積和列の下にある分散は 20 人の積和の分散が入る．そしてこれが目的セルとなる．制約条件としては $\sum_{i=1}^{3} a_i^2 = 1$ をつける．これは固有ベクトルの大きさが 1 であることに相当し，左下の内積条件と書かれたセルにこの式の左辺を入れてある．ソルバー内の制約条件の部分にはこのセルを参照して 1 になるように書き込む．また，「制約のない変数を非負にする」は解が見つかる場合と，そうでない場合があるのでチェックを入れる・入れないの 2 通りを試す．目的セルの目標値は最大値とする．つまり，固有ベクトルの大きさが 1 という条件の中で a_1, a_2, a_3 を変えて 20 人分の積和の分散が最大となる方向を見つけ出そうというわけである．その結果，主成分負荷量と固有値（＝ 分散）が出てくる．また主成分の**寄与率**（contribution ratio）も計算される．各主成分がどれだけデータを説明できるかを示す指標が寄与率である．寄与率は分散/全分散で計算する．表 5.12 は第 1 主成分を求めた結果である．分散は 1.789，$a_1 = 0.686$，$a_2 = 0.697$，$a_3 = 0.210$，寄与率は 0.596 となる．

　第 1 主成分の固有値や a_1, a_2, a_3，寄与率が出たら，次に第 2 主成分でのそれらを計算する．第 1 主成分と同じことをすればよい．ただ，ソルバーの制約条件には追加条件を書き込む必要がある．第 2 主成分の固有ベクトルと第 1 主成分のそれとが直交するという条件である．これは第 1, 2 主成分の負荷量どうしの積和であるので，積和式を表 5.12 の下側にある直交条件 1 のセルに入れてある．制約条件は 直交条件 1 ＝ 0 である．ソルバーは 3 つの固有値を大きいほうから求めていくので，制約条件にはその条件も入れておかねばならない．第 2 主成分

表 5.12　学生のメニュー ＃ 1, ＃ 2, ＃ 3 に対する評価点と主成分分析. a_1, a_2, a_3 は各メニューに対する主成分負荷量. 右下の欄の 1.789 が分散の最大化計算で得られた第 1 主成分の固有値. その下の 0.596 は第 1 主成分の寄与率. ソルバーを起動すると自動的に計算される.

学生	$a_1 =$ **0.686** #1	#1（規格化）	$a_2 =$ **0.697** #2	#2（規格化）	$a_3 =$ **0.210** #3	#3（規格化）	積和
1	8	1.047	10	1.579	7	0.638	1.953
2	7	−0.349	6	0.019	7	0.638	−0.091
3	8	1.047	9	1.189	7	0.638	1.681
4	7	−0.349	6	0.019	7	0.638	−0.091
5	7	−0.349	8	0.799	7	0.638	0.452
6	8	1.047	10	1.579	7	0.638	1.953
7	6	−1.745	0	−2.320	7	0.638	−2.679
8	8	1.047	6	0.019	6	−1.489	0.417
9	8	1.047	7	0.409	7	0.638	1.138
10	7	−0.349	4	−0.760	6	−1.489	−1.083
11	6	−1.745	3	−1.150	7	0.638	−1.863
12	7	−0.349	3	−1.150	7	0.638	−0.906
13	7	−0.349	5	−0.370	6	−1.489	−0.811
14	8	1.047	7	0.409	6	−1.489	0.689
15	8	1.047	5	−0.370	7	0.638	0.594
16	6	−1.745	4	−0.760	6	−1.489	−2.040
17	7	−0.349	4	−0.760	7	0.638	−0.635
18	7	−0.349	7	0.409	7	0.638	0.181
19	8	1.047	9	1.189	7	0.638	1.681
20	7	−0.349	6	0.019	6	−1.489	−0.540
平均	7.25	0.000	5.95	0.000	6.7	0.000	0.000
分散	0.513	1.000	6.576	1.000	0.221	1.000	**1.789**
標準偏差	0.716	1.000	2.564	1.000	0.470	1.000	1.337

← a_1 * #1 + a_2 * #2 + a_3 * #3 （9行目右）
← VAR（積和の分数）

内積 条件 = **1.000** 　直交 条件1 = 　直交 条件2 = 　第1寄与率 = **0.596** ← VAR/3 　第2寄与率 = 　第3寄与率 =

の計算が終わったら第 3 主成分の計算になる. 第 3 主成分の負荷量を求めるときも要領は同じである. 第 3 主成分の負荷量と, 既に得られた第 1, 2 主成分のそれらとの積和式を直交条件 1, 直交条件 2 に入れておく. これらが追加の制約条件式となる.

図 5.10 は分析の最終結果である. 寄与率を主成分の順番に加算していったのが**累積寄与率** (cumulative contribution ratio) で, それを示してある. 第 1 主成分で 0.596, 第 2 主成分までの累積寄与率は 0.919 となる. したがって第 2 主成分まででほとんど, 評価点の説明ができる. 図中には固有値や主成分負荷量も示してある. 固有値は変数が 3 個なので 3 つあり, それらの合計 ＝ 3 となる. 第 1 主成分得点 $f_1(x_1, x_2, x_3)$ は規格化したメニューの評価点 x_1, x_2, x_3 を使って,

$$f_1(x_1, x_2, x_3) = a_1 x_1 + a_2 x_2 + a_3 x_3 \tag{5.9}$$

となる. 主成分分析の目的は要約であった. $a_1 = 0.686$, $a_2 = 0.697$, $a_3 = 0.210$ で, a_1, a_2 は同じくらいの大きさで a_3 のそれよりは大きい. これから第 1 主成分は ＃ 1, ＃ 2 のメニュー内容が学生の評価ポイントであることがわかる. ＃ 1 はボリュームが多めで, ＃ 2 は味が濃

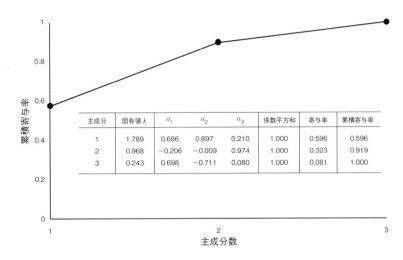

図 5.10　累積寄与率 vs 主成分数．表の係数 a_1, a_2, a_3 はメニュー# 1，# 2，# 3 の主成分負荷量.

かった．したがって，学生はボリュームと味の濃さでメニューを評価している．第 2 主成分の寄与率は第 1 主成分の約半分であり，$a_1 = -0.206$，$a_2 = -0.009$，$a_3 = 0.974$ であった．# 3 のメニューの負荷量が大きいが，# 3 は油量の多いメニューであった．健康によいかは別として第 1，第 2 主成分までで，学生は量が多く，「こってり」した味でメニューを評価していることになる．

　この計算例では固有値や主成分負荷量を同時に出したが，事前に相関行列 S から固有値を出しておいてもよい．相関行列は相関係数 r_{ij} を使って以下のようになる．

$$S = \begin{pmatrix} r_{11} & r_{12} & r_{13} \\ r_{21} & r_{22} & r_{23} \\ r_{31} & r_{32} & r_{33} \end{pmatrix} \tag{5.10}$$

$$r_{ij} = \frac{\sum_{k=1}^{N}(x_i^k - \bar{x}_i)(x_j^k - \bar{x}_j)}{\sqrt{\sum_{k=1}^{N}(x_i^k - \bar{x}_i)^2 \sum_{k=1}^{N}(x_j^k - \bar{x}_j)^2}} \tag{5.11}$$

　ここで r_{ij} 添え字の (i, j) はメニューの # i，# j を表し，x_i^k はメニュー# i に対する k 番目の学生の評価点，$\bar{x}_i$ はその平均点，N は学生の人数で 20 である．相関関数は CORREL で求められる．相関行列は対角線に関して対称となる．固有値 λ を計算するには Excel 上で $(S - \lambda I)$ を作っておく（表 5.13, I は 3×3 の単位行列）．この行列式をゼロにする λ が求めたい固有値である．行列式の計算には MDETERM を使う．この式を目的セルを作って入れておく（表 5.13 の右上で 0.000 となっているセル）．ソルバーの目標値は指定値 $= 0$ とする．変数セルを固有値 λ にして起動して変化させると求めたい固有値が出てくる．表 5.13 は λ_1 が出たときを表している．固有値は昇順に出てくるので，制約条件をつけながら見つけ出していく．これから $\lambda_1 = 1.789$，$\lambda_2 = 0.968$，$\lambda_3 = 0.243$ が得られ，主成分分析で出した結果と

表 5.13 固有値の探索.

	固有値 λ =	**1.789**	**0.000**
	−0.789	0.752	0.078
$(S - \lambda I)$	0.752	−0.789	0.162
	0.078	0.162	−0.789
	1.000	0.752	0.078
S	0.752	1.000	0.162
	0.078	0.162	1.000
	1.000	0.000	0.000
I	0.000	1.000	0.000
	0.000	0.000	1.000

同じになる.

　主成分分析と似ているが，多変量解析の 1 つとして**因子分析**（factor analysis）がある．これは「知能」という潜在的な概念を研究する中から生まれた分析手法である．データに潜む共通因子を探り出すための手法であり，消費者を理解するためのマーケティングに使われる．

● クラスター分析

　データを距離などで分類するのがクラスター分析である．顧客層の特性分け，新店舗の開業や既存店舗の売上拡大のための商圏分析，競合他社に対するブランドのイメージシェアを調べる目的のブランド・ポジショニング分析に使われる．分類から外れたものを検出すれば**異常検知**（anomaly detection）になる．クラスター分析には**階層的手法**（hierarchical method）と**非階層的手法**（nonhierarchical method）との 2 種類がある．階層的手法ではツリー状の**樹形図**（dendrogram）にまとめられる．非階層的手法には k **平均法**（k-means clustering）がある（8.11.2 節参照）．

　階層的手法の**ウォード法**（Ward's method）では距離を使い，目標のクラスタ数になるまで樹形図を作っていく（図 5.11）．原理を簡単に説明するために 4 つの商品 A〜D があり，それぞれの特徴を抽出して 2 次元の特徴ベクトルで表せたとする（図 5.12）．目標のクラスタ数は 2 とする．点が近いときに似ていると判断すればよいので，人間が判断すればすぐに A と B，C と D の 2 つに分類できるだろう．しかし計算機ではそうはいかない．そこでまず A〜D の 4 点のどれでもよいのだが，1) 最初に一つのデータとして A を選んだとする．2) 次に A と距離が近い点を求めれば B とわかるので A と B をひとまとめの群と考える．3) (A, B), C, D の 3 つの群ができたが，ここから 2 つの群をつくるとする．可能性としては {(A, B, C), D}，{(A, B, D), C}，{(A, B), (C, D)} の 3 つがある．分類されるためには，各群にある点がその群の中でコンパクトにまとまっていなくてはならない．そこで，群のコンパクトさから，3 つのどれかを選べばよい．具体的には群内にある複数の点に対して，群の中心と各点との距離

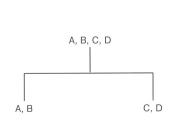

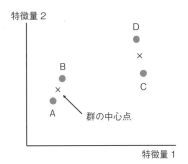

図 5.11 ウォード法を用いた樹形図.　　図 5.12 クラスター分析（ウォード法）.

の 2 乗を足し合わせる．そして，これを群全体で足し合わせた時の小ささが指標となる．そのように考えると {(A, B), (C, D)} を選べばよいことになる．

　実際にはデータはもっとあり，特徴ベクトルは多次元空間にあるが考え方は同じで樹形図ができる．階層的手法では全体的にデータがバランスよく分類されるが，データ数が多いとうまくいかないといった課題がある．

　ウォード法で用いた距離は通常の**ユークリッド距離**（Euclidean distance）の考え方と同じである．距離の測り方には他に**マハラノビス距離**（Mahalanobis' generalized distance）等がある．マハラノビス距離は，相関が強い方向の距離は実際のユークリッド距離よりも相対的に短くするという考え方である．簡単には標準偏差で規格化したときの平均からの距離と考えればよい．主成分分析の 5.2.4 節，図 5.9 で，データの分散が大きい第 1 主成分方向のユークリッド距離は，マハラノビス距離で考えると，第 2 主成分方向のそれよりも相対的に短くなる．マハラノビス距離を使えば異常値の検知などができる．

5.2.5 教師有り学習による回帰・分類：決定木分析

　結果を含んだデータセットを示して，その中の規則性を計算機に学習させ，予測に使うのが教師有り学習による回帰・分類である．ここでは教師有り学習による回帰・分類のアルゴリズムの 1 つである決定木がどのようなことをしているか説明する．新たに開発した食品を 20 代から 50 代までの人に試食してもらい，美味しさについて，"非常に満足：1"，"やや満足：0" の二者択一で回答してもらったとする．表 5.14(a) はアンケート調査の結果である．回答結果は 20 代から 50 代まで昇順でソートしてある．表 5.14(b) はその結果をまとめたものである．左の列の 30 歳未満では，「当該年齢層」は 30 歳未満の 1, 0 の数を表し，それぞれ 3, 1 となる．「上の年齢層」は 30 歳以上の 1, 0 の数を入れてあるので 4, 6 となる．

　ここで回答結果を年齢層で分類するとして，どの層で分けたらよいか，枝分かれする節（ノード，node）を見つけたい．その際の指標となるのが**ジニ不純度**（Gini impurity）である．たとえば箱に赤玉と白玉が入っていて，それぞれの確率を P_a, $P_b (= 1 - P_a)$ とする．この時のジ

表 5.14　(a) アンケート調査結果（1: 非常に満足，0: やや満足），(b) ジニ不純度（エントロピー）と情報利得．

(a) アンケート調査結果

年齢層（代）	20	20	20	20	30	30	30	40	40	40	40	50	50	50
回答	1	1	1	0	1	1	0	0	1	0	0	0	0	1

(b) 情報利得

年齢層	当該年齢層 非常に満足	当該年齢層 やや満足	上の年齢層 非常に満足	上の年齢層 やや満足	ジニ不純度 （エントロピー）	情報利得
30 歳未満	3	1	4	6	0.45 (0.93)	0.05 (0.07)
40 歳未満	5	2	2	5	0.41 (0.86)	0.09 (0.14)
50 歳未満	6	5	1	2	0.48 (0.98)	0.02 (0.02)

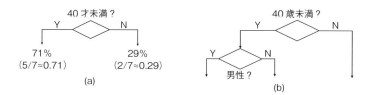

図 5.13　(a) 決定木（数字は「非常に満足」と回答する割合を示している），(b) 変数を増やした場合の決定木．

ニ不純度は，

$$ジニ不純度 = 1 - P_a^2 - P_b^2 = 2P_a(1 - P_a) \tag{5.12}$$

で計算される．もし全部が赤，あるいは全部が白ならば不純度は最小となり，式（5.12）の右辺
は 0 となる．年齢層で分割しない初めの状態では 1, 0 の数が 7, 7 だったので，ジニ不純度は

$$1 - \left(\frac{7}{14}\right)^2 - \left(\frac{7}{14}\right)^2 = 0.5$$

である．30 歳未満で分割した時のジニ不純度を計算するときには，「当該年齢層」と「上の年
齢層」のジニ不純度に人数比率をかけて計算すればよく，

$$\frac{4}{14}\left[1 - \left(\frac{3}{4}\right)^2 - \left(\frac{1}{4}\right)^2\right] + \frac{10}{14}\left[1 - \left(\frac{4}{10}\right)^2 - \left(\frac{6}{10}\right)^2\right] = 0.45$$

となる．したがって，元々の不純度から 30 歳未満で分けたときの不純度との差（**情報利得**）は
0.05 となる．同様のことを 40 歳未満，50 歳未満で計算すると 0.09, 0.02 となる（表 5.14(b)
の右側の列）．情報利得が一番，大きいのは 40 歳未満である．このことは，そこでグループ分
けしたときに子ノード内のクラスの純度が高くなることを意味する．それによって，「非常に
満足」の人の割合は，40 歳未満（Y）ならば 71 %，40 歳以上（N）ならば 29 % と予測でき
たことになる（図 5.13(a)）．
　決定木で目的が分類ならば**分類木**（classification tree），数値の予測ならば**回帰木**（regression

tree）という．データはあらかじめ学習に使うものと検証用に分けておき，予測精度の正しさ
は検証用のデータで確かめればよい．40 歳を境に，開発した食品の支持度が変わることが予測
できたことになるので，年代に応じた販売戦略が立てられる．

この例ではノードは 40 歳未満の 1 つしかできないが，質問の中に年齢層の他に性別も記入
してもらうとする．そうすると，たとえば図 5.13(b) のような子ノードがつくられる．

上記の説明ではジニ不純度を使って if〜then〜の判別条件を決めたが，代わりにエントロピー
を使っても同じことができる．表 5.14(b) にはジニ不純度の横の括弧内にエントロピーによる
計算結果を入れてある．年齢層で分割しない初めの状態では 1, 0 の数が 7, 7 であったが，エ
ントロピーを計算すると，

$$-\frac{7}{14}\log\frac{7}{14} - \frac{7}{14}\log\frac{7}{14} = 1 \text{ [bit]}$$

となる．対数の底は 2 である．30 歳未満で分割した場合の平均情報量を計算するときには，
「当該年齢層」と「上の年齢層」のエントロピーに人数比率をかけて計算することは同じで，

$$-\frac{4}{14}\left(\frac{3}{4}\log\frac{3}{4} + \frac{1}{4}\log\frac{1}{4}\right) - \frac{10}{14}\left(\frac{4}{10}\log\frac{4}{10} + \frac{6}{10}\log\frac{6}{10}\right) = 0.93 \text{ [bit]}$$

となる．したがって情報利得は差し引き 0.07 ビットとなる．同様のことを 40 歳未満，50 歳
未満で計算すると，0.14 ビット，0.02 ビットとなる．情報利得が一番大きいのは 40 歳未満で
あり，ジニ係数で見た場合と同じ結果が得られることがわかる．

決定木による回帰・分類は，データの確率分布を仮定する必要はないが，他の手法に比べて精
度は低く，木の深さを制限しないと過学習を起こしやすい．そこで，これを克服するため，単体
では精度が高くない**弱学習器**（weak learner）を複数個使った**集団学習**（ensemble learning）
が行われる．**バギング**（bagging）は並列学習で，弱学習器を並列に並べ，各学習器には**ブート
ストラップ法**（bootstrap method）でデータを**復元抽出**（sampling with replacement）して
学習させる．**ランダムフォレスト**（random forest）はバギングの一種で，決定木を分岐させる
ときに使う特徴量もランダムに与える（図 5.14(a)）．ある入力に対して木（＝学習器）の数だ
け出力結果があり，分類木ならば多数決，回帰木ならばそれらの平均値で予測精度を上げる．

ブースティング（boosting）はまず各データに重み付けをしないで学習器をつくる．その後，
誤分類されたデータの部分の重みを相対的に大きくし，そこが説明できる学習器を新たにつく
る．これを直列的に繰り返す．最終的には学習器に重要度 α をかけ，その線形結合から出力結
果を求める（図 5.14(b)）．集団学習の結果からは，ジニ不純度を小さくする特徴量の順位付け
ができるので，変数重要度がわかる．

こうした集団学習は目的変数と関係のある説明変数を見つけるには有用であるが，それを意
思決定に取り入れるにはどのようなアルゴリズムを用いているのか理解している必要がある．
これは，非線形判別を可能とする**サポートベクターマシン**（support vector machine: SVM）
や深層学習でも同様である．

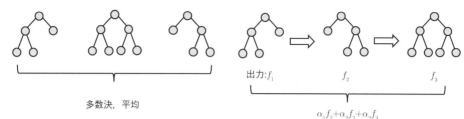

多数決，平均

・データをランダムに復元抽出
・特徴量もランダムに抽出
・最終結果は多数決，平均をとる．

$\alpha_1 f_2 + \alpha_2 f_2 + \alpha_2 f_3$

・誤分類されたデータの重みは正しく分類されたもの
　よりも相対的に大きくして新たな学習器を作る．
・各学習器にその重要度 α_i をかけた線形結合が最終結
　果となる．

(a)　　　　　　　　　　　　　　　　　　(b)

図 5.14　集団学習．(a) ランダムフォレスト，(b) ブースティング．

5.2.6　膨大なデータから入出力の対応関係を学習させて分類や回帰予測を行う数理モデル：深層学習

　深層学習は膨大なデータを学習して分類や回帰予測を行う．入力層と出力層の間の中間層は当初は 1 層であったが，深層学習はこれを増やして分類や回帰能力を高めたものである．深層学習は，1) 画像認識用の**畳み込みニューラルネットワーク**（convolutional neural network: CNN），2) 時系列データの予測に使う**再帰型ニューラルネットワーク**（recurrent neural network: RNN），3) チェスや囲碁で有名になった**強化学習**（reinforcement learning），4) 教師無しで新たな画像生成を行う**敵対的生成ネットワーク**（generative adversarial network: GAN）への応用がある（8.11.1 節参照）．

　深層学習は応用によって内部の構成が変わるが，今は中間層が複数ある図 5.15 の構成を使って動作の概略を説明する．中間層には多くのノードがある．ノードは脳内のニューロンを模した**形式ニューロン**（formal neuron）である．ノードでは，1) 前段の層のノードからの出力に重みをつけて足し合わせ，2) その値を**活性化関数**（activation function）と呼ばれる関数に与えた結果が出力となる．中間層のノード内の活性化関数には **ReLU**（rectified linear unit）が使われる．ReLU は入力がプラスだと値がそのまま出力される．マイナスだとゼロが出る．

　第 1 層には q 個のノードがあるとしているが，＃ 1 と記されたノードがどのような動作をするか述べる．入力層からは p 個の出力が出るが，ノード＃ 1 内ではまず，それぞれに**重み付け**（weighting）する．図 5.15 では ω_1, ω_2, ..., ω_p としてある．そして，それらを加算し，さらにバイアス b を足し込んだものが活性化関数の入力 u となる．すなわち，

$$u = \left[\sum_{i=1}^{p} \omega_i \cdot (\text{入力層の } i \text{ 番目の出力})\right] + b$$

となる．ノード＃ 1 からの出力 y は

$$y = \text{ReLU}(u)$$

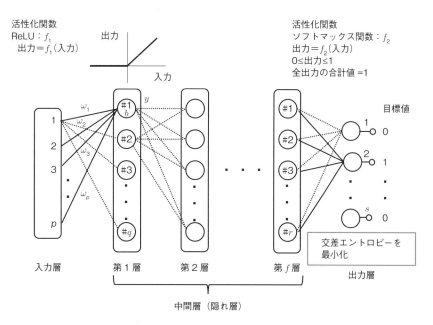

図 5.15 深層学習の構成. クラス分類では, 中間層のノード内の活性化関数には ReLU が, 出力層にはソフトマックス関数が使われる. 損失関数には交差エントロピーが使われる.

となる. 添え字をつけるとわかりづらいのでつけなかったが, 重みやバイアスはノードによって異なる.

　入力が何かを示さないとイメージしづらいので, ここでは入力は車の画像データとし, 色々な車の画像を車種ごとに分類したいとする. 画像の分類は CNN で, 前段に特徴抽出用の**畳み込み層**（convolution layer）や**プーリング層**（pooling layer）が入るが, 簡単のためにそこは省略してある. いま, 特定の車種の画像データを入力して出力層の 2 番目のポートに出させたい. 出力層の各ノードで, 前段の第 f 層からの出力に重み付けをして加算し, バイアスを足し込むところまでは同じである. 違いは ReLU とは異なる別の活性化関数である**ソフトマックス関数**（softmax function）を用意しておく点にある. k 番目のノード内のソフトマックス関数への入力を u_k とすると, 2 番目のノード内のソフトマックス関数からの出力 y_2 は $y_2 = \exp u_2 / \sum_{k=1}^{s} \exp u_k$ となる. したがって, 1 から s までのソフトマックス関数の各出力は 0～1 の範囲にあり, それらの合計値は 1 となる.

　出力層の 2 に分類される画像データを学習するには交差エントロピー H を用い, $H = -\sum_{1}^{s} t_k \log y_k$ とする. t_k は教師信号で, t_2 のみを 1, それ以外は 0 としておく. このようにすると, 2 に分類されるべき画像が入ったときに交差エントロピーは最小となって 0 となる. この目標に向け, **誤差逆伝搬法**（error backpropagation method）を用いて中間層の各ノードでの重み付けとバイアスを更新する. 正解と予測とのずれを計算するための関数は**損失関数**（loss function, または誤差関数）と呼ばれ, 損失関数の値を小さくして予測を正解に近づける目的で用いられる. 画像データのようなクラス分類では交差エントロピーが損失関数として使

われる.

　実際の学習ではミニバッチ学習（minibatch training）が用いられることが多い．車の画像データが $N = 1000$ あるとして，ミニバッチ学習では N を，たとえば，100 個ずつに分割する．100 個のかたまりをミニバッチといい，この例ではミニバッチサイズ $N_b = 100$ となる．学習では重みやバイアスの初期値を与えた後，100 画像を入れたときの交差エントロピーの平均 H を求める（$H = (\sum_{i=1}^{N_b} H_i)/N_b$，$H_i$ は 1 画像データを入力したときの交差エントロピー）．この値から誤差逆伝搬法を使い，正しい分類ができるように，重みとバイアスを更新する．

　しかし，これだけでは学習が不十分なので，得られた重みとバイアスを初期値にして別の 100 個のデータを使って再度，学習する．これを 10 回繰り返すと 1000 個のデータを全部使って，一巡したことになる．この 1 回の実行をエポック（epoch）という．その後，1000 個のデータの順番をランダムに入れ替えて同じ事を行う．その回数がエポック数である．ミニバッチはエポックごとに変わるので，損失関数もエポックに合わせて変わる．このようにして，最終的に重みとバイアスの最適化が成され，学習が終了する．

　ミニバッチ学習に対して，**バッチ学習**（batch training）がある．バッチ学習は，元々の N 個のデータを一度に使った学習法で，ミニバッチ学習でいえば，$N_b = N$ にした場合に相当する．この方法では，すべてのデータをメモリに読み込まねばならない．したがって，データを大量に必要とする多くの場合では，大容量のメモリが必要となる．これに加え，バッチ学習では損失関数の最小値（最適解）めざして，勾配降下法（最急降下法）を使うが，途中で極小値（局所最適解）に捕まってしまう確率が高い．それを避けるための方法として，$N_b = 1$ とした学習方法がある．この方法では 1 つのデータに対して重みとバイアスを学習し，データを変えてこのプロセスを繰り返す．最適解を求めるこの方法は，**確率的勾配降下法**（stochastic gradient decent）と呼ばれる．最短ルートで最小値をめがけるバッチ学習での勾配降下法に比べて，損失関数がデータごとに変わるので極小値に捕まって学習が進まなくなることはない．ただし，その一方で，いつまでたっても最小値に収束せず，重みとバイアスが確定しない恐れもある．ミニバッチ学習は，この両者のメリット，デメリットを勘案して中間をとった方法ととらえることができる．

　連続的な数値が出力される回帰では，出力層のノード内の活性化関数には**恒等関数**が使われる．また損失関数には，一般的に平均 2 乗誤差が用いられる．COVID-19 の感染者数の予測を回帰分析で行うとすれば，あらかじめ回帰式を仮定し，観測データから回帰係数を求めねばならない．それに対して，深層学習では回帰式を仮定する必要はない．平均二乗誤差の最小化という指針で学習をした結果として，何らかの回帰式が自動的に内部にできることになる．ただ回帰式といっても，実際には解析的には表現できないような多変数の非線形関数ができているはずである．

5.2.7　自然言語の教師あり学習による分類：ナイーブベイズ

　構造化されていないデータに対する分析の 1 つとして，文書をカテゴリに分類する**ナイーブ**

ベイズ（単純ベイズ，naive Bayes）を取り上げる．ナイーブベイズは迷惑フィルターなどに使われる．迷惑メールには普通のメールに比べて URL が含まれることが多く，特定の単語に加えて URL の含まれる確率の違いで迷惑メールのフィルターリングができる．ナイーブベイズの原理は URL を含めても同じなので，ここでは Web で配信されるスポーツ記事がサッカーか野球かを記事に含まれる単語から推測することを考える．Web で配信されるスポーツ記事がサッカーについてならば，それが野球でないことは出ている言葉からわかるが，計算機で判断させるにはどうしたらよいだろう？それには，1) 記事全般の中で日頃，サッカー記事が配信される確率と，2) 記事の中でサッカーやシュートといった単語が出てくる割合を見ればよいだろう．実際にこうしたことをやるのがナイーブベイズである．実際のサッカー記事ならばハンドはペナルティキックを介してシュートにつながることがある．したがって，「ハンド」と「シュート」の 2 つの単語は無関係に出てくるわけではない．ナイーブベイズはこのような単語間の関係性は考慮していないが，一定の推定が可能である．

　ナイーブベイズではまず，各カテゴリ（category）の記事がどのくらいの割合で配信されたかを調べる．次に各カテゴリで特徴的な単語を抽出し，それがどのくらいの割合で含まれていたかを調べる．2 番目は形態素分析で品詞に分解し，TF–IDF 解析を行えばできる．その結果，カテゴリ C1 に特有の単語として W1, W2, W3 が，カテゴリ C2 では W3, W4, W5 が得られたとする（図 5.16，上段）．こうしたキーワードの集まりを **Bag of Words**（BoW）と呼ぶ．同図では単語の出現確率を示している．C1 のデータとして，W1 という単語が 3 つの記事に 2 回の割合で登場したので 2/3 としている．過去の記事のデータからは出現確率はゼロであったが．たまたま出なかった可能性もある．そこで後に出てくる尤度の計算での**ゼロ頻度問題**を解消するためにも，出現確率がゼロである単語に対しては ϵ と，小さな値を入れている．

　図 5.16 の真ん中の図は新たに配信された記事 #1 で BoW にある単語の有無を記してある．ここで記事 #1 が C1 であるか推定してみる．これは $P(\mathrm{C1} \mid 記事) \equiv P(\mathrm{C1|D})$ と表すと，

BoW／カテゴリ	W1	W2	W3	W4	W5	...
C1	$\frac{2}{3}$	$\frac{3}{5}$	$\frac{1}{3}$	ϵ	ϵ	...
C2	ϵ	ϵ	$\frac{4}{5}$	$\frac{1}{3}$	$\frac{1}{6}$	...
記事 #1 での word の有無（あり:1, なし:0）	1	1	1	0	0	0...
記事 #2 での word の有無（あり:1, なし:0）	1	0	1	0	0	0...

図 5.16　上段：Bag of Words（単語の出現確率はカテゴリ C1 と C2 だけを抜き出してある），中段：記事 #1 での word 出現の有無（あり: 1, なし: 0），下段：記事 #2 での word の出現の有無.

ベイズの定理より

$$P(\mathrm{C1}|\mathrm{D}) = \frac{P(\mathrm{D}|\mathrm{C1})P(\mathrm{C1})}{P(\mathrm{D})} \tag{5.13}$$

$$P(\mathrm{D}) = \sum_i P(\mathrm{D}|\mathrm{Ci})P(\mathrm{Ci}) \tag{5.14}$$

となる．$P(\mathrm{C1}|\mathrm{D})$ は記事が C1 である条件付き確率を表し，ベイズ推定では事後確率になる．$P(\mathrm{D}|\mathrm{C1})$ は C1 というカテゴリで記事が配信される条件付き確率であり，尤度になる．尤度はある条件のもとで現象の起こる尤もらしい確率である．$P(\mathrm{C1})$ は事前確率，$P(\mathrm{D})$ は**周辺尤度**（marginal likelihood）と呼ばれる．$P(\mathrm{D})$ は式（5.14）となるが，これは Ci の依存性がなく，定数である．したがって，

$$P(\mathrm{C1}|\mathrm{D}) \propto P(\mathrm{D}|\mathrm{C1})P(\mathrm{C1}) \tag{5.15}$$

として右辺を評価すればよいことになる．この式は

$$\text{事後確率} \propto （\text{尤度}） \times （\text{事前確率}） \tag{5.16}$$

という形になっている．

　事前確率 $P(\mathrm{C1})$ は過去の記事の中で記事が C1 の割合で，1/5 とする．C2 も同じく 1/5 としておく．そうすると，

$$P(\mathrm{D}|\mathrm{C1})P(\mathrm{C1}) \propto \left[\frac{2}{3} \cdot \frac{3}{5} \cdot \frac{1}{3} \cdot (1-\epsilon)^2 \cdots \right] \cdot \frac{1}{5} \approx \frac{2}{75} \tag{5.17}$$

となる．単語間の共起関係はないというナイーブな仮定をおいているので，C1 というカテゴリの記事である確率は単語の出現確率をかければよい．C1 で W4, W5 の出現確率は ϵ だが，それぞれが現れていないので式（5.17）では $(1-\epsilon)^2$ がかかる．一方，C2 である確率は

$$P(\mathrm{D}|\mathrm{C2})P(\mathrm{C2}) \propto \left[\epsilon^2 \cdot \frac{4}{5} \cdot \left(1-\frac{1}{3}\right) \cdot \left(1-\frac{1}{6}\right) \cdots \right] \cdot \frac{1}{5} = \frac{4}{45}\epsilon^2 \tag{5.18}$$

となる．ϵ は小さな値なので 2 つの計算結果を比べて記事 # 1 は C1 の記事であると推定できる．

　記事 # 2 では，

$$P(\mathrm{D}|\mathrm{C1})P(\mathrm{C1}) \propto \left[\frac{2}{3} \cdot \left(1-\frac{3}{5}\right) \cdot \frac{1}{3} \cdot (1-\epsilon)^2 \cdots \right] \cdot \frac{1}{5} \approx \frac{4}{225} \tag{5.19}$$

$$P(\mathrm{D}|\mathrm{C2})P(\mathrm{C2}) \propto \left[\epsilon \cdot (1-\epsilon) \cdot \frac{4}{5} \cdot \left(1-\frac{1}{3}\right) \cdot \left(1-\frac{1}{6}\right) \cdots \right] \cdot \frac{1}{5} \approx \frac{4}{45}\epsilon \tag{5.20}$$

となり，# 2 も C1 の記事ということになる．

コラム　ベイズ統計

ベイズ統計は英国の牧師・数学者であったベイズ（Thomas Bayes, 1702 年～1761 年）による「ベイズの定理」が基になっている．長老派であったベイズは神の存在を否定する人たちに対する反論としてこの式を出したという．長老派はプロテスタントの一派で，教会統治で長老の発言権を重視したためにこの名がついたいう．この式はベイズの死後にラプラスによって再発見され，ラプラスは確率論と結びつけて今日でいうベイズ推定を行った．ただ事前確率（あるいは主観確率）といった考え方は科学的でないとの理由で長い間，理解されずにいた．しかしながら，ベイズ推定の考え方は一般の人が知らないところで使われていた．第二次世界大戦でドイツの潜水艦はエニグマ暗号を使っていた．これをベイズ推定の考え方を使って解読したのが，計算する機械という概念である「チューリングマシン」を初めて提案したチューリング（Alan M. Turing, 1912 年～1954 年）である．ベイズ推定は 1968 年の米国原子力潜水艦「スコーピオン」の沈没事故でも活躍した．大西洋に沈んだ原潜の位置をベイズ推定で特定したのである．ベイズ統計が表立って取り上げられるようになったのは 2000 年以降である．これにはデータの増大や計算機の処理能力の向上がある．

ベイズの定理は仮説（hypothesis, H）の精度がデータ（data, D）によって高められるとし，H, D という記号を使い，

$$P(H|D) = \frac{P(D|H)P(H)}{P(D)} = \frac{P(D|H)P(H)}{\sum_i P(D|H_i)P(H_i)} \tag{5.21}$$

と書き直せる．ここで $H \subset \sum_i H_i$ である．この式は以下のような積分形に一般化できる．

$$P(\theta|D) = \frac{P(D|\theta)P(\theta)}{\int P(D|\theta)P(\theta)d\theta} \tag{5.22}$$

以下ではベイズ統計とはどのようなものか見てみる．

• 例 1　感染症の検査と感染率

感染症にかかっているかを調べるために PCR 検査をして結果が陽性と判定されたとき，本当に罹患しているかをベイズの定理で計算してみる．表 5.15 には感染者と非感染者の割合と，感染者と非感染者に対して陽性と判定される割合を示してある．H は「感染」，D は「検査が陽性」として式（5.21）を計算すると，

$$P(H|D) = \frac{P(D|H)P(H)}{P(D|H)P(H) + P(D|\bar{H})P(\bar{H})}$$

$$= \frac{0.7 \times 0.01}{0.7 \times 0.01 + 0.02 \times 0.99} = 0.26 \tag{5.23}$$

となる．式（5.23）で $P(H)$ が感染者の確率，$\bar{H}$ は H の補集合であり，$P(\bar{H})$ は非感染者の割合となる．H, $\bar{H}$ はそれぞれ表 5.15 より 0.01, 0.99 となる．$P(H|D)$ は感染者の事前確率，すなわち感染率に依存しており，感染率が高まると図 5.17 のように増大する．

表 5.15　感染者と非感染者の割合，感染者と非感染者に対して陽性と判定される割合．

PCR 検査	感染（H: 0.01）	非感染（H̄: 0.99）	PCR 検査
陽性（D: 0.7）	真陽性	偽陽性	陽性（D: 0.02）
陰性	偽陰性	真陰性	陰性

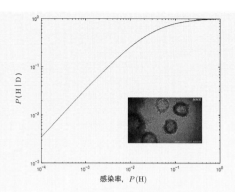

図 5.17 検査で陽性の人が実際に陽性である割合.

● **例 2 コインの表が出る確率：ベイズ更新**

前の例では事前確率を与え，ベイズの定理から事後確率を推定した．その事後確率を事前確率とし，得られたデータの尤度から同じことをすると新たな事後確率が得られる．こうしたことを繰り返すと確率分布がわかりそうである．これがベイズ更新であるが，コイン投げで表・裏が出る様子を例に，式 (5.22) を使って見てみる．

表，裏が出る確率は，それぞれ，1/2 であるが，仮にそれを知らないとする．そこで表が出る事前確率 $P(\theta)$ はとりあえず $0 \leq P(\theta) \leq 1$ の範囲で 1 となる一様分布とする．一様分布は事前に情報がないときに設定する無情報事前分布である．$P(\theta)$ は確率密度関数なのでこれを $0 \leq \theta \leq 1$ の範囲で積分すれば 1 となる．よって $P(\theta) = 1$ とおく．ここで，コインを投げて裏が出たとする．$P(\mathrm{D}|\theta)$ を，表が出る確率が θ のときに裏が出たので，尤度は $P(\mathrm{D}|\theta) = 1 - \theta$ となる．したがって，式 (5.22) の右辺の分子は

$$P(\mathrm{D}|\theta)P(\theta) = (1 - \theta) \times 1 \tag{5.24}$$

となる．周辺尤度は

$$\int_0^1 P(\mathrm{D}|\theta)P(\theta)d\theta = \int_0^1 (1 - \theta)d\theta = \frac{1}{2} \tag{5.25}$$

である．よって，

$$P(\theta|\mathrm{D}) = 2(1 - \theta) \tag{5.26}$$

となる．次に 2 回目にコインを投げたら今度は表が出たとする．このときは 1 回目で得られた式 (5.26) の結果を事前確率に使う．すると，

$$P(\mathrm{D}|\theta)P(\theta) = \theta \cdot 2(1 - \theta) \tag{5.27}$$

$$\int_0^1 P(\mathrm{D}|\theta)P(\theta)d\theta = \int_0^1 \theta \cdot 2(1 - \theta)d\theta = 2\left[\frac{\theta^2}{2} - \frac{\theta^3}{3}\right]_0^1 = \frac{1}{3} \tag{5.28}$$

となり，2 回目のベイズ更新で，

$$P(\theta|\mathrm{D}) = 6(\theta - \theta^2) \tag{5.29}$$

となる．横軸を θ にとって，$0 \leq \theta \leq 1$ の範囲で $P(\theta|\mathrm{D})$ をプロットすると図 5.18 のようになり，$\theta = 1/2$ で最大となることがわかる．また $0 \leq \theta \leq 1$ の範囲で積分すると 1 となる．これは事後分布が確率密度の分布を表すので当然，そうならねばならない．裏の出る確率は $\theta = 1/2$ で最大となり，これは直観として一致する．

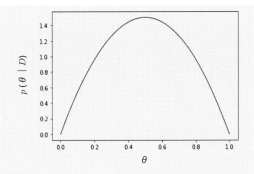

図 5.18 2 回目のベイズ更新による $P(\theta \mid D) = 6(\theta - \theta^2)$.

　ここではわかりやすいように裏，表の順で出たとしたが，別にこうである必要はない．裏，裏，表，裏，表，表 $\cdots$ と表と裏が等確率で出れば，$P(\theta|D)$ は $\theta = 1/2$ で最大となるはずである．この試行実験は次のことを示唆している．

　ポイント 1：表の出る確率がわからないときは一様分布（あるいは経験的に得られている分布でもよい）を事前分布として仮定する．これを観測データから得られた尤度を使い，ベイズ更新を繰り返す．事象の生起確率は変数 θ として扱われ，事後分布で最大確率を与える θ が実際に尤もらしい母数となる．この方法が MAP 推定法（最大事後確率推定法）である．

　ポイント 2：周辺尤度は事後確率を $(0, 1)$ の範囲で積分して 1 にするための規格化因子である．$P(\theta|D)$ が最大となる θ を求めるだけならば，周辺尤度を毎回，計算する必要もない．

　ベイズ更新では事後分布を求めるのに尤度に確率密度関数の事前分布を掛けて積分する必要がある．尤度は確率変数に観測値を代入したものであるが，母集団の平均や分散といったパラメータが入る．したがって尤度は未知のパラメータを含んだ「尤度関数」である．それに事前分布をかけて積分するので特に根拠がない限り，事前分布は解析的に表されないような関数形を用いるべきでない．数式で表現できないような事前分布を用いると積分計算が大変で，見通しも悪くなる．そこで事前分布には数式で表されるような確率密度関数を用いる．事前分布と事後分布が同じ関数形になる場合に，その事前分布を**共役事前分布**（conjugate prior）という．これを使うと事後分布での尤もらしいパラメータが容易に推測できる．尤度の関数形とそれに適した共役事前分布の関係を→で表すと，1）正規分布（分散既知）→正規分布，2）正規分布（分散未知）**→逆ガンマ分布**（inverse gamma distribution），3）2 項分布→ベータ分布，4）ポアソン分布→ガンマ分布等となる．

● 例 3 ベイズ統計での回帰分析

　観測で (x_i, y_i) からなる N 個のデータが得られたときに以下の単回帰式をベイズ流で表すと，

$$y = ax + b$$

$$P(a|\mathrm{D}) \propto e^{-\frac{[y_1 - (ax_1 + b)]^2}{2\sigma^2}} \cdots e^{-\frac{[y_N - (ax_N + b)]^2}{2\sigma^2}} \tag{5.30}$$

$$= e^{-\frac{[y_1 - (ax_1 + b)]^2 + \cdots + [y_N - (ax_N + b)]^2}{2\sigma^2}} \tag{5.31}$$

$$= e^{-\frac{(a^2 s_{xx} - 2a s_{xy} + s_{yy})}{2\sigma^2}} \tag{5.32}$$

$$\propto e^{-\frac{s_{xx}(a - \frac{s_{xy}}{s_{xx}})^2}{2\sigma^2}} \tag{5.33}$$

$$P(a) \propto e^{-\frac{(a - a_0)^2}{2\sigma_a^2}} \tag{5.34}$$

となる. 式 (5.30) は尤度が正規分布で表されることを仮定している. 式 (5.31) は s_{xx}, s_{yy}, s_{xy} を使って式 (5.32) のように書ける. パラメータ a に関係ない項を落としている. 事前分布は過去の経験から式 (5.34) のように a は平均 a_0, 分散 σ_a の正規分布で表されるとした. 事後分布は

$$
\begin{aligned}
P(\mathrm{D}|a) &\propto P(a|\mathrm{D})P(a) \\
&\propto e^{-\frac{s_{xx}\left(a-\frac{s_{xy}}{s_{xx}}\right)^2}{2\sigma^2}} \times e^{-\frac{(a-a_0)^2}{2\sigma_a^2}} \\
&\propto e^{-\frac{(a-a_P)^2}{2\sigma_P^2}}
\end{aligned}
\tag{5.35}
$$

となる. 式 (5.35) で,

$$
a_P = \frac{s_{xy}\sigma_a{}^2 + \sigma^2 a_0}{s_{xx}\sigma_a{}^2 + \sigma 2}
\tag{5.36}
$$

$$
\sigma_P{}^2 = \frac{\sigma_a{}^2 \sigma^2}{s_{xx}\sigma_a{}^2 + \sigma 2}
\tag{5.37}
$$

である. 式 (5.35) は回帰係数 a が確定値でなく, 確率変数となることを意味している. これは例 2 で述べた 1) の正規分布 (分散既知) →正規分布の場合に相当する. 事前分布に何ら情報がないときは一様分布を使うが, そのときは $\sigma_a \to \infty$ となり, $a_P = s_{xy}/s_{xx}$, $\sigma_P^2 = \sigma^2/s_{xx}$ となる. これらは最小2 乗法で求めた値に一致する.

　統計で母平均の信頼度 95 % の信頼区間とは,「同じサイズの標本を抽出することを繰り返すと, 母集団の平均値 μ が 100 回のうち 95 回, その区間に現れる」という意味である. μ が信頼区間のどこにあるかを言っているわけではない.「信頼区間」に対するベイズ統計の用語は**信用区間**（credible interval）である. 信用区間は我々が普通に考えるもので,「μ は 95 % の確率で信用区間にある」という意味を表す（図 5.19）.

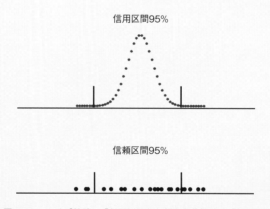

図 5.19　ベイズ統計の「信用区間」と頻度主義統計の「信頼区間」.

第6章

事例研究

6.1 分析対象のデータ

　本章では，立命館大学生協から提供された実際のデータに基づいた 3 つの分析事例を紹介する．これらの事例のテーマは以下の通りである．

1. 食堂と購買での売上特性
2. 平均気温および降水量が売上に及ぼす影響
3. 売上の曜日依存性

　使用したデータは表 6.1 に示した 5 種類である．立命館大学は 3 つのキャンパスがあり，A，B，C はそれぞれのキャンパスを表している．学内には，学生や教職員に食事を提供する食堂と，コンビニエンスストアで販売しているような様々な商品を扱っている購買がある．表 6.1 で食堂売上 A と購買売上 A は同じキャンパス A にあることを意味している．気象データとして，気象庁の Web サイトから各キャンパスに近い観測所の平均気温や降水量をダウンロードした．2020 年度以降は COVID-19 の影響を受けて，通常とは学内授業環境が異なった．そのため，分析対象のデータには 2017 年度から 2019 年度のものを用いた．なお，これらのデータは共立出版の Web サイト（https://www.kyoritsu-pub.co.jp/bookdetail/9784320124790）からダウンロードして演習で使用できる．ファイルを開くと「曜日」として 1〜7 が記入されているが，これらの数値は，それぞれ，月曜日〜日曜日を表す．

表 6.1　生協店舗，公開データ一覧.

	対象キャンパス	気象情報の有無
食堂売上	A，B	有
購買売上	A，C	有
食堂客単価	A，B	有
購買客単価	A，C	有

　データは扱いやすいように規格化した．食堂や購買の利用数は，各営業日の客数を 2017/04/06（2017 年 4 月 6 日を略記したもの，以下でも同様）の客数で規格化した値で定義されている．

したがって，利用数は正の実数となる．

$$利用数\,(201\mathrm{x}/\mathrm{xx}/\mathrm{xx}) = \frac{客数\,(201\mathrm{x}/\mathrm{xx}/\mathrm{xx})}{客数\,(2017/04/06)} \times 1000 \tag{6.1}$$

売上数は営業日に客が購入した品数の合計であるが，利用数と同様に 2017/04/06 の値で規格化したものを使った．売上数も正の実数となる．売上額も同様に規格化された値である．

$$売上数\,(201\mathrm{x}/\mathrm{xx}/\mathrm{xx}) = \frac{実際の売上数\,(201\mathrm{x}/\mathrm{xx}/\mathrm{xx})}{実際の売上数\,(2017/04/06)} \times 1000 \tag{6.2}$$

$$売上額\,(201\mathrm{x}/\mathrm{xx}/\mathrm{xx}) = \frac{実際の売上額\,(201\mathrm{x}/\mathrm{xx}/\mathrm{xx})}{実際の売上額\,(2017/04/06)} \times 1000 \tag{6.3}$$

営業日の売上を客数で割った客単価や，売上を品数で割った点単価も以下のように規格化した値で表すことにする．

$$客単価\,(201\mathrm{x}/\mathrm{xx}/\mathrm{xx}) = \frac{実際の売上額\,(201\mathrm{x}/\mathrm{xx}/\mathrm{xx})}{客数\,(201\mathrm{x}/\mathrm{xx}/\mathrm{xx})} \tag{6.4}$$

$$点単価\,(201\mathrm{x}/\mathrm{xx}/\mathrm{xx}) = \frac{実際の売上額\,(201\mathrm{x}/\mathrm{xx}/\mathrm{xx})}{実際の売上数\,(201\mathrm{x}/\mathrm{xx}/\mathrm{xx})} \tag{6.5}$$

なお，次節以降の内容はキャンパス A のデータのみを使った結果である．したがって，分析項目にはキャンパス名を明示せず，単に売上，利用数などと記すことにする．

6.2　外れ値の検出

実際のデータでは，平均値や中央値からの差が著しく大きい**外れ値**がある．たとえば，図 6.1 のデータは「客単価」の日ごとの推移を示しているが，破線の丸で囲んだ日の客単価は，通常よりも値が高くなっている．1600 円近くなった日は豪雨災害により，大学が全日，休講となった日である．外れ値を除くことは一概によいわけでないが，ここでは日常的な利用数や売上などを調べることが分析の目的なので，客単価を見て特異的と判断した日のデータを分析対象から外した．

外れ値の同定には，実際には**スミルノフ・グラブス検定**（Smirnov-Grubbs test）を用いた．この検定では以下で定義される検定統計量 τ を使う．

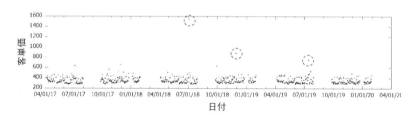

図 6.1　客単価の推移.

$$\tau = \frac{|x_i - \bar{x}|}{\hat{\sigma}} \tag{6.6}$$

x_i は客単価，$\bar{x}$ は客単価の平均，$\hat{\sigma}$ は標準偏差（不偏分散の平方根の正値）である．スミルノフ・グラブス検定では，τ が一定の値を超えるデータ点を外れ値と決める．使用したデータ数は $N = 691$ である．信頼水準 5 % とすると，スミルノフ・グラブスの棄却検定表より $\tau = 3.78$ となる．したがって，この値を超える客単価を外れ値と決め，当該日のデータは使わないことにした．

「2017/07/05」では $\tau = 3.8$ となり，外れ値となる．その他の外れ値に対応する日付は，平日では「2017/11/29」，「2018/07/06」，「2018/11/29」，「2019/07/15」であり，総計 5 日となる．また，土曜日と日曜日の売上データも外れ値として除外した．表 6.2 と表 6.3 は，それぞれ，外れ値を除外する前後の $\bar{x}$，$\hat{\sigma}$，および，中央値を示す．外れ値を除くことでそれぞれの数値が変わることがわかる．ただし，外れ値の多くは土曜日と日曜日の営業に関するデータであることに留意されたい．

図 6.2 と図 6.3 は食堂と購買の外れ値除去後のヒストグラムで，階級幅は 20 である．食堂と購買で各項目間の相関係数を求めた結果を表 6.4 および表 6.5 に示す．たとえば，食堂の利用数と降水量の相関係数は項目間の交点に記された数値に該当し，値は 0.11 である．

表 6.2 食堂と購買のデータ．
$\bar{x}$，$\hat{\sigma}$，中央値（外れ値を含む場合）．

	$\bar{x}$	$\hat{\sigma}$	中央値
食堂利用数	856.39	261.51	955.437
売上数	885.46	269.62	990.06
売上額	924.67	282.43	1032.06
購買利用数	776.69	362.34	950.05
売上数	751.21	326.09	902.28
売上額	662.42	315.68	770.27

表 6.3 食堂と購買のデータ．
$\bar{x}$，$\hat{\sigma}$，中央値（外れ値を除いた場合）．

	$\bar{x}$	$\hat{\sigma}$	中央値
食堂利用数	958.54	103.87	981.07
売上数	991.13	106.51	1010.44
売上額	1035.28	112.59	1050.27
購買利用数	958.53	202.38	1005.14
売上数	914.14	181.66	951.66
売上額	802.73	188.17	813.41

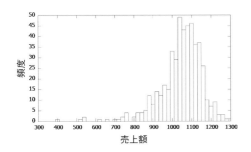

図 6.2 食堂の売上額の頻度分布．

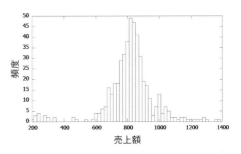

図 6.3 購買の売上額の頻度分布．

表 6.4　食堂での各項目間の相関係数（2017 年度〜2019 年度）．

	利用数	売上数	売上額	平均気温	降水量
利用数	1.00				
売上数	0.98	1.00			
売上額	0.97	0.95	1.00		
平均気温	0.31	0.27	0.29	1.00	
降水量	0.11	0.02	−0.01	0.11	1.00

表 6.5　購買での各項目間の相関係数（2017 年度〜2019 年度）．

	利用数	売上数	売上額	平均気温	降水量
利用数	1.00				
売上数	0.98	1.00			
売上額	0.73	0.73	1.00		
平均気温	0.47	0.42	0.35	1.00	
降水量	0.10	−0.07	0.02	0.12	1.00

問題 6.1

食堂と購買の各種データにおいて，本節の各図表から正規分布に従わないと考えられるものを選び，その理由も述べよ．

6.3 相関係数：売上特性

表 6.4 および表 6.5 より，食堂と購買では利用数と売上額の間の相関係数が異なる（それぞれ，0.97 と 0.73）．相関係数の差異を明示するために，利用数と売上額の散布図を作成した（図 6.4）．食堂の売上額は，利用数の増加とともに直線的に伸びてばらつきが少ない．一方，購

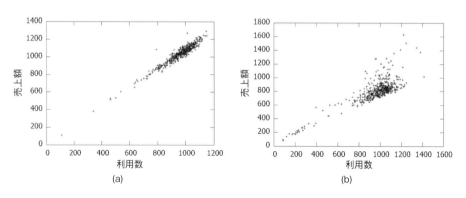

図 6.4　利用数に対する売上額．(a) 食堂，(b) 購買．

表 6.6　食堂と購買での利用数，客単価，点単価の相関係数（購買での利用数 700 未満の日を除外）.

	食堂 利用数	食堂 客単価	食堂 点単価	購買 利用数	購買 客単価	購買 点単価	平均気温
食堂 利用数	1.00						
食堂 客単価	−0.13	1.00					
食堂 点単価	−0.02	0.82	1.00				
購買 利用数	0.64	−0.11	0.43	1.00			
購買 客単価	−0.18	0.05	−0.00	0.24	1.00		
購買 点単価	−0.07	−0.03	0.02	−0.04	0.93	1.00	
平均気温	0.32	−0.11	0.03	−0.04	0.52	−0.11	1.00

買の方は，利用数が 700 を超えたあたりから，売上額のばらつきが増えている.

　客が食堂で支払う金額は，食事に対する対価であり，メニューを過多に取ることはなく（単品が高価なメニューもない），おのずと上限がある. したがって，客単価のばらつきは少ないはずである. 一方，購買ではそうした上限はなく，何点も買い物をし，支払う金額が多い人も出やすい. こうして，客単価のばらつきは大きくなる. 売上 = 客単価 × 利用数 であるので，客単価のばらつきの違いが，食堂と購買との間の売上額ばらつきの違いに影響を及ぼしているものと推察できる.

問題 6.2

　表 6.6 において，購買の客単価と平均気温の相関係数が 0.52 である. この相関が意味することを考察せよ.

6.4 単回帰分析：売上と気象の関係

　平均気温の関数としての利用数をプロットした結果（散布図）を図 6.5(a) に示す. 図中に示された実線は線形回帰により得られた直線である. この直線は $y = 13.28x + 744.58$ を表し，傾きが

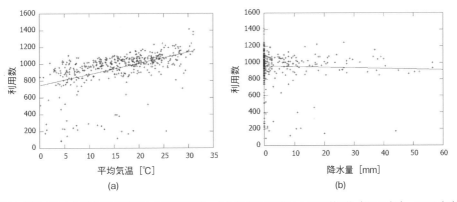

(a)　　　　　　　　　　　　　　　　(b)

図 6.5　購買での (a) 平均気温の関数としての利用数，(b) 降水量の関数としての利用数（2017 年度〜2019 年度）.

正であることから平均気温と利用数の間に正の相関があることがわかる．同図 (b) は降水量の関数として利用数をプロットした結果得られた散布図である．図中の直線は $y = -0.79x + 962.12$ を表す．降水量と利用数の間には負の相関がある．

　回帰直線から外れたデータがあるので，利用数を 700 から 1300 までの範囲に絞って，平均気温に対して利用数をプロットしたのが図 6.6 である．回帰直線は $y = 8.41x + 863.01$ となる．利用数の領域を絞ると回帰係数も 13.28 から 8.41 に変わる．平均気温が 1℃ 上昇するごとに利用数は 8.41 増加することになる．残差に対して正規確率プロット（Q–Q プロット）したのが図 6.7 である．残差の絶対値が 150 以下のプロットに着目すると，傾きは概ね 1 である．絶対値が 150 よりも大きい部分では傾きは 1 から外れるが，点数は少ないので正規性を仮定した回帰分析は妥当であると判断できる．

　購買での相関係数をまとめたものが表 6.7 である．購買の「平均気温と利用数」の相関係数は 0.61，「平均気温と売上」では 0.39 である．一方，「降水量と利用数」の相関係数は負値を取り，「降水量と売上」の相関係数は正値を取るが，いずれも絶対値は小さい．

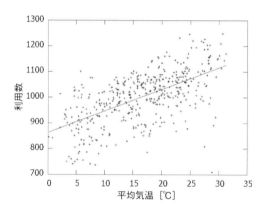

図 6.6　平均気温の関数としての利用数（2017 年度〜2019 年度，利用数 700 未満，1300 以上を除外）．
　　　　回帰直線は $y = 8.41x + 863.01$ を表す．

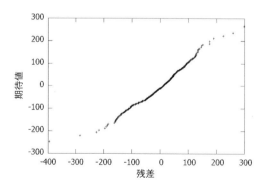

図 6.7　図 6.6 の回帰式の残差に関する正規確率プロット．

表 6.7　購買での利用数, 売上, 平均気温, 降水量に関する相関係数.

	平均気温	降水量
利用数	0.61	-0.09
売上	0.39	3.28×10^{-3}

　平均気温と利用数が正の相関をもつ理由としては, 気温が下がる冬になると, 1) 学生が登校しない, 2) 登校しても寒いので購買に行くのを避ける, これら 2 つの傾向が顕著になることが考えられる. 1) あるいは 2) のいずれの要因が主たるものかは判断できないが, 以下のように推察してみた. 暖かくなった新年度が始まる時期には, 新入生を迎えるキャンパスでは学生数が多い. しかし, 時間の経過とともに一種の慣れか, 緊張感から開放されるのか, あるいは, 受講要領を学習するのか, 冬季が近づくにつれてキャンパス内の学生数が減るように見受けられる. もしも主たる要因が 1) にあれば, 正の相関は気温の低下とともに減少する登校学生数を反映しているのであろう.

　降水量と利用数の間の相関は, 負値を取るもののその絶対値は小さいので, 利用数は雨の影響をあまり受けないことになる. 降雨を理由にして授業を欠席できないことが背景にあるのであろう. これは一般的な店舗の傾向と異なっているように思われる. 購買だけでなく食堂の利用数と天気の関係にも類似の傾向が見られる. このような傾向はデータ分析を通じて初めて明らかになったものである. 生協の営業戦略に役立つ情報であろう.

問題 6.3

　「生協食堂系店舗 B の売上データ」と「生協コンビニ系店舗 C の売上データ」を使い, 店舗 A と同様に店舗 B と店舗 C に気温と利用数の間に相関があるか調べよ.

6.5　F 検定と t 検定：曜日効果

　授業時間割は曜日によって違うので, 曜日ごとに食堂や購買の利用数も売上も変化する. このような変動を曜日効果と呼ぶことにする. 曜日効果はすでに生協で把握されていたが, その統計的意味は不明であった. そこで, 曜日効果ついて分析を行った. 2017 年度から 2019 年度までの食堂の各曜日の利用数, 売上における, $\bar{x}$, $\hat{\sigma}$, および, 中央値を表 6.8 と表 6.9 に示す. 表 6.10 と表 6.11 は購買での結果である. 表 6.8〜表 6.11 を見ると, 食堂では, 利用数および売上ともに月曜日と金曜日の間で $\bar{x}$, $\hat{\sigma}$ の差が大きい. 購買では, 水曜日と金曜日の間で $\bar{x}$ の差が大きい.

6.5.1　食堂データと分散比

　曜日効果の統計的意味を調べるために, まず, 分散に有意な差があるかについて F 検定を利用した. 曜日ごとに標本データを見たときに, 各曜日の母分散が同じかどうか調べた. 帰無仮

表 6.8　食堂の利用数に関する $\bar{x}$, $\hat{\sigma}$, および中央値の曜日依存性.

曜日	$\bar{x}$	$\hat{\sigma}$	中央値
月	<u>970.74</u>	<u>121.53</u>	990.78
火	974.58	89.32	986.33
水	999.54	82.82	1017.09
木	976.72	87.18	991.19
金	<u>869.21</u>	<u>82.55</u>	873.78

表 6.9　食堂の売上に関する $\bar{x}$, $\hat{\sigma}$, および, 中央値の曜日依存性.

曜日	$\bar{x}$	$\hat{\sigma}$	中央値
月	<u>1054.26</u>	<u>134.12</u>	1075.46
火	1055.48	94.89	1058.28
水	1078.62	91.47	1090.20
木	1050.93	92.71	1049.92
金	<u>934.79</u>	<u>83.56</u>	939.13

表 6.10　購買の利用数に関する $\bar{x}$, $\hat{\sigma}$, および, 中央値の曜日依存性.

曜日	$\bar{x}$	$\hat{\sigma}$	中央値
月	939.46	163.51	978.90
火	997.71	179.23	1026.87
水	<u>1000.61</u>	<u>212.84</u>	1038.86
木	991.46	125.26	1006.76
金	<u>851.47</u>	<u>250.31</u>	930.40

表 6.11　購買の売上に関する $\bar{x}$, $\hat{\sigma}$, および, 中央値の曜日依存性.

曜日	$\bar{x}$	$\hat{\sigma}$	中央値
月	785.85	165.49	789.50
火	829.32	183.16	821.94
水	<u>834.95</u>	<u>192.99</u>	843.69
木	823.08	151.64	809.88
金	<u>731.01</u>	<u>224.62</u>	772.58

説 H_0 として,「食堂での利用数の母分散は, 月曜日と金曜日で差はない, すなわち, 等しい」を設定する. 月曜日と金曜日の不偏分散を, それぞれ, $\hat{\sigma}_1^2$, $\hat{\sigma}_5^2$ とおく. 8.10.6 節を参照すると, 帰無仮説 H_0 の下で F-値は

$$F = \left(\frac{\hat{\sigma}_1}{\hat{\sigma}_5} \right)^2$$

となる. ただし, 自由度は $(N_1 - 1, N_5 - 1) = (97, 97)$ である. 表 6.8 より,

$$F = \left(\frac{121.53}{82.55} \right)^2 \approx 2.17$$

となる. これは片側 2.5 ％臨界 F-値を超えているので, H_0 は棄却される. したがって,「食堂での利用数の母分散は, 月曜日と金曜日で異なる」ことを受容しなければならない.

月曜日と金曜日における食堂の売上の不偏分散についても, F-値は

$$F = \left(\frac{134.12}{83.56} \right)^2 \approx 2.58$$

であり, 食堂の売上の母分散は, 月曜日と金曜日で異なるとの結論を得た.

6.5.2　購買データと分散比

次に, 帰無仮説 H_1 として,「購買での利用数の母分散は, 水曜日と金曜日で差はない, すなわち, 等しい」とおく. 水曜日と金曜日の不偏分散を, それぞれ, $\hat{\sigma}_3^2$, $\hat{\sigma}_5^2$ とすると, 帰無仮説 H_1 の下で F-値は

$$F = \left(\frac{\hat{\sigma}_5}{\hat{\sigma}_3}\right)^2$$

となる．ただし，自由度は $(N_5 - 1, N_3 - 1) = (97, 97)$ である．表 6.8 より，

$$F = \left(\frac{250.31}{212.84}\right)^2 \approx 1.38$$

となる．この値は片側 2.5 % 臨界 F-値を超えていないから，H_1 は棄却されない．したがって，「購買での利用数の母分散は，水曜日と金曜日で同じである」ことを受容しなければならない．

水曜日と金曜日における購買の売上の不偏分散についても，F-値は

$$F = \left(\frac{224.62}{192.99}\right)^2 \approx 1.35$$

であり，購買の売上の母分散は，水曜日と金曜日で同じとの結論を得た．

6.5.3　食堂データの平均値における曜日依存性

F 検定結果を参考にして，利用数の平均値に関する t 検定を行ってみよう．まず，食堂の利用数と売上であるが，これらはいずれも母分散が月曜日と金曜日で異なる．月曜日と金曜日における利用数の標本平均を，それぞれ，$\bar{x}_1$，$\bar{x}_5$ とおく．式 (8.222) を参考にすると，両側 t-値は

$$t = \frac{|\bar{x}_1 - \bar{x}_5|}{\sqrt{\frac{\hat{\sigma}_1^2}{N_1} + \frac{\hat{\sigma}_5^2}{N_5}}} \tag{6.7}$$

で与えられる．自由度 d は式 (8.223) を用いて求められる．$N_1 = N_5 = 97$，$\bar{x}_1 = 970.74$，$\bar{x}_5 = 869.21$，$\hat{\sigma}_1 = 121.53$，$\hat{\sigma}_5 = 82.55$ を式 (6.7) に代入すると，

$$t = \frac{101.53}{14.92} \approx 6.80$$

を得る．自由度は $d \approx 169$ であるから，t-値は両側 5 % 臨界 t-値よりも大きい．したがって，帰無仮説 H_2 として「食堂の利用数の平均値は，月曜日と金曜日で等しい」と設定すると，H_2 は棄却される．

同様に，月曜日と金曜日における食堂の売上の平均値について t-値を計算する．$\bar{x}_1 = 1054.26$，$\bar{x}_5 = 934.79$，$\hat{\sigma}_1 = 134.12$，$\hat{\sigma}_5 = 83.56$ を用いると，

$$t = \frac{119.47}{16.04} \approx 7.45$$

であり，自由度 $d \approx 161$ であるから，売上の平均値も月曜日と金曜日で有意な差があると言える．

6.5.4　購買データの平均値における曜日依存性

次に，水曜日と金曜日における購買の標本平均の差について分析してみよう．F 検定結果に

よると，購買の利用数と売上の母分散は，水曜日と金曜日で同じである．式 (8.220) および式 (8.221) を参考にすると，水曜日と金曜日の利用数あるいは売上の平均値の差に関する t-値は

$$t = \frac{|\bar{x}_3 - \bar{x}_5|}{\hat{\sigma}\sqrt{\frac{1}{N_3} + \frac{1}{N_5}}} \tag{6.8}$$

$$\hat{\sigma} = \sqrt{\frac{(N_3 - 1)\hat{\sigma}_3^2 + (N_5 - 1)\hat{\sigma}_5^2}{(N_3 - 1) + (N_5 - 1)}} \tag{6.9}$$

で与えられ，自由度は $d = (N_3 - 1) + (N_5 - 1)$ である．まず，水曜日と金曜日における購買の利用数について見てみよう．$N_3 = N_5 = 97$, $\bar{x}_3 = 1000.61$, $\bar{x}_5 = 851.47$, $\hat{\sigma}_3 = 212.84$, $\hat{\sigma}_5 = 250.31$ を式 (6.8) および式 (6.9) に代入すると，$t \approx 4.47$, $d = 192$ を得る．t-値は自由度 192 における 両側 5 ％ 臨界 t-値を超えている．したがって，帰無仮説 H_3「水曜日と金曜日における購買の利用数の平均値は同じである」は棄却される．

　水曜日と金曜日における購買の売上についても，表 6.11 の結果を用いて上と同様な計算を行うと，$t \approx 4.89$, $d = 192$ を得る．t-値は自由度 192 における 両側 5 ％ 臨界 t-値を超えており，水曜日と金曜日における購買の売上の平均値には有意な差があると言える．

問題 6.4

　「食堂系店舗 B の売上データ」と「購買系店舗 C の売上データ」を使い，店舗 B と同様に店舗 A と店舗 C も曜日ごとに売上額の傾向が異なるのかを調べよ．

第7章

データの収集や送信のための情報通信技術

7.1 インターネットや移動通信によるデータの流れ

スーパーやコンビニでは POS を使って会計処理が行われている．売れた商品の種類や数量，支払われた金額といった情報は POS によって**データセンタ**内に置かれた**サーバ**に届くようになっている．支払いは今ではキャッシュレスでカードやスマートフォンを使った形態が多くなっているが，お金のやり取りのデータは店舗から決済代行会社・カード会社・QR/バーコード決済会社・銀行間のネットワーク上を流れる．5G 時代では膨大な **IoT** （internet of things）データが通信網を流れるようになる．データ流通量は爆発的に増加し，データの利活用がますます重要となる．本章ではインターネットや移動通信がどのような仕組みになっているのか説明する．

インターネットは **TCP/IP**（transmission control protocol/internet protocol）で象徴される**通信手順**（プロトコル，protocol）を使い，家庭や会社・大学・政府機関などのネットワークを相互につなぐ，ネットワークのネットワークである．インターネットでは有線や無線を使って**パケット**（packet）単位で通信が行われる．パケットには住所である **IP** アドレスが記載され，**ゲートウェイ**（gateway）や**ルータ**（router）経由で宛先に届けられる．家庭の PC で Web を見るときには固定電話網（公衆回線）を，またスマートフォンでは移動通信網を使っているが，どちらもインターネットにつながっている．前者の固定電話網の中は，実際には通話とデータ通信で 2 つの経路がつくられているが，今後はよりインターネットと親和性の高い方式に統一されつつある（図 7.1）．

会社や大学内での通信網は**構内網**（local area network: LAN），そこから外部をみたときの通信網は**広域通信網**（wide area network: WAN）と呼ばれる．LAN には**イーサネット**（Ethernet）が使われている．通信プロトコルは階層構造になっており，LAN ではイーサネットが，それをつなぐインターネットでは IP プロトコルが用いられる．

基幹ネットワークやデータセンタは我々が漠然とクラウドと呼んでいる部分である．基幹ネットワークは Tier1 と呼ばれる世界の大手の通信事業者が構築した通信網に Tier2，Tier3 といったネットワークがつながった構造となっている．**インターネット接続サービス提供事業者**（internet service provider: ISP）のネットワークもクラウドの中に含まれる．データセンタは厳重なセキュリティや災害対策，非常用のバックアップ体制が施されている施設で，Web サー

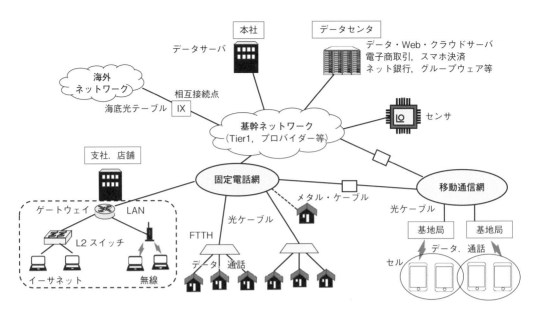

図 7.1 データの流れ.

バやデータベースサーバなどが置かれている．商用データセンタでの利用方法は 2 つあり，データセンタのスペースを借りて企業が自前でサーバを用意して運用する方法と，データセンタ事業者側が用意した IT 機器をレンタルする方法である．自社でデータセンタを持つ場合もある．PC やスマートフォンから Web を見るときには固定電話網や移動通信網，基幹ネットワークを介してデータセンタに置かれた Web サーバと通信を行っている．

通信では使われる単位は表 7.1 のようになっている．K（キロ）から T（テラ）からまでは波の周波数や通信容量に，m（ミリ）から p（ピコ）は周期や 1 ビットの時間幅を表すときに使われる．スマートフォンでは電波にデータをのせてデータの送受を行うが，電波の周波数は数 GHz（10^9/秒）であり，1GHz では，波長 ＝ 光速/周波数 ＝ $3 \times 10^8/10^9$ ＝ 0.3 [m]，また周期=1/周波数=1 [ns] となる．

表 7.1 通信で使われる単位.

T（テラ）	G（ギガ）	M（メガ）	K（キロ）
10^{12}	10^9	10^6	10^3

p（ピコ）	n（ナノ）	μ（マイクロ）	m（ミリ）
10^{-12}	10^{-9}	10^{-6}	10^{-3}

(7.2) インターネット技術の概観

企業でインターネットを使う時は LAN 用にイーサネットを使っているので，外部と通信を行う時のパケットの中味は，先頭から図 7.2 のような構造となる．頭にイーサネットで使うヘッ

ダ（header）がつき，そこには **MAC**（media access control）アドレスが入る．その次に IP 用のヘッダが付き，その中には **IP アドレス**（IP address）が入る．メールや Web のデータはヘッダの後ろに入っている．

　IP アドレスは差出人と送付先を特定するために使われる．ルータからルータへのパケットの転送は MAC アドレスが使われる．スマートフォンでインターネットを使うには信号は移動体通信網に入るので，そこを通過するために一時的にフォーマットが変換される．

　パケット交換（packet-switching）は**蓄積交換**の一種であり，通信路が混雑していればデータを一時，メモリ内に蓄積しておく．混雑がなければデータをパケットに分割して送り出す（図 7.3）．そのために通信路を効率的に使える．電話は通話時には通信回線を占有する必要があるが，データ通信はそれがなく，パケット交換はデータ通信に適している．

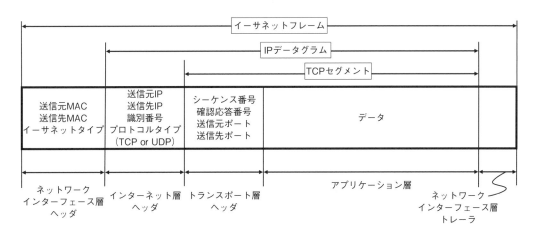

図 7.2　インターネットでのパケット構造（データの送り方に TCP を使った場合）．

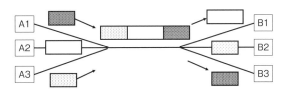

図 7.3　パケット交換．

● コネクション型とコネクションレス型

　パケット交換型のネットワークでは，送れるデータ長に制限があるのでデータを複数のパケットに分割して送る．そのため，経路によって到着の順番が元の送り出しの順番と違ってしまうかもしれない．そこで相手先と確認作業をしながら送るか，それとも相手先に一方的に送るか，データの送り方に 2 つの仕組みがある．前者は**コネクション型通信**（connection-oriented communication），後者は**コネクションレス型通信**（connectionless communication）と呼ばれる（図 7.4）．コネクション型ではトラスポート層（transport layer）で TCP と呼ばれるプロトコルが用意されている．

コネクションレス型では確認作業をしないぶん，時間がかからず，高速にデータを送ることができる．たくさんのデータが次々に送られてくる動画ではコネクションレス型の通信が望ましい．そのために同じトランスポート層に UDP（user datagram protocol）と呼ばれるプロトコルが用意されている．

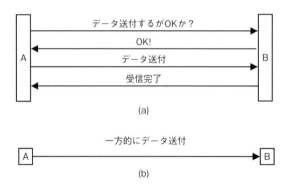

図 7.4　(a) コネクション型と，(b) コネクションレス型の通信.

• 識別子

インターネットでデータ通信を行うには差出人と相手先の住所が要る．また，PC やサーバでは，Web ブラウザや電子メールといった複数のソフトウェアが動いているので，通信時にはそのどれを使うのか区別する必要がある．住所に相当する識別子が IP アドレスであり，アプリケーションを区別する識別子が**ポート番号**（port number）である．

相手先の住所は，○○国，△△県，XX 町といったように一定のわかりやすいルールで構成されていなければならず，IP アドレスはそのようにつくられている．**IPv4** ではアドレスは 43 億（4.3×10^9）個が使えるが，この数はすでに不足している．それを解消するためにつくられた **IPv6** では 3.4×10^{38} 個のアドレスが使え，IP アドレス不足を気にすることはなくなる．

イーサネットを使うには**ネットワークアダプタ**（network adapter）と呼ばれる通信用のハードウェアがつき，MAC アドレスがついている．これは世界で 1 つしかないアドレスで，PC やスマートフォンにも 48 ビット，16 進表記で，02-A2-56-5F-63-21 のようにアドレスがふられている．家庭用のブロードバンドルータなら，LAN 側（家庭内）と WAN 側（外部）にそれぞれ MAC アドレスを持つ．スマートフォンも**無線 LAN**（wireless LAN）につなぐ時があるので MAC アドレスが付けられている．

イーサネットでは MAC アドレスだけで済まない．物理的な伝送路としてメタルケーブルを使うのか？ それとも光ファイバか？ といった情報が要るし，それらも通信速度や最大伝送距

離でいくつかの規格がある．イーサネットヘッダには MAC アドレスとともにこうした情報も入り，それがあってはじめてデータの送受が可能となる．

● 通信路を構成する媒体

　信号を送る通信路の媒体は，イーサネットでは**ツイストペアケーブル**（twisted pair cable）や**光ファイバ**（optical fiber）が使われ，移動通信では電波が使われる．ただし，電波はスマートフォンと基地局の間だけで，その先は光ファイバが使われている．

1) 光ファイバケーブル

　ツイストペアケーブルは細い電線を束ねて 1 本の芯線にして絶縁被覆したものを，電流の行きと帰りに 2 本用意し，雑音が入らないように撚り合わせて作られる（図 7.5(a)）．ツイストペアケーブルは 100 Mbps の データならばオーミック損失で ~100 m 伝送するのが限界である．

　これに対して光ファイバでは電荷を持たない光が内部を伝搬するので，10 Gbps で ~100 km の伝送が可能となる．長距離伝送用の光ファイバは石英系の材料で作られており，ファイバの円形断面を見ると中心に**コア**（core）があり，その外側は**クラッド**（clad）となっている（図 7.5(b)）．コアの屈折率はクラッドの屈折率よりも高くなるようにしてあり，光は全反射によってコアの中に閉じ込められて伝搬することができる．コア径は 10 μm 以下である．気がつかないかもしれないが，光ケーブルは身近な電柱にも引かれている．（図 7.6）.

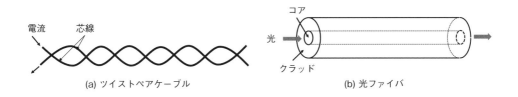

(a) ツイストペアケーブル　　　(b) 光ファイバ

図 7.5　通信路としての有線媒体.

2) 電波

　移動通信で使われるのは波長が 30 cm 程度の**マイクロ波**（microwave）である．周波数に直せば 300 MHz から 30 GHz である．スマートフォンでは基地局からの電波が直接届くとは限らない．建物などに当たって到達する**遅延波**（delay wave）もある．こうしたパスはいくつか生じ，**マルチパス**（multipath）と呼ばれる（図 7.7）．携帯端末ではこうしたマルチパスがあっても元のデータが正しくわかるような工夫がなされている．スマートフォンには 700 M ～ 2 GHz，2.5 GHz，3.5 GHz 帯が多く用いられ，5 G では 28 GHz も使用される予定である．**無線 LAN**（wireless LAN）では主として 2.4 GHz，5 GHz，60 GHz 帯が使われている．

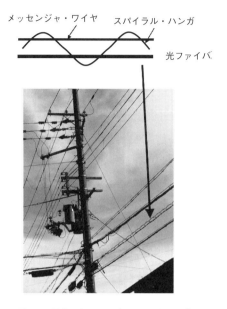

図 7.6　電柱に張られた光ファイバケーブル.

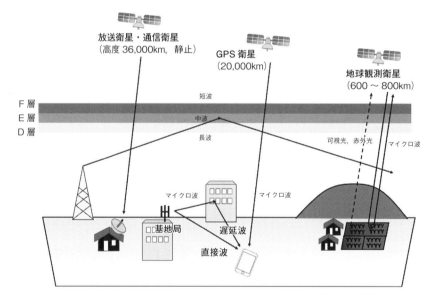

図 7.7　電波の伝搬.

(7.3) 企業ネットワーク用の WAN

　店舗での商品情報は，バーコードをスキャナーで読み取ることで POS 端末に入る．無線タグがついている商品も自動改札機で使う IC カードと同じで，電波を当てて商品情報が読み取られる．こうした販売データは光回線などによってネットワークに入り，データベースサーバ

に送られる．データベースサーバには商品コード・名称・単価・分類・メーカーなどの商品情報が登録されており，POS システムから読み出せる．

　企業の本店と支店，店舗とデータセンタを結ぶ企業ネットワーク用の WAN には **IP-VPN**（IP-virtual private network）や**インターネット VPN**，**広域イーサネット**（wide area Ethernet）が使われている．金融関係では業務の性質上で**専用線**（exclusive line）が使われているが，これらを使うと専用線に比べて通信の運用コストが下げられる．

● IP-VPN

　通信事業者が構築した閉域 IP 網で仮想専用網（VPN）をつくるのが IP-VPN である．誰もが利用できるオープンなインターネット対して，閉域網ではインターネットからは直接アクセスできない．IP-VPN では他の企業と回線は共用するが，仮想的に専用線のように利用できる．閉域網の利用者は個人ではなく企業なので，トラヒックの変動は比較的少ない．**MPLS**（multiprotocol label switching）と呼ばれるプロトコルを使い，閉域網では MPLS ラベルをつけ，他の企業のデータと混じることなくデータが転送される（図 7.8）．

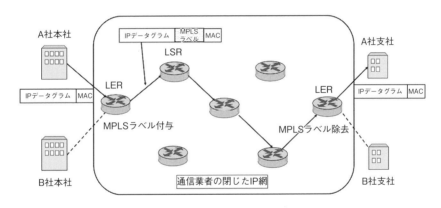

図 7.8　IP-VPN（MPLS ラベルで仮想専用網を構築，実際には会社からはアクセス網を介して仮想専用網に入る）．

● インターネット VPN

　IP-VPN や広域イーサネットは通信事業者が運営し，通信品質やセキュリティが保たれたネットワークを使う WAN である．それに対してインターネット VPN は管理主体がいないインターネットを仮想的に自身の専用網のように使う．インターネットを使うので，通信はベストエフォート（best-effort）となるが，IP-VPN や 広域イーサネットに比べて導入コストや通信コストが下げられる．インターネット VPN では誰もが入れるインターネット内をデータが通過していくので，データの**暗号化**（encryption）や，改ざんされていないかの**認証機能**（authentication function）が必要となる．そのためには **IPsec**（internet protocol security）と呼ばれるインターネット層のプロトコルが使用される（図 7.9）．

Diffie-Hellmanによる鍵配送方式で共通鍵を作成

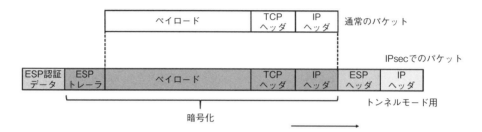

図 7.9　通信文の暗号化.

（7.4）移動体通信

　スマートフォンには音声アシスタント機能があり，スマートフォンに向かって「明日の天気は？」と話すと画面上に答えを返してくれる．スマートフォン内で処理が行われているわけではない．音声は通信網を介してサーバに届く．そこで音声認識技術によってテキストに変換され，形態素解析・構文解析・意味解析を行って適切な処理結果を返している．移動体通信で大量のデータのやり取りを可能にしている要素技術は，① **直交振幅位相変調**（quadrature amplitude modulation: QAM），② **直交周波数分割多元接続**（orthogonal frequency division multiple access: OFDMA），③ **MIMO**（multiple-input and multiple-output）である．

　基地局からスマートフォンに向かっては Web や動画データが大量に流れるので，限られた電波領域をできるだけ有効に使わねばならない．$0, 1$ の論理信号を電波にのせて送る一番簡単な方法は，電波（搬送波）と元の信号の乗算をつくって位相を 0 と π に変化させるやり方である．しかしもっと上手い方法がある．電波の振幅と位相を組み合わせるのである．4 ビット列の信号は $2^4 = 16$ 通りのパターンがある．図 7.10 のように振幅と位相を組み合わせれば 16 通りのデータが表せる．これが 16QAM である．4 ビット列が 1 ビットで置き換えられるので，電波帯で使用する周波数帯域を 1/4 に狭くできる．1 ビットで置き換えられた単位を**シンボル**（symbol）という．電波は有線と違って空間を行き交い，使える周波数帯は限られているので，占有する周波数域を狭くすることは極めて重要である．

　元のデータは 1 つの QAM 信号だけでは送れないので，12 個のシンボル列を 1 単位にする．12 個としたのは現在の第 4 世代の携帯電話の規格がそうなっているためである．そして，ここからが② になるのだが，12 個のシンボル列に対して**逆離散フーリエ変換**（inverse discrete

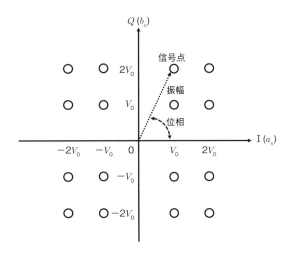

図 7.10　16QAM（振幅と位相による多値表現）.

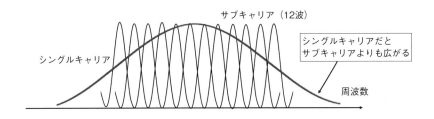

図 7.11　シングルキャリアとサブキャリアが占める周波数帯域（サブキャリア数は 12）.

Fourier-transform）する．この変換は**サブキャリア変調**（subcarrier modulation）と呼ばれ，
IC 内で高速にできる．サブキャリア変調された信号は電波にのせてユーザに送られる．この状
態のスペクトルを見ると，元の 12 個のシンボル情報が，周波数域で狭く詰め込まれ，また後
で抽出できるようになっている（図 7.11）．OFDMA の「直交周波数」は，個々のスペクトル
が 3 次元空間の基底ベクトルのように直交し，干渉しないことを表す．「分割多重」は基地局が
複数のユーザとのデータのやり取りを可能にすることを意味する．現行規格ではユーザに対し
て 12 個のシンボルからなるブロック単位で周波数帯域が割り振られる．具体的な数値として
はサブキャリアの間隔は 15 kHz であるので 1 ブロックの周波数幅は 180 kHz（＝ 15 × 12）
となり，時間軸方向は 1 ms となる．ユーザから見れば，このブロックを周波数軸と時間軸方
向に組み合わせて使える．マルチパスの問題が生じたときには，その影響を受けないようなブ
ロックが割り当てられる．

　MIMO は複数のアンテナ素子を使い，使い方によって，(a) 特定の受信器に信号を送る，(b)
実効的なデータ速度を上げる，(c) 伝送品質を向上させることなどができる（図 7.12）．送信側
の 2 つのアンテナ A, B から送出された電波が，受信側にある 1 つのアンテナ B にどのよう

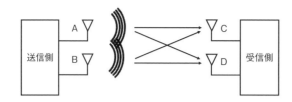

図 7.12　2×2 MIMO による空間多重（2 倍の伝送速度を実現，あるいは，伝送品質の向上が可能）.

に届くかといった空間伝搬特性をあらかじめ測定しておく．その情報を使って送信側の 2 基の
アンテナの位相と振幅を制御すれば，B だけに電波を強く送ることができる．これが (a) の使
い方でビームフォーミング（beam forming）と呼ばれる．A，B のアンテナの空間伝搬特性を
C，D が個々に把握すれば C は A だけ，D は B だけの電波を選別できる．そうすれば信号
が混じっていても A → C，B → D と 2 チャンネルで送れるので 2 倍のデータ伝送が可能と
なる．これが (b) である．

　同時接続可能な端末数は現在は 1 平方 km あたり 10 万台であるが，5G では 100 万台にす
ることが予定されている．そこで，現在のセル（エリア半径：数 100 m ～ 数 km）はもっと
小さい**スモールセル（small cell）**となる．その中では基地局には**超多素子アンテナ（Massive
MIMO）**と呼ばれ，100 近い多素子アンテナ技術が使われようとしている．アンテナ素子をこ
のように増やしてビームフォーミングすれば，同時に複数のユーザにデータを送ることができ
る．これに電波の周波数を 28 GHz にふやすことで多くの端末が基地局と接続される．5G で
はまた，基地局と端末間の送受信での**遅延時間**（レイテンシ，latency）を 1 ms に短縮するこ
とが要件とされており，今のほぼ 10 分の 1 以下となる．たとえば工場での製造ラインで機器
に無線センサーを取り付け，送信データの異常時に機器にフィードバック制御をかける場合，
遅延時間は短くせねばならない．こうした**エッジコンピューティング**（edge computing）が
5G では促進される．さらに目的の異なった通信仕様も一元的に埋め込まれようとしており，
これは**ネットワークスライシング**（network slicing）と呼ばれる．IoT は**センサネットワーク**
（sensor network）であるが，全てが高速化や待ち時間が短いことを必要としているわけではな
い．農業における作物の温度や日射量といった栽培環境の数値化による品質や収量アップ，水
位や土砂状態，生息環境の監視には通信網は低速で遅延があっても構わない．現在，低電力で
広域をカバーする **LPWA**（low power wide area）といった通信規格があるが，こうしたもの
が，同じ 5G の移動通信システムの中に埋め込まれる予定である．

　国内では **WiMAX** を利用するユーザも少なくない．WiMAX は上に述べた移動対通信網
とは別のものである．ポケットサイズのモバイルルータを使って外出先でもノート PC をイン
ターネットに接続できる．電波を使うという点では IEEE 規格に則った無線 LAN もあり，家
庭・飲食店・駅・空港などで使われている．

7.5 全地球測位システム（GPS）

　移動体通信の事業者は，スマートフォンがどこにあるか把握できる．このとき個人が特定されないための**非識別化処理**を行い，リアルタイムな人出状況を空間統計データとして提供している．これらのデータは出店などのマーケティングに活かせる．一方，スマートフォンに搭載された **GPS**（global positioning system）に対して地図アプリで位置情報の取得を許可しておくと，その情報を地図上に反映でき，道路の渋滞状況などに関するデータが得られる．**全地球航法衛星システム**（global navigation satellite system: GNSS）は地上のある地点を衛星で計測することを目的とするが，最初の衛星が米国製のものであったので，そのまま米国の呼称が定着し，GNSS を一般的に GPS と呼んでいる．測位衛星は高度約 2 万 km の上空を 7 km/s で飛行しており，そこから放たれた電波を使って地上の現在位置を計測するようになっている．送信されたデータは 0.07 s で地上の受信機に到達する．衛星ははるか上空にあり，地表に届く段階では −130 dBm 程度と極めて微弱であるが，それでも技術の進歩でスマートフォンで受信できるようになっている．

　地球を周回する衛星は地球を焦点とする楕円上を動く（図 7.13）．しかしながら太陽や月の引力などのために理論上の楕円軌道からずれる．そこで地上の複数の制御局がこれを監視し，軌道パラメータを 2 時間ごとに更新することで，天空を飛行する衛星の正確な位置情報が得られるようになっている．衛星には価格の点から Rb を使った**原子時計**（atomic clock）が複数個，搭載されている．相対論によれば，高速で動く GPS 衛星の時間は地表に対して毎秒あたり，8.4×10^{-11} 秒遅れる．一方，衛星は重力が弱い高度にあるので地表に対して毎秒 5.3×10^{-10} 秒進む．したがって地表の 1 秒に対し，GPS 衛星の時間は差し引き 4.5×10^{-10} 秒進み，1 日では差は 3.9×10^{-5} 秒 となる．この値に GPS 衛星の速度をかけると 1 日で約 270 m の測位誤差が生まれることになる．そのため，GPS 衛星の原子時計では地上と衛星と時間のずれを

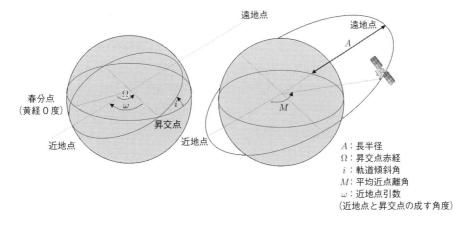

図 7.13　衛星軌道．基本的には離心率も含めたケプラーの 6 個の軌道パラメータで決まる．

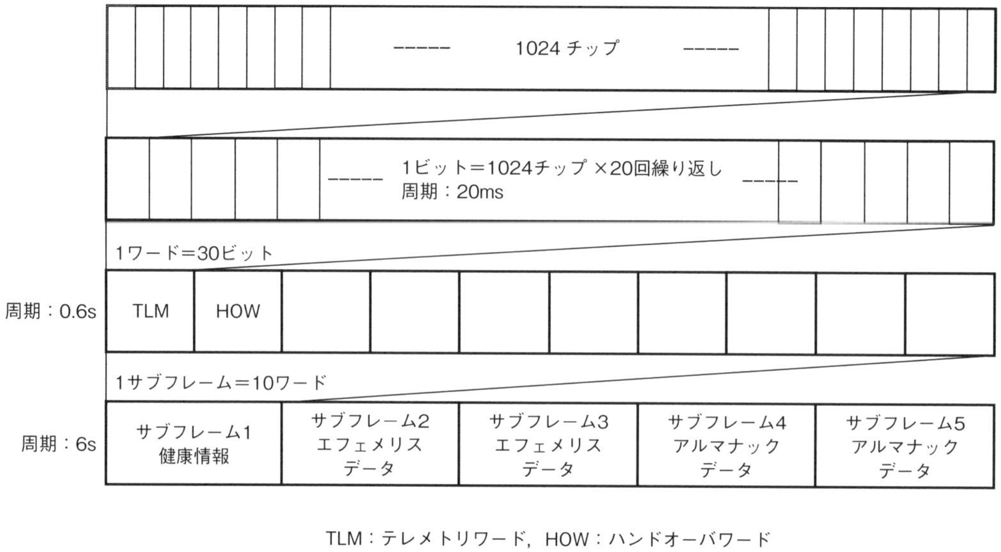

TLM：テレメトリワード，HOW：ハンドオーバワード

図 7.14　衛星から送られてくる原子時計に同期した航法データ．

常に補正している．衛星間の時刻の同期も制御局で行っている．

　衛星から送信されるデータは衛星に搭載した原子時計に同期しており，1) その衛星の正確な軌道パラメータに関する情報（エフェメリスデータ，ephemeris data）や，2) 全衛星に対するおおまかな軌道パラメータに関する情報（アルマナックデータ，almanac data）が含まれている（図 7.14）．スマートフォンに搭載されている GPS 受信機は上空にどの衛星があるかを知る必要があり，アルマナックデータはその目的で使われる．アルマナックデータによる衛星の位置精度はエフェメリスデータと違って低くてもよく，そこから得られる位置精度は ~1 km である．衛星からの航法データの伝送速度は 50 bps（周期：20 ms）で，**2 相位相変調**（binary phase shift keying: BPSK）されている．衛星の違いを認識するには**符号分割多元接続**（code division multiple access: CDMA）が使われる．CDMA では衛星ごとに異なる**擬似ランダム**（pseudo random noise: PN）符号を割り当て，BPSK 信号と掛けあわせる．それによって非同期の多元接続が可能となる．

　衛星測位システムでは，GPS 以外に日本が構築した**準天頂衛星システム**（quasi-zenith satellite system: QZSS）「みちびき」がある．みちびきは，準天頂軌道を周回し，現在は 4 基であるが，今後は 7 基体制での運用が開始される予定である．日本の天頂（真上のこと）近くには，今は常に ~2 基の衛星が滞在している．GPS は日本に特化した測位システムでないので，測位に最低限必要な 4 つの衛星の 1 つがスマートフォンから見て低仰角の場合がある．このようなときに，ビルの谷間や山間部にいると，その衛星からの電波が届かない．電波が反射によって届く場合もあるが，それでは正確な位置情報が得られない．みちびきの衛星からの電波は，ほぼ真上から送られてくるので，こうした問題を解消してくれ，現在，国内で販売されているス

マートフォンの多くの機種で，その電波が測位に利用できるようになっている．

● 位置情報の計算

地上の GPS 受信機の位置は，3 基の衛星からの到着時間 τ を求め，そこから半径 $c\tau$（c は光速で 3×10^8 m/s）の球を描いた交点から求められそうである．しかしながら，このような三角測量の原理は適用できない．地上の GPS 受信機に使っている水晶発振器を使った時計の時刻と，原子時計の時刻が合っていないためである．そこで位置推定における未知数は，受信機の位置情報（3 次元なので 3 個）に加えて受信機の時計の誤差の 4 個となる．そのために最低でも 4 基の衛星データを使う必要がある（図 7.15）．受信機と測位衛星 i の間の見かけの距離 d_i は以下のようになる．

$$d_i = c\tau_i \quad (i = 1, 2, 3, 4) \tag{7.1}$$

式（7.1）で τ_i はデータが衛星から受信機に到達するまでの時間で，これは受信機の時計によるデータの到達時刻から，衛星の原子時計によるデータの出発時刻を引いた値になる．d_i は真の距離ではないので**擬似距離**と呼ばれる．一方，d_i と真の距離との関係は以下の式（7.2）のようになる．

$$d_i = \sqrt{(x - x_i)^2 + (y - y_i)^2 + (z - z_i)^2} - c\delta t \quad (i = 1, 2, 3, 4) \tag{7.2}$$

ここで $(x,\, y,\, z)$，$(x_i,\, y_i\, z_i)$ は受信機と衛星 i の位置，δt は受信機の時刻の差で，受信機の時計は原子時計の時刻よりも δt だけ進んでいると仮定している．式（7.1）と式（7.2）が等しいので

$$c\tau_i = \sqrt{(x - x_i)^2 + (y - y_i)^2 + (z - z_i)^2} - c\delta t \tag{7.3}$$

として 4 つの連立方程式を解けば，$(x,\, y,\, z, \delta t)$ に対する解が出て受信機の位置が求められることになる．衛星からの電波は電離層やその下の対流圏を通過してくるので屈折によって遅延

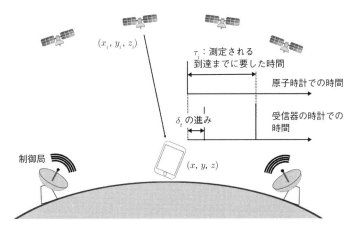

図 7.15 GPS 衛星を使った位置情報の推定．

する．電波は変調されており正弦波の形で送られてくるわけでないので伝搬速度は位相速度でなく，群速度となる．したがって，正確に言えば，光速 c と書いたところは電波の群速度を使わねばならない．こうした情報も航法データに含まれている．GPS で得られる位置情報の精度は ~10 m である．

　電波の強度ではなく，位相を使えばさらに精度を上げられる．上に述べた電波強度を使う場合は**単独測位**というが，位相を使った**スタティック測位・リアルタイムキネマティック測位・干渉測位**を使うと cm，mm といったオーダの位置精度が得られる．地球プレートの動きはこうした計測に基づく．

第8章

統計学の基礎

　統計学はデータ科学を実践するための重要なツールである．本章では，ピアソン（Egon S. Pearson），ネイマン（Jerzy Neyman），フィッシャー（Ronald A. Fisher）らの流れを汲む統計学の基礎について学ぶ．本章ではベイズ統計学（Bayesian statistics）は扱われない．ベイズ統計学は，18 世紀の英国の聖職者であったベイズ（Thomas Bayes, 1702 年〜1761 年）によって創始された統計学である．ベイズ統計学は近年注目されており，様々な分野で実際に用いられている．興味のある読者は，ベイズ統計学に関する文献を参照されたい．本章の最終節では，機械学習について概観する．機械学習は統計学習と見ることができる．

8.1 標本集団と母集団

　統計学の目的は，観測または収集されたデータから，それらのデータが由来するデータ集合全体に関する性質を知ることにある．統計学は数学を道具として利用するが，最初にデータを必要とする．しかしながら，利用できるデータは，分析対象のシステムが実現可能なすべての状態を表すものではない．ここで，実現可能なすべての状態を観測できたとして，それらのデータの集合を**母集団**（population ensemble, population set）と呼ぶ．これに対して，実際に観測されるデータは母集団の一部分に過ぎない．観測されたデータの集合を**標本集団**あるいは**サンプル集団**（sample ensemble, sample set）と呼ぶ．

　標本集団は，ほとんどの場合，母集団の一部分である．母集団を得ることは，非常に困難であるか，あるいは，そもそも不可能である．その主な理由として以下の項目が挙げられる．

1. データを観測するのに高いコスト（価格）がかかる．
2. データを観測するのに長い時間を要する．
3. すべてのデータを観測すると，観測対象のシステムが破壊されてしまう．
4. 観測する上で社会的制約がある．

上述の (1)〜(4) 以外にも理由はあるであろう．(3) に該当する事例は血液検査である．健康診断に訪れた被験者から体内の血液をすべて採取することはできない．

> **問題 8.1**
> 上記 (1)〜(4) に該当する事例を考えよ.

　標本集団は母集団の一部分に過ぎないから, 統計学が必要なのであるが, 標本データを扱うにあたって留意しなければならない重要なことがある. それは標本の**偏り**（bias）である. 標本集団は母集団の特殊な一面だけを反映するような偏りのあるデータであってはならない. できるだけ母集団の全体像を反映するような "公平な" データでなければならない. 標本データに偏りがあると, 統計解析を正しく実行しても, 得られた結果から間違った判断を下すことになるだろう. これを標語的に表現するならば,

Biased data are worse than no data.

　実際には, 標本データから偏りを除去すること, あるいは, 偏りの無い標本データを収集することは難しい. 母集団から**無作為抽出**（random sampling）によって標本データを採取することが基本であるが, 無作為抽出を実際に行う具体的技術としての定型手法は存在しない. 偏りの無い標本データを入手することは, 統計学の実践における最初にして最後の課題であると言えるだろう.

　偏りのある標本データから間違った判断を下す架空の事例として, 以下のような逸話が考えられる. アマゾンの奥地に暮らす 60 代の男性教員が, リオデジャネイロの空港で男女それぞれ 15 名ずつから成るバレーボール日本代表チームの（日本人の）選手たちと出会った. この教師は, 彼の故郷から出るのは今回が初めてであり, 以前に日本人に出会ったこともなければ, そもそも, 日本という国が何処にあるのかさえ良く知らなかった. このときのバレーボール日本代表チームは近年にない大型化を進めており, 男子チームの平均身長は 2 m, 女子チームの平均身長は 1.9 m であった. この老教師はこのとき出会った日本人たちを実際に観察して, 日本人という民族は, 皆, とてつもなく背の高い人々であると確信したという.

> **問題 8.2**
> 偏りのある標本データから誤った判断を下す事例を考えよ.

(8.2) データの中心とデータの広がり

　分析対象としてのシステムの状態はある確率の下で実現すると考えよう. 状態を表す変数を**確率変数**（random variable）と呼ぶ. 確率変数 X の実現結果 x を観測, あるいは, 収集して N 個の標本データが得られたとする. ただし, X と x は実数のスカラーである. これを $X \in R$ および $x \in R$ と書く. N 個の標本データがあるとする. これを

$$\{x_i\}_{i=1}^{N} = \{x_1, \ x_2, \ \dots, \ x_N\} \tag{8.1}$$

と表記する. この標本データの特徴を表す**統計量**（statistic）について考えよう. データの "中

心" で特徴を捉えることを考えてみよう．最も頻繁に利用される統計量は，**標本平均**（sample mean）である．標本平均を $\bar{x}$ と表記すると，これは以下のように定義される．

$$\bar{x} = \frac{x_1 + x_2 + \ldots + x_N}{N}$$
$$= \frac{1}{N}\sum_{i=1}^{N} x_i \tag{8.2}$$

データの中心を表す統計量は他にもある．しばしば用いられるのは，**中央値**，すなわち，**メディアン**（median），および，**最頻値**，すなわち，**モード**（mode）である．メディアンとは，文字通り，標本データを値の大小に応じて降順あるいは昇順に並べたときに，$N > 1$ が奇数ならば $(N+1)/2$ 番目の順位にあるデータ値，$N > 1$ が偶数ならば $N/2$ 番目および $N/2+1$ 番目の順位にあるデータ値の標本平均として定義される．

モードには元々"流行"という意味があるから，標本データのうち最も頻繁に現われるデータ値がモードに対応すると直観的に説明することができようが，もう少し説明が要るであろう．標本データの最小値と最大値を，それぞれ，x_{min}, x_{max} と表記しよう．$x_{max} - x_{min}$ を M 等分して M 個の区間に区切る．各区間の幅を Δx とする．それぞれの区間を $x_{min} + m\Delta x \leq x < x_{min} + (m+1)\Delta x$ $(m = 0, \ldots, M-1)$ で表す．各区間内にサンプルデータが現われる頻度を f_m とする．ただし，

$$\sum_{m=0}^{M-1} f_m = N \tag{8.3}$$

$$0 \leq f_m \leq N \tag{8.4}$$

が成り立つ．各区間における頻度をプロットしたものは**ヒストグラム**（histogram）と呼ばれる．各区間の代表値を $x_{min} + (m+1/2)\Delta x$ で表すことにしよう．ヒストグラム（棒グラフと呼ばれることもある）の事例を図 8.1 に示す．

ヒストグラムを作成したときに，最も頻度が高い区間の代表値がモードである．式（8.3）の両辺を N で割って規格化すると，

$$\sum_{m=0}^{M-1} \frac{f_m}{N} = 1 \tag{8.5}$$

$$0 \leq \frac{f_m}{N} \leq 1 \tag{8.6}$$

となる．f_m/N は**相対頻度**（relative frequency）である．いま，確率変数 X の実現値は実数を取る，すなわち，$-\infty < x < \infty$ とする．ここで，$N \to \infty$ かつ $\Delta x \to 0$ の極限を考えてみよう．この極限で，ヒストグラムは滑らかな関数 $p(x)$ に収束するとしよう．$p(x)dx$ は微小区間 $x \sim x+dx$ の間で確率変数が実現値を取る頻度，すなわち，確率である．$p(x)$ を**確率密度関数**（probability density function）と呼ぶ．確率密度関数には以下の性質がある．

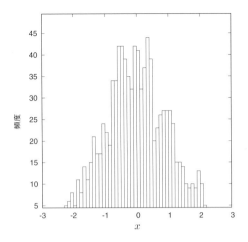

図 8.1 ヒストグラム.

$$\int_{-\infty}^{\infty} p(x)dx = 1 \tag{8.7}$$

$$0 \leq p(x)dx \leq 1 \tag{8.8}$$

確率密度関数は母集団における相対頻度であると見ることができる.

しかしながら,サイコロを振って出る目のように,確率変数 X の実現値 x が本質的に離散値を取る場合には,$p(x)$ も離散的となる.サイコロの場合ならば,

$$p(x) = \frac{1}{6} \text{ for } x = 1, \ldots, 6$$

となる.X が離散値としてしか実現されない場合には,確率の密度を定義することができない.$p(x)dx$ が確率を表すのではなく,$p(x)$ が x の実現確率を表すので,$p(x) = f_x$ $(0 \leq f_x \leq 1,$ f_x は定数)となる.この場合の $p(x)$ を,**確率関数**(probability function)と呼ぶ.確率密度関数 $p(x)$ と同様に,確率関数について以下の性質が成り立つ.

$$\sum_{m=1}^{M} p(x_m) = \sum_{m=1}^{M} f_m = 1 \tag{8.9}$$

$$p(x_m) = f_m \ (m = 1, \ldots, M) \tag{8.10}$$

$$0 \leq f_m \leq 1 \tag{8.11}$$

となる.式 (8.9) を式 (8.7) のように表現すると,

$$\int_{-\infty}^{\infty} p(x_m)\delta(t - x_m)dt = \sum_{m=1}^{M} f_m = 1 \tag{8.12}$$

である.ここで,$\delta(\cdot)$ は**デルタ関数**(delta function)であり,

$$\delta(t - x) = \infty \text{ if } t = x$$

$$= 0 \quad \text{otherwise}$$

$$\int_{-\infty}^{\infty} \delta(t-x)dt = 1 \tag{8.13}$$

$$\int_{-\infty}^{\infty} f_x \delta(t-x)dt = f_x \tag{8.14}$$

が成り立つ．確率関数と確率密度関数を総称して**確率分布**（probability distribution）と呼ぶが，$p(x)$ が確率密度関数か確率関数かは，扱う事例ごとに明らかであろう．以下では，主として確率密度関数としての $p(x)$ を扱うことにする．

データの中心を表す統計量として，平均，メディアン，モードを導入したが，これら 3 個の統計量のうち，平均値を利用するのが多くの場合便利である．それは以下の理由による．標本平均は $N \to \infty$ の極限において，母集団の平均値，すなわち，**母平均**（population mean）に収束（正確には確率収束）する．この性質を**一致性**（consistency）という．したがって，データ量が増えれば増えるほど，標本平均は真の平均値としての母平均に収束するので信頼性のある統計値である．母平均を μ と表記すると，μ は

$$\mu = \int_{-\infty}^{\infty} xp(x)dx \tag{8.15}$$

と定義される．式（8.2），（8.5），（8.15）を比較して，標本平均と母平均が，相対頻度を通してどのような関係にあるか考察してみるとよい．$p(x)$ が確率関数である場合には，

$$\mu = \sum_{m=1}^{M} x_m f_m \tag{8.16}$$

と定義される．

母平均は確率に従って実現される確率変数ではなく，一定値をもつ，すなわち，真の値としての定数であることに注意されたい．この見方は 8.10 節で学ぶ信頼区間の解釈に影響を及ぼす．母平均 μ を求める操作を，データの母集団に関する**期待値**（expected value）を求める操作とみなすことにして，$E[x] = \mu$ と表記することにしよう．式（8.15）と式（8.16）に対応して，$E[\cdot]$ は，それぞれ，定積分と和を表す．

標本平均にはもう 1 つ良い性質がある．標本平均は標本データ $\{x_i\}_{i=1}^{N}$ から計算して得られた統計量であるが，これを母平均 μ に対する推定値とみなすと，この推定値は偏っていない．いま，標本データを何度も取り直して各標本データについて標本平均を計算し，標本平均に対する真の平均値を求めると，

$$\begin{aligned} E[\bar{x}] &= E\left[\frac{1}{N}\sum_{i=1}^{N} x_i\right] \\ &= \frac{1}{N}\sum_{i=1}^{N} E[x_i] \\ &= \frac{1}{N}N\mu = \mu \end{aligned} \tag{8.17}$$

が成り立つ．つまり，標本平均の平均値は，真の平均値である母平均に対して偏りがない．この性質を**不偏性**（unbiasedness）と呼び，標本平均は，すなわち，**不偏標本平均**（unbiased sample mean）である．

ここまでは，"データの中心"について学んできた．次に，"データの広がり"を学ぶことにする．"データの広がり"を表現する方法には，データの中心を基準にして考える方法と，最小値と最大値で押さえる方法が考えられる．後者は明瞭であるから，ここでは前者について見てみよう．データの中心として標本平均を選択する．標本データ $\{x_i\}_{i=1}^N$ に関する**標本分散**（sample variance）s^2 は

$$s^2 = \frac{(x_1 - \bar{x})^2 + \ldots + (x_N - \bar{x})^2}{N}$$
$$= \frac{1}{N}\sum_{i=1}^N (x_i - \bar{x})^2 \tag{8.18}$$
$$\bar{x} = \frac{x_1 + \ldots + x_N}{N}$$
$$= \frac{1}{N}\sum_{i=1}^N x_i \tag{8.19}$$

と定義される．

母平均 μ と同様に**母分散**（population variance）σ^2 を定義することができる．確率変数が連続値を取る場合には，

$$\sigma^2 = \int_{-\infty}^{\infty} (x - \mu)^2 p(x)dx \tag{8.20}$$

であり，確率変数が離散値を取る場合には，

$$\sigma^2 = \sum_{m=1}^M (x_m - \mu)^2 p(x_m) \tag{8.21}$$

である．母分散を期待値という観点から表現すると，$E[(x - \mu)^2]$ となる．分散の場合には，$E[(x - \mu)^2]$ を $V[x]$ または $Var[x]$ と簡潔に表現する流儀もある．母分散も確率変数の実現結果ではなく，真の値としての定数であるとみなされていることは母平均の場合と同様である．

標本分散については，

$$s^2 = \overline{x^2} - \bar{x}^2 \tag{8.22}$$
$$\overline{x^2} = \frac{1}{N}\sum_{i=1}^N x_i^2 \tag{8.23}$$

が成り立つ．また，母分散については，確率変数が連続値を取る場合には，

$$\sigma^2 = \int_{-\infty}^{\infty} x^2 p(x)dx - \mu^2 \tag{8.24}$$

が成り立ち，離散値を取る場合には，

$$\sigma^2 = \sum_{m=1}^{M} x_m^2 f_m - \mu^2 \tag{8.25}$$

が成り立つ. 式 (8.22), 式 (8.24), 式 (8.25) は, しばしば利用される.

標本分散と母分散がどのような関係にあるか考察してみよう. 標本データを何度も取り直して, 各標本データについて標本分散 s^2 を計算し, s^2 の期待値を求める. 式 (8.22) を用いると,

$$E[s^2] = E\left[\frac{1}{N}\sum_{i=1}^{N} x_i^2 - \bar{x}^2\right]$$

$$= E\left[\frac{1}{N}\sum_{i=1}^{N}(x_i - \mu + \mu)^2\right] - E\left[\frac{1}{N^2}\sum_{i=1}^{N}(x_i - \mu + \mu)\sum_{j=1}^{N}(x_j - \mu + \mu)\right] \tag{8.26}$$

と表すことができる. ここで, 式 (8.26) の右辺第 1 項については,

$$E\left[\frac{1}{N}\sum_{i=1}^{N}(x_i - \mu + \mu)^2\right] = \frac{1}{N}\sum_{i=1}^{N} E\left[(x_i - \mu)^2 + 2\mu(x_i - \mu) + \mu^2\right]$$

$$= \frac{1}{N}\sum_{i=1}^{N}\left(\sigma^2 + \mu^2\right) = \sigma^2 + \mu^2 \tag{8.27}$$

であり, また, 右辺第 2 項については,

$$E\left[\frac{1}{N^2}\sum_{i=1}^{N}(x_i - \mu + \mu)\sum_{j=1}^{N}(x_j - \mu + \mu)\right]$$

$$= E\left[\frac{1}{N^2}\sum_{i=1}^{N}\sum_{j=1}^{N}(x_i - \mu)(x_j - \mu) + \frac{2\mu}{N}\sum_{i=1}^{N}(x_i - \mu) + \frac{1}{N}\sum_{i=1}^{N}\mu^2\right]$$

$$= \frac{1}{N^2}N\sigma^2 + \mu^2 = \frac{\sigma^2}{N} + \mu^2 \tag{8.28}$$

が成り立つ. ただし, 上式の右辺に示した期待値 $E[\cdot]$ の計算において

$$E[(x_i - \mu)(x_j - \mu)] = 0 \ \text{ if } i \neq j \tag{8.29}$$

を利用した. これは, 次節で述べる ($x_i - \mu$ と $x_j - \mu$ との間の) 無相関性である. この性質のために, $i = j$ のときにのみ $E[(x_i - \mu)(x_j - \mu)]$ は 0 と異なる値を取る. 式 (8.27) と式 (8.28) を式 (8.26) に代入すると,

$$E[s^2] = (\sigma^2 + \mu^2) - \left(\frac{\sigma^2}{N} + \mu^2\right)$$

$$= \frac{N-1}{N}\sigma^2 \tag{8.30}$$

$$= \left(1 - \frac{1}{N}\right)\sigma^2 \tag{8.31}$$

を得る．この結果は，$E[s^2]$ が σ^2 に一致しないこと，すなわち，標本分散 s^2 の期待値は，母分散に対して $-\sigma^2/N$ だけの偏りがあり，不偏性がないことを意味する．この偏りは標本データ数 N が増大するにつれて減少するのではあるが，母分散に対する偏りのない推定値，すなわち，**不偏標本分散**（unbiased sample variance）としては s^2 ではなく，

$$\hat{\sigma}^2 = \frac{N}{N-1}s^2 \tag{8.32}$$

$$= \frac{1}{N-1}\sum_{i=1}^{N}(x_i - \bar{x})^2 \tag{8.33}$$

と定義される $\hat{\sigma}^2$ を用いるべきである．この事実は，後に学ぶ統計検定において活用される．不偏標本分散は $N \to \infty$ において $\hat{\sigma}^2 \to \sigma^2$ であるから一致性をもつ．しかし，データ数が $N = 1$ の場合には定義されない．$\hat{\sigma}^2$ を定義するのに標本平均 $\bar{x}$ を用いるからである．不偏標本分散の推定においては自由度が 1 だけ減ると理解されたい．

　標本分散は平均値からの差の 2 乗に関する平均値であるから，"データの広がり"が大きいほど標本分散は大きい．しかし，その逆は必ずしも成り立たない．たとえば，$N-1$ 個のデータは $\bar{x}$ の非常に近くに分布しているが，残りの 1 個のデータが $\bar{x}$ から非常に離れた値を持つ場合には，標本分散は大きな値を持つが，ほとんどのデータは $\bar{x}$ のすぐ近くに分布している．また，差の 2 乗を取っているので $s^2 \geq 0$ であり，平均値の上下どちらの側でデータが多く分布しているのか，s^2 からはわからない．平均値の周りにおけるデータの分布を詳しく調べるには，**n 次統計モーメント**（statistical moment of the nth order）を用いるとよい．ただし，$n \geq 2$ は（2 に等しいか 2 よりも大きな）整数である．n 次統計モーメントは

$$s^n = \frac{1}{N}\sum_{i=1}^{N}(x_i - \bar{x})^n \tag{8.34}$$

と定義される．$n = 2$ の統計モーメントは標本分散と一致する．$n = 3$ の場合は，$s^3 > 0$ ならば，より多くのデータが平均値の上側にあり，$s^3 < 0$ ならば，その逆の分布傾向が見られる．$n = 4$ の場合には $s^4 \geq 0$ であるが，その値が小さいほど，より多くのデータが平均値の近くで分布する傾向がある．母集団に関する n 次統計モーメント σ^n の定義は

$$\sigma^n = \int_{-\infty}^{\infty}(x-\mu)^n p(x)dx \tag{8.35}$$

あるいは

$$\sigma^n = \sum_{m=1}^{M}(x_m - \mu)^n f_m \tag{8.36}$$

である．$\sigma^n = E[(x-\mu)^n]$ と表記される．

　分散は差分の 2 乗によって表されるので，データの分布を考える際に不便なことがある．実際，標本データが m や kg のような物理次元の下で測定されている場合には，分散は m^2 や kg^2 の単位を持つ．そこで，平均値の周りのデータの分布範囲を平均値と同じ物理次元で表現

する統計量である**標準偏差**（standard deviation）を導入しよう．標準偏差は分散の正の平方根と定義される．標本標準偏差は s であり，母標準偏差は σ である．また，不偏標本分散に関する標準偏差は $\hat{\sigma}$ となるが，$\hat{\sigma}$ は不偏性を持たない．

問題 8.3

5 個の標本データ $\{-3, -1, 0, 1, 3\}$ が与えられているとする．このデータについて，標本平均，標本分散，不偏標本分散，および，標本標準偏差を求めよ．

3 次，および，4 次の統計モーメントについては，データ値を標準偏差で割って規格化した統計量として，3 次統計モーメントに対しては**歪度**（skewness）

$$Skew = \frac{1}{N} \sum_{i=1}^{N} \left(\frac{x_i - \bar{x}}{s} \right)^3 \tag{8.37}$$

4 次統計モーメントに対しては**尖度**（kurtosis）

$$Kurt = \left[\frac{1}{N} \sum_{i=1}^{N} \left(\frac{x_i - \bar{x}}{s} \right)^4 \right] - 3 \tag{8.38}$$

が用いられることがある．

問題 8.4

式（8.22）と式（8.24）を証明せよ．

問題 8.5

確率密度関数 $p(x)$ に従って $-\infty < x < \infty$ で連続的に分布する確率変数 x について，

$$E[ax + b] = aE[x] + b \tag{8.39}$$

$$\begin{aligned} E[\{(ax + b) - E[ax + b]\}^2] &= V[ax + b] \\ &= a^2 E[(x - E[x])^2] \\ &= a^2 V[x] \end{aligned} \tag{8.40}$$

が成り立つことを証明せよ．ただし，a と b は定数である．式（8.39）と式（8.40）は，確率関数 $p(x)$ に従って離散的に分布する確率変数 x についても成立する．

8.3　多変量データの記述統計

前節では 1 つの確率変数に関する標本データの特徴を分析するための統計学的手法を学んだ．統計分析の実務においては，複数の確率変数に関する標本データを扱わなければならないことが多い．たとえば，化学プラントの反応容器内の温度，圧力，各種化学物質の濃度等々，実システムの状態を多数の確率変数で記述することは稀ではない．そこで，本節では，多変量統計

分析の基礎として 2 変数の標本データの特徴を記述する統計分析手法を学ぶ.

　確率変数 $X \in R$, $Y \in R$ に関する観測結果である 2 変量標本データ $\{x_i,\, y_i\}_{i=1}^N$ が与えられたとする.　$\{x_i\}_{i=1}^N$ および $\{y_i\}_{i=1}^N$ それぞれの標本平均値は

$$\bar{x} = \frac{1}{N}\sum_{i=1}^N x_i \tag{8.41}$$

$$\bar{y} = \frac{1}{N}\sum_{i=1}^N y_i \tag{8.42}$$

である.　$\bar{x}$ と $\bar{y}$ に対応する母平均を, それぞれ, μ_x, μ_y と表記しよう.　ここで, **結合確率密度関数**（joint probability density function）を導入する.　これを $p(x,\,y)$ と書くと, $p(x,\,y)dydy$ は確率変数 X が $x \sim x+dx$ の微小領域に実現値を持ち, かつ, 確率変数 Y が $y \sim y+dy$ の微小領域に実現値を持つ確率を表す.　したがって,

$$0 \leq p(x,y)dxdy \leq 1 \tag{8.43}$$
$$\int_{-\infty}^{\infty}\int_{-\infty}^{\infty} p(x,y)dxdy = 1 \tag{8.44}$$

が成り立つ.　ここで, **周辺確率密度関数**（marginal probability density function）として

$$p_x(x) = \int_{-\infty}^{\infty} p(x,y)dy \tag{8.45}$$

$$p_y(y) = \int_{-\infty}^{\infty} p(x,y)dx \tag{8.46}$$

を導入すると, μ_x と μ_y は, それぞれ,

$$\mu_x = \int_{-\infty}^{\infty} xp_x(x)dx \tag{8.47}$$

$$\mu_y = \int_{-\infty}^{\infty} yp_y(y)dy \tag{8.48}$$

と形式的に定義される.　"形式的に" と表現したのは, 実際の統計分析では, $p(x,\,y)$ は不明だからである.　上に示した事項において, 確率変数 X, Y が離散値としてのみ実現される場合の周辺確率関数の定義式は明らかであろう.

　1 変数の統計分析で扱ったヒストグラムを 2 変数に拡張したものが, $p(x,\,y)$ に対応する標本相対頻度である.　すなわち, $X - Y - Z$ 直交座標系において X 軸と Y 軸を, それぞれ, 然るべき範囲で M_x 等分, および, M_y 等分して小区間に区切り, 各区間幅を Δx, Δy とする.　小区間 $x_i \leq x < x_i + \Delta x$ かつ $y_j \leq y < y_j + \Delta y$ $(i=1,\,\ldots,\,M_x,\,j=1,\,\ldots,\,M_y)$ にデータが現われる頻度を f_{ij} として, これを Z 方向の値としてプロットすると 2 次元ヒストグラムが得られる.　f_{ij}/N^2 が相対頻度である.

$$0 \leq \frac{f_{ij}}{N^2} \leq 1 \tag{8.49}$$

$$\sum_{i,j}^{N} \frac{f_{ij}}{N^2} = 1 \tag{8.50}$$

であり，相対頻度は標本データから計算することが可能である．$N \to \infty$ と同時に $\Delta x \to 0$，$\Delta y \to 0$ のときに，2 次元ヒストグラムが漸近する関数が $p(x, y)$ である．

2 変量の標本データ $\{x_i, y_i\}_{i=1}^{N}$ を用いて，**共分散**（covariance）と**相関係数**（correlation coefficient）と呼ばれる統計量について学んでみよう．**標本共分散**（sample covariance）s_{xy} は

$$s_{xy} = \frac{1}{N}\sum_{i=1}^{N}(x_i - \bar{x})(y_i - \bar{y}) \tag{8.51}$$

と定義される．標本データ $\{x_i, y_i\}_{i=1}^{N}$ が抽出された母集団（$N \to \infty$）における**母共分散**（population covariance）σ_{xy} は

$$\sigma_{xy} = \int_{-\infty}^{\infty}\int_{-\infty}^{\infty}(x - \mu_x)(y - \mu_y)p(x,y)dxdy \tag{8.52}$$

と定義される．これは

$$\begin{aligned}\sigma_{xy} &= E[(x - \mu_x)(y - \mu_y)] \\ &= Cov[x, y]\end{aligned} \tag{8.53}$$

と表記される．標本共分散は，$s_{xy} > 0$，$s_{xy} \approx 0$，あるいは，$s_{xy} < 0$ に応じて，データ分布における一般的特徴を表す．図 8.2〜図 8.4 は，それぞれ，共分散が正，ゼロまたはほぼゼロ，および，負である場合におけるデータ分布の一般的特徴を示したものである．図 8.2 では，散布図は右上がりの傾向を示す．データ点は正の傾きを持つ直線の周りに分布している．共分散が正値を取る場合には，$x_i > \bar{x}$ ならば $y_i > \bar{y}$，$x_i < \bar{x}$ ならば $y_i < \bar{y}$ という関係が頻繁に成り立つので，散布図は右上がりになるのである．図 8.3 では，右上がりの傾向も右下がりの傾向も見られない．$x_i > \bar{x}$ であるからといって $y_i > \bar{y}$ とも $y_i < \bar{y}$ とも言えない．一方，図 8.4 では，右下がりの傾向が見られる．共分散が負値を取るということは，$x_i > \bar{x}$ ならば $y_i < \bar{y}$ であり，$x_i < \bar{x}$ ならば $y_i > \bar{y}$ という関係が頻繁に成り立つことを意味する．

共分散を扱う際に不便なことは，標本データを計測する単位に依存してデータの値域が異なることである．たとえば，ある材料を kg を単位として測るか，あるいは，g を単位として測るかによって，値域に 10^3 倍の違いが生じる．この不便さを解消するには，共分散を確率変数 X，Y それぞれの標準偏差で規格化すればよい．規格化された共分散を相関係数と呼ぶ．

標本データに関する相関係数 r_{xy} は以下のように定義される．

$$r_{xy} = \frac{s_{xy}}{s_x s_y} \tag{8.54}$$

$$= \frac{\frac{1}{N}\sum_{i=1}^{N}(x_i - \bar{x})(y_i - \bar{y})}{\sqrt{\frac{1}{N}\sum_{i=1}^{N}(x_i - \bar{x})^2}\sqrt{\frac{1}{N}\sum_{i=1}^{N}(y_i - \bar{y})^2}} \tag{8.55}$$

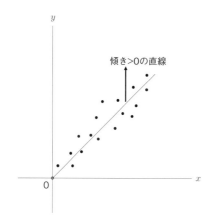

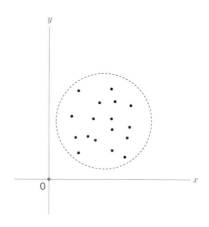

図 8.2　2 変量データの散布図：共分散（相関係数）が正の場合.

図 8.3　2 変量データの散布図：共分散（相関係数）がゼロ，あるいは，ほぼゼロの場合.

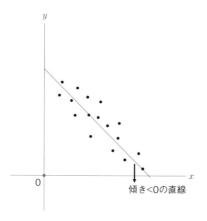

図 8.4　2 変量データの散布図：共分散（相関係数）が負の場合.

式（8.55）の分母と分子にある係数 $\dfrac{1}{N}$ は消去することができる．すなわち,

$$r_{xy} = \frac{\sum_{i=1}^{N}(x_i - \bar{x})(y_i - \bar{y})}{\sqrt{\sum_{i=1}^{N}(x_i - \bar{x})^2}\sqrt{\sum_{i=1}^{N}(y_i - \bar{y})^2}} \tag{8.56}$$

相関係数には次式で示す重要な性質がある.

$$-1 \leq r_{xy} \leq 1 \tag{8.57}$$

不等式（8.57）はいかなる場合にも成り立つ．もしも，標本データについて相関係数を計算したときに，$r_{xy} < -1$ あるいは $r_{xy} > 1$ を満たす計算値が得られたならば，その計算は誤りである.

　相関係数が表す特徴は以下の通り．$r_{xy} > 0$ ならば，図 8.2 のように散布図は右上がりとな

り，相関係数が 1 に近付くにつれてデータ点は図中の直線の近くに分布するようになる．特に，$r_{xy} = 1$ ならば，データ点は図中の直線上に並び，x_i と y_i の間には正確に線形関係が成り立っているであろう．一方，$r_{xy} < 0$ ならば，図 8.4 のように散布図は右下がりとなる．相関係数が -1 に近付くにつれてデータ点は図中の傾きが負の直線の周辺で分布するようになる．$r_{xy} = -1$ ならば，データ点は図中の直線上に並び，x_i と y_i の間には正確に線形関係，ただし，負の傾きを持つ線形関係が成り立っているであろう．$r_{xy} = 0$ あるいは $r_{xy} \approx 0$ の場合には，x_i と y_i の間には正の線形関係も負の線形関係も認められない．

相関係数の運用においてしばしば見られる混乱は，相関の存在を因果性の存在と混同することである．たとえば，以下のような想像上の事例を考えてみよう．ある小学校の 3 年生のクラスで（このクラスには 40 人の生徒がいたとしよう），算数の成績と朝食摂取の状況を調査した．4 月〜6 月の期間における合計 60 日間で算数の小テストを行い，各試験結果は 10 点を満点とする 0 〜 10 の整数で測られた．一方，朝食摂取の状況は，小テストを実施したのと同じ 60 日間にわたる朝食摂取回数，すなわち，0 〜 60 の整数で測られた．算数の小テストの合計点数を確率変数 X とし，朝食の摂取回数を確率変数 Y とする．2 変量標本データ $\{x_i, y_i\}_{i=1}^{40}$ について相関係数を計算したところ，$r_{xy} = 0.91$ であったという．つまり，算数の成績と朝食の摂取の間には，顕著な正の相関が認められた．

この調査結果から如何なる結論が導かれるであろうか．ある結論は以下の通り．朝食をよく摂る生徒は算数の成績が良い．したがって，算数の成績を上げるには，朝食を食べればよい．"朝食をきっちりと食べると，頭が良くなる"．この結論を信じるならば，期末試験対策として朝食を食べることを選択することになるであろう．

一般に，相関関係は因果関係とは別物である．特別な場合には，相関関係が因果関係を表していることがあり得るが，一般には両者は別物である．因果関係には，必ず，先行関係が存在しなければならない．つまり，原因 → 結果という時間的前後関係が成り立たなければならない．結果が原因に先行することはない．確率変数 X で表される事象と確率変数 Y で表される事象間に因果関係があるならば，X が起こってから，その効果が伝搬して Y に結果が現われるという先行関係が存在しなければならない．$Y = f(X)$ という関数依存性があるだけでは，先行関係があることにはならない．なぜならば，時差が明示されていないからである．

このことに留意すると，上に述べた算数と朝食の事例では，先行関係が明らかではないから，"朝食をきっちりと食べると，頭が良くなる"という結論に安易に飛びつくべきではない．

相関係数がゼロであるか，あるいは，ほぼゼロとみなすことができる場合，X と Y は**無相関**（uncorrelated）であるという．ただし，無相関と**独立**（independent）とは異なる概念である．確率変数 X と Y が独立であるとは，結合確率密度関数が

$$p(x, y) = p_1(x)p_2(y) \tag{8.58}$$

のように，2 つの関数に因数分解されることをいう．一般に，無相関であっても独立であるとは限らない．たとえば，確率変数 X, Y 間に $Y = X - X^3$ なる関数依存性が在る場合には，

標本データの相関係数は 1 に近い値を取るとは限らないが（無相関に近い値を示すかも知れないが），X と Y は独立ではない．相関係数は標本データにおける右上がり，あるいは，右下がりの傾向を表す統計量であるので，この特徴を強調して**線形相関**（linear correlation）と呼ぶこともある．$Y = X - X^3$ のような関数依存性は**非線形相関**（nonlinear correlation）と呼ばれる．

問題 8.6

ある高校において同じ日に数学と英語の試験を行った．いずれも 100 点が満点で，試験成績は 0 ～ 100 の整数として測定される．無作為に抽出された 10 人の生徒の成績を表 8.1 に示す．数学と英語の試験結果に関する 2 変量標本データを $\{x_i, y_i\}_{i=1}^{10}$ と表記する．この標本データから求められる相関係数の値域を示せ．また，この標本データから何が言えるか述べよ．

表 8.1　無作為に抽出された 10 人の生徒に関する数学と英語の試験点数.

数学	95	15	85	80	90	10	20	20	25	100
英語	20	85	25	30	25	90	90	85	90	10

ここまでは，2 変数に関する統計量を見てきたが，これは容易に $M \geq 2$ 個の変数の場合に拡張できる．いま，M 個の変数 $\{x_1, \ldots, x_m, \ldots, x_M\}$ のそれぞれについて，N 個の標本データ $\{x_m(n)\}_{n=1}^N$ $(m = 1, \ldots, M)$ が与えられているとする．各変数に関する標本平均 $\bar{x}_m$，変数 x_i と x_j $(1 \leq i, j \leq M)$ に関する標本共分散 s_{ij}，および，標本相関係数 r_{ij} は以下のように定義される．ただし，$i = j$ の場合には $s_{ij} = s_{ii} = s_i^2$ は変数 x_i の標本分散を表す．

$$\bar{x}_m = \frac{1}{N} \sum_{n=1}^{N} x_m(n) \tag{8.59}$$

$$s_{ij} = \frac{1}{N} \sum_{n=1}^{N} [x_i(n) - \bar{x}_i][x_j(n) - \bar{x}_j(n)] \tag{8.60}$$

$$r_{ij} = \sqrt{\frac{s_{ij}}{s_i s_j}} \tag{8.61}$$

ここで，分散，共分散 s_{ij} を第 i 行，第 j 列の成分とするような行列 $\boldsymbol{S}$（**標本分散共分散行列**，sample variance-covariance matrix）を考えよう．

$$\boldsymbol{S} = \begin{pmatrix} s_1^2 & s_{12} & \cdots & s_{1M} \\ s_{21} & s_2^2 & \cdots & s_{2M} \\ \vdots & \vdots & \ddots & \vdots \\ s_{M1} & s_{M2} & \cdots & s_M^2 \end{pmatrix} \tag{8.62}$$

行列 $\boldsymbol{S}$ の非対角成分については，$s_{ij} = s_{ji}$ が成り立つ．このような行列を対称行列（この場合は成分が実数であるから，正確には実対称行列）と呼ぶ．この後に続く議論では，線形代数（行列と行列式）に関する知識を必要とするが，本章は統計学の基礎を学ぶことを目的とするの

で，数学的詳細には立ち入らず，概念の概略のみ記す．数学的詳細については，線形代数に関する入門的著書を参照されたい．

行列 $\boldsymbol{S}$ は M 行かつ M 列の正方行列であり，実対称行列であるので，以下の関係を満たす M 行かつ 1 列のベクトル $\boldsymbol{x}$ が存在する．

$$\boldsymbol{S}\boldsymbol{x} = \lambda \boldsymbol{x} \tag{8.63}$$

ただし，λ は正値を取る実数であり，行列 $\boldsymbol{S}$ の**固有値**（eigenvalue）と呼ばれる．固有値は M 個あり，これらを大きいものから順に λ_1, ..., λ_M とおく．ここでは，便宜上，M 個の固有値のうち，互いに一致するものはないとしておく．各固有値 λ_m に対応して，ベクトル $\boldsymbol{x}_m$ が決まる．これらのベクトルを**固有ベクトル**（eigenvector(s)）と呼ぶ．

上に述べたことが，第 5 章で概観した主成分分析の内容である．固有値のうち λ_1 が第 1 主成分，λ_2 が第 2 主成分，等々．同様に，ベクトル $\boldsymbol{x}_1$ が第 1 主成分方向，ベクトル $\boldsymbol{x}_2$ が第 2 主成分方向，等々．このように主成分に基いて標本データの広がりを分析する方法を**主成分分析**（principal component analysis: PCA）と呼ぶ．ここでは，固有値は互いに異なると仮定しているが，固有値が一致するならば，対応する主成分方向に沿ったデータの分布が一致する．たとえば，$M = 2$ の場合，$\lambda_1 = \lambda_2$ ならば，$x - y$ 平面において標本データは標本平均値の周りで等方的に分布するであろう．

同じ計算は，相関係数 r_{ij} を成分とする相関係数行列についても実行することができるが，相関係数行列の各成分は分散共分散行列の成分 s_{ij} を $s_i s_j$ で割ったものであるから，相関係数行列に関する結果は分散共分散行列に関する計算結果とは異なる．

(8.4) 時系列と自己相関

本節では，時間に依存する確率変数に関する標本データである**時系列**（time series）を扱う．"データの特徴を記述するための統計分析手法" を時系列に応用してみよう．

たとえば，自然科学や工学において観測対象となるシステムの動的挙動は，しばしば，微分方程式によってモデル化される．いま，動的システムの状態変数を $x(t)$ とする．t は時間変数である．$x(t)$ はスカラー変数でもベクトル変数でもよいが，簡単のためにスカラーであるとしよう（$x(t) \in R$）．$x(t)$ の時間発展は微分方程式でモデル化されるであろう．ここでは，簡単のために常微分方程式を考えよう．すなわち，

$$\frac{dx}{dt} = f(x) \tag{8.64}$$

とする．式 (8.64) の右辺に現われる関数 f の引数には時間変数 t が陽に（あらわに）含まれていない．このような常微分方程式に支配される動的システムを**自律系**（autonomous system）と呼ぶ．もしも，f の引数に時間変数 t が陽に含まれているならば，

$$\frac{dx}{dt} = f(x, t) \tag{8.65}$$

となる. このような動的システムを**非自律系**（nonautonomous system）と呼ぶ.

　式 (8.64) と式 (8.65) の差は, 見た目では僅かであるように思われるかも知れないが, 実は大きな差である. 式 (8.64) は状態変数 x の推移がそれ自身で決まることを意味している. したがって, 外乱はシステムの状態変化を記述する上で考慮されていない. 一方, 式 (8.65) では, 状態変化が時間に陽に依存している. これは, 外部から加えられる何らかの介入が, 常にシステムに影響を及ぼしていることを意味している. たとえば, ブランコに乗った子供の背中を母親が押している状況を想像されたい. 一般に, 微分方程式に従って時間発展するシステムは**流れ**（flow）と呼ばれる.

　動的挙動の数理モデルは微分方程式に限られるものではない. 漸化式に従って時間発展することも可能である. たとえば,

$$x(t + 1) = f[x(t)] \tag{8.66}$$

は自律系としての漸化式, すなわち, **写像**（map）に従う動的システムである. ただし, 式 (8.66) では, 時間変数 t は離散値（整数）を取る. 式 (8.66) の非自律系版は

$$x(t + 1) = f[x(t)] + \epsilon(t) \tag{8.67}$$

である. $\epsilon(t)$ は外部からシステムに加えられる介入を表す.

　flow であれ map であれ, 上に示した動的システムの数理モデルでは, 過去の状態が現在に影響を及ぼすまでの時間差が考えられていない. この時間差を T と表記すると,

$$\frac{dx}{dt} = f[x(t - T)] \tag{8.68}$$

あるいは,

$$\frac{dx}{dt} = f[x(t - T), t - T] \tag{8.69}$$

のような数理モデルや

$$x(t + 1) = f[x(t - T)] \tag{8.70}$$

あるいは,

$$x(t + 1) = f[x(t - T)] + \epsilon(t - T) \tag{8.71}$$

のようなモデルが可能である.

　いずれの数理モデルに従うシステムであっても, $x(t)$ を一定時間ごとに測定し, 測定結果を時間の順序で並べた標本データのことを時系列と呼ぶ. 時系列を正確に表記すると

$$\{x(t_0 + n\Delta t)\}_{n=0}^{N-1} = \{x(t_0),\ x(t_0 + \Delta t),\ \dots,\ x[t_0 + (N - 1)\Delta t]\} \tag{8.72}$$

となる. ここで, t_0 は測定を開始した時刻, Δt は**サンプリング時間（間隔）**（sampling time (interval)）, N はデータ点数である. サンプリング時間は, 観測の時間分解能に一致することもあるが, 時間分解能の整数倍に取られることが多い. 数値計算によって得られた数値解を扱

う場合には，サンプリング時間は時間刻み幅，あるいは，その整数倍に設定される．時系列は，通常，t_0 と Δt を省略して

$$\{x_n\}_{n=1}^N = \{x_1, \ldots, x_N\} \tag{8.73}$$

あるいは，時系列の最初の値が初期時刻 $t_0 = 0$ における測定値であることを強調して

$$\{x_n\}_{n=0}^{N-1} = \{x_0, \ldots, x_{N-1}\} \tag{8.74}$$

と表記する．

　時系列は時間に依存するデータの数列であるが，本書では**定常時系列**（stationary time series）を前提とする．時系列の定常性は**強定常**（strong stationarity）と**弱定常**（weak stationarity）に分けられる．強定常は，データの分布に関する確率密度関数が時間に依らず一定であると定義される．弱定常は，データの統計量，例えば，平均値や統計モーメントが時間に依らず一定であると定義される．しかしながら，強定常と弱定常を標本データから確かめることは容易ではない．特に，強定常性を実証することは，不可能ではないとしても，非常に困難である．弱定常の場合には，時系列をいくつかの部分時系列に分割し，各部分時系列の平均値や分散を求め，それらの計算結果を比較して"有意な差異"がないことを調べる必要がある．ここで，"有意な差異"とは何を意味するかが問題であるが，この問題については，本節以降において統計検定法を学ぶまで考察を保留しておこう．

　時系列の特徴を平均，分散，および，標準偏差で表現することは，統計分析においてしばしば実行される．時系列の標本平均 $\bar{x}$ と標本分散 s^2 は，それぞれ，

$$\bar{x} = \frac{1}{N} \sum_{n=1}^N x_n \tag{8.75}$$

$$s^2 = \frac{1}{N} \sum_{n=1}^N (x_n - \bar{x})^2 \tag{8.76}$$

と定義される．標本標準偏差は s である．

　時系列に相関係数を応用してみよう．相関係数は 2 変量データに関する統計量であった．しかし，時系列は 1 変数に関する観測結果を時間の順に並べた標本データである．そこで，**時差**（time lag）τ（ただし，τ は整数とする）を導入し，時系列を前半と後半の部分時系列に分割し，これらがあたかも 2 変量データであるかのごとく扱う．前半と後半の時系列を，それぞれ，

$$X = \{x_n\}_{n=1}^{N-\tau} \tag{8.77}$$

および

$$Y = \{x_n\}_{n=\tau}^{N} \tag{8.78}$$

と決める．次に，標本データ X と Y を互いに別の標本データとみなして，X と Y との間の相関係数を時差 τ の関数 $r(\tau)$ として計算する．

$$r(\tau) = \frac{\sum_{n=1}^{N-\tau}(x_n - \bar{x}_0)(x_{n+\tau} - \bar{x}_\tau)}{\sqrt{\sum_{n=1}^{N-\tau}(x_n - \bar{x}_0)^2}\sqrt{\sum_{n=\tau}^{N}(x_n - \bar{x}_\tau)^2}} \tag{8.79}$$

$$\bar{x}_0 = \frac{1}{N-\tau}\sum_{n=1}^{N-\tau} x_n \tag{8.80}$$

$$\bar{x}_\tau = \frac{1}{N-\tau}\sum_{n=\tau}^{N} x_n \tag{8.81}$$

こうして求めた時系列に関する相関係数は，**自己相関関数**（autocorrelation function）と呼ばれる．自己相関関数 $r(\tau)$ は時差 τ の関数である．定常時系列の仮定の下では，$\bar{x}_0$ と $\bar{x}_\tau$ を

$$\bar{x}_0 = \bar{x}_\tau = \bar{x} \tag{8.82}$$

$$\bar{x} = \frac{1}{N}\sum_{n=1}^{N} x_n \tag{8.83}$$

のように，時系列全体の平均値で置き換えることができる．自己相関関数は相関係数の性質を継承しているので

$$r(0) = 1 \tag{8.84}$$

および

$$-1 \leq r(\tau) \leq 1 \tag{8.85}$$

が常に成り立つ．もしも，$r(0) \neq 1$，$r(\tau) < -1$，あるいは，$r(\tau) > 1$ を満たすような計算結果が得られたならば，計算過程の何処かに誤りがある．

　相関係数と同様に，自己相関関数が負，ゼロ，あるいは，正であるかに応じて，以下に述べる傾向が見られる．$r(\tau)$ が負値を取る場合，時差 τ だけ離れた値 x_n と $x_{n+\tau}$ は一方が時系列の平均値より大きい（小さい）ならば，他方は平均値よりも小さい（大きい）傾向が頻繁に見られるであろう．つまり，時系列は規則的に振動する傾向を持つ．$r(\tau)$ が正値を取る場合，時差 τ だけ離れた値 x_n と $x_{n+\tau}$ は一方が時系列の平均値より大きい（小さい）ならば，他方は平均値よりも大きい（小さい）傾向が頻繁に見られるであろう．すなわち，時系列は一旦増加すると，しばらくの期間増加し続けるが，一旦減少すると，しばらくの期間減少し続ける傾向を示す．$r(\tau) \approx 0$ の場合には，時系列は振動，単調増加，単調減少のいずれの動的挙動を示すこともなく，乱雑かつ不規則に変動する．

【例 1】 図 8.5 は 1996 年 5 月 14 日〜1998 年 6 月 16 日の期間における東証一部平均株価の終値の日々変動を示したものである．この期間においては，経済不況を反映して株価は下落傾向にあった．図 8.6 は図 8.5 に示した平均株価の自己相関関数を時差 300 日まで計算した結果である．計算には式（8.79）を用いた．株価の下落が持続する傾向を反映して，自己相関関数は正値を取り続けている．

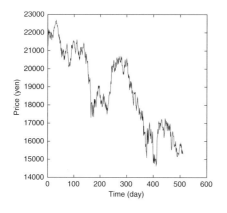

図 8.5　1996 年 5 月 14 日～1998 年 6 月 16 日の期間における東証一部平均株価の終値の日々変動.

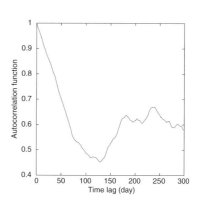

図 8.6　1996 年 5 月 14 日～1998 年 6 月 16 日の期間における東証一部平均株価終値時系列の自己相関関数.

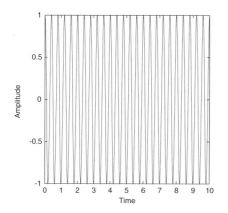

図 8.7　余弦関数 $\cos(5\pi t)$ の時系列（サンプリング時間 $\Delta t = 0.01$）.

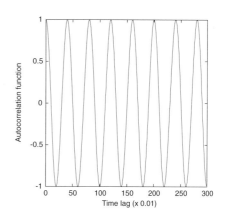

図 8.8　余弦関数 $\cos(5\pi t)$ の時系列に関する自己相関関数（サンプリング時間 $\Delta t = 0.01$）.

【例 2】　図 8.7 は余弦関数 $\cos(5\pi t)$ に従う変動をサンプリング時間 $\Delta t = 0.01$ で観測して得られた時系列である．時系列は規則的な振動を繰り返す．図 8.8 は図 8.7 に示した余弦時系列を時差 $\tau \times 0.01$（$0 \leq \tau \leq 300$）まで計算した結果である．計算には式（8.79）を用いた．規則的な振動が持続する傾向を反映して，自己相関関数は余弦時系列と同じ周期で -1 と 1 間で規則的な振動を示している．

8.5　確率変数と乱数

　自然科学や工学においては**乱数**（random number）がしばしば必要となる．たとえば，8.1 節では無作為抽出（ランダムサンプリング）による標本データの重要性を学んだが，無作為にデータを抽出するには乱数が必要となる．

　乱数とは何らの規則性もなく乱雑に並んだ数列のことを指しているのではあるが，実は，乱数を定義することはできない．もしも定義できるとしたら，乱数の複雑さ，あるいは，乱雑さはその定義によって決まってしまうので，乱数と呼ばれる数列はもはや定義された規則の下で現われることになる．これは矛盾である．乱数を生成するアルゴリズムも構築することはできない．それが可能だとすると，その数列の現われ方もアルゴリズムによって決定されてしまうから，もはや，乱数ではなくなる．結局，乱数は，定義することも計算によって生成することもできない．

　唯一，乱数を手に入れる方法があるとすると，数列を計算するのではなく，観測することであろう．物理過程を観測することによって得られる乱数は**物理乱数**（physical random number）と呼ばれる．たとえば，熱雑音を観測することができる．しかし，観測された熱雑音から抽出された時系列に何らの秩序も存在しないことを理論的に保証することは困難である．理論的に担保された乱雑さは，おそらくは，量子飛躍，すなわち，波動関数の収縮による結果を観測することであろう．たとえば，鉛直方向に対して 45° に傾けた半透明な鏡に向かって，垂直偏向と水平偏向の重ね合わせ状態にある光子（photon）を照射し，鏡を透過すれば 1，透過せずに反射されたら 0 という符号を割り振る．鏡の後方での光子の検出確率が 1 であると仮定すると，このような観測を N 回繰り返して得られる $\{0,1\}$ 数列は，乱数であることが量子力学によって保証される．このような数列は，量子暗号（量子鍵配送）において実際に利用されている．

　しかしながら，量子過程を観測するには高価な装置が必要である．高いコストをかけて乱数を観測する代わりに，安価なコストで，乱数を装った数列を計算によって生成することができる．このような数列は乱数を装った数列であって，乱数とはまったく異なるものであるが，その規則性が巧妙に隠されていて，容易に同定できないならば，実用的に乱数として利用可能であろう．このような数列を**擬似乱数**（pseudorandom number）と呼ぶ．

　擬似乱数がどの程度巧妙に乱数を装っているか定量的に調べるのに統計検定法が用いられる．物理乱数および擬似乱数の乱雑さを調べる技術は，米国の国立標準技術局（The National Institute of Standards and Technology），略称，**NIST** によって公開されている [19]．NIST SP（Special Publication）800-22 と名付けられた統計検定群は 15 種類の統計検定法から構成されており，定められた条件下で用意された標本データがこれらすべての統計検定に合格したならば，"NIST SP800-22 の下で安全な"乱数または擬似乱数と判定されるのである．このような判定は，当然のことながら，統計検定アルゴリズムと統計検定を実行するのに使用される計算機の性能に依存する．したがって，擬似乱数の安全性は，技術の進歩に応じて，時代とともに変化する．

8.6 最小 2 乗法と近似

　本節と次節では予測統計の基礎を学ぶ．標本データ $\{x_i, y_i\}_{i=1}^{N}$ が与えられているとしよう．この標本データは，一般に，n 次元ベクトルデータとしての x_i と m 次元ベクトルデータとし

ての y_i であるが，ここでは，簡明のために，x_i と y_i は実スカラー値を取ると仮定しよう．

$\{x_i, y_i\}_{i=1}^N$ から，確率変数 X, Y 間に $Y = f(X)$ なる関数依存性（functional dependence）を見つけることができたとすると，標本データに含まれていない x をこの関数に入力して $y = f(x)$ を予測することができる．すなわち，未だ観測していない x に対する y を予測することができる．このような予測方法を**教師有り学習**（supervised learning）あるいは**教師有り機械学習**（supervised machine learning）に基づく**関数近似法**（functional approximation）と呼ぶ．そして，標本データ $\{x_i, y_i\}_{i=1}^N$ が教師に該当する．関数依存性 f を標本データを利用して推定するので，f の推定方法を**統計学習法**（statistical learning method）と呼ぶ．近年注目を集めている**深層学習**（deep learning）は教師有り機械学習の最先端技術である．

ここでは，最も単純な関数依存性である 1 次関数を例にとり，統計学習における有力手法である**最小 2 乗法**（least-mean-square method）を学ぶことにしよう．これは，**人工知能**（artificial intelligence），略称，**AI** への入門的基礎知識として位置付けられる．

確率変数 X, Y 間に線形関係

$$Y = aX + b \tag{8.86}$$

を仮定する．ただし，a, b はいずれも実定数である．これを**線形近似**（linear approximation）あるいは**線形回帰モデル**（linear regression model）と呼ぶ．f が 1 次関数でなければならない理由はなく，どのような関数を f に当てはめてもよいのであるが，以下に示すように，線形回帰モデルには顕著な利点があるのでしばしば利用される．a と b の "最適値" を最小 2 乗法を用いて $\{x_i, y_i\}_{i=1}^N$ から推定してみよう．

$$y_i = ax_i + b + \epsilon_i \tag{8.87}$$
$$i = 1, \ldots, N$$

とおく．ϵ_i $(i = 1, \ldots, N)$ は，x_i と y_i との間の関係を 1 次関数 $y_i = ax_i + b$ だけでは説明し切れずに残された something という意味で，**残差**（residual）と呼ばれる．ϵ_i を 2 乗した値の平均値 E を考えよう．

$$E = \frac{1}{N} \sum_{i=1}^N \epsilon_i^2 \tag{8.88}$$

E は**平均 2 乗誤差**（mean square error: MSE）と呼ばれる．式（8.87）と式（8.88）より

$$E = \frac{1}{N} \sum_{i=1}^N (y_i - ax_i - b)^2 \tag{8.89}$$

を得る．いま，E を a の関数として見ると，E は a の 2 次関数であり，かつ，a^2 の係数は正値を取るので，この 2 次関数は下に凸な放物線を描く．この放物線の底に対応する a は E の唯一の極小値，すなわち，最小値をもたらす．同様な考察が b についても得られる．こうして，平均 2 乗誤差 E を最小にする a と b を係数 a, b の最適値と定義することができる．これが線形回帰モデルの注目すべき利点である．1 次関数よりも複雑な f を近似関数に設定した

場合には，標本データから E の極小値を求めることはできるが，最小値を求めることが不可能な場合があり，深層学習ではこの事情が当てはまる．これは教師有り機械学習（**AI**）の深刻な問題であるが，根本的解決の見通しは立っていない．

　式（8.89）から a, b の最適値を求めてみよう．それには以下の方程式を解いて a, b を計算すればよい．

$$\frac{\partial E}{\partial a} = 0 \tag{8.90}$$

$$\frac{\partial E}{\partial b} = 0 \tag{8.91}$$

式（8.90）より

$$\frac{\partial E}{\partial a} = -\frac{2}{N} \sum_{i=1}^{N} x_i \left(y_i - ax_i - b \right) = 0 \tag{8.92}$$

$$\frac{\partial E}{\partial b} = -\frac{2}{N} \sum_{i=1}^{N} \left(y_i - ax_i - b \right) = 0 \tag{8.93}$$

$$\tag{8.94}$$

最初に b の最適値を求めるのが便利である．

$$\sum_{i=1}^{N} \left(y_i - ax_i - b \right) = 0 \tag{8.95}$$

より

$$Nb = \sum_{i=1}^{N} \left(y_i - ax_i \right) \tag{8.96}$$

すなわち，

$$b = \bar{y} - a\bar{x} \tag{8.97}$$

$$\bar{x} = \frac{1}{N} \sum_{i=1}^{N} x_i \tag{8.98}$$

$$\bar{y} = \frac{1}{N} \sum_{i=1}^{N} y_i \tag{8.99}$$

式（8.92）と式（8.97）より

$$\sum_{i=1}^{N} x_i \left(y_i - ax_i - \bar{y} + a\bar{x} \right) = 0 \tag{8.100}$$

となる．これは

$$\sum_{i=1}^{N} x_i y_i - a \sum_{i=1}^{N} x_i (x_i - \bar{x}) - N\bar{x}\bar{y} = 0 \tag{8.101}$$

と書き換えられる．こうして，

$$a = \frac{\sum_{i=1}^{N} x_i y_i - N\bar{x}\bar{y}}{\sum_{i=1}^{N} x_i(x_i - \bar{x})} \tag{8.102}$$

を得る．式（8.102）は

$$a = \frac{\sum_{i=1}^{N}(x_i - \bar{x})(y_i - \bar{y})}{\sum_{i=1}^{N}(x_i - \bar{x})^2} \tag{8.103}$$

$$= \frac{s_{xy}}{s_x^2} \tag{8.104}$$

と書き換えることができる．式（8.103）は確率変数 X と Y の標本共分散を X の標本分散で割った値であることを明示しているので，エレガントな表現である．

結局，a と b の最適値は

$$a = \frac{s_{xy}}{s_x^2}$$

$$b = \bar{y} - a\bar{x}$$

のように標本データを使って統計的に推定できるのである．標本データのことを**学習データ**（learning examples），係数 a, b の最適化方法を**学習アルゴリズム**（learning algorithm）と呼ぶ．ここで注意しなければならないことは，標本データ数 $N = 1$ の場合には，式（8.102）も式（8.103）も成り立たないことである．未知係数が a と b の 2 つであって，これらを決定するために利用可能な式（8.87）が 1 つしかないのであるから，当然である．未知係数の数を M とすると，$M \leq N$ でなければ，すべての未知係数を決定することは不可能である．

このようにして最適化された係数 a, b を代入した式（8.86）に標本データに含まれていない x の値を代入すると，対応する y の値が得られる．すなわち，未だ観測していない $\{x, y\}$ を**予測**（prediction あるいは forecasting）できる．線形回帰モデルを人工知能とは呼ばないが，式（8.86）を利用した予測は，基本的には，教師付き人工知能による予測と同じである．

問題 8.7

式（8.102）と式（8.103）が同値であることを証明せよ．

問題 8.8

"regression" の和訳には "回帰" の他に "退行" がある．"regression model" という命名の由来を調べよ．

問題 8.9

標本データ $\{x_i, y_i\}_{i=1}^{N}$ が与えられている．ただし，$x_i > 0$, $y_i > 0$ $(i = 1, \ldots, N)$ とする．確率変数 X と Y $(X, Y > 0)$ の間の関数依存性を

$$Y = bX^a \tag{8.105}$$

と仮定する．ただし，a と $b > 0$ は実定数である．標本データと最小 2 乗法を用いて，a と b の最適値を

決定する方程式を示せ.

ヒント： 式 (8.105) の両辺の自然対数を考えよ.

線形回帰モデルを時系列に応用すると，自己相関関数を導くことができる．時系列 $\{x_n\}_{n=1}^{N}$ が与えられたとしよう．ただし，時系列は定常（弱定常）であり，時系列の平均値は一定と仮定する．ここで，時系列の値 x_n と時差 τ（τ は正の整数とする）だけ離れた $x_{n+\tau}$ との間で

$$x_{n+\tau} - \bar{x} = a\,(x_n - \bar{x}) \tag{8.106}$$

$$\bar{x} = \frac{1}{N}\sum_{n=1}^{N} x_n$$

なる数理モデルが成り立つと考えよう．ただし，係数 a は実定数であり，その最適値は標本データ $\{x_n\}_{n=1}^{N}$ を利用して決定される．式 (8.106) は **自己回帰モデル**（autoregression model）あるいは **1 次の AR モデル**（first-order autoregression model）と呼ばれる近似法の一種である．a を最小 2 乗法で求めると，a は自己相関関数と一致することがわかる．実際に a を求めてみよう．

$$x_{n+\tau} - \bar{x} = a(x_n - \bar{x}) + \epsilon_n \tag{8.107}$$

$$n = 1,\ \dots,\ N - \tau$$

とおく．ϵ_n は残差である．式 (8.107) より平均 2 乗誤差は

$$E = \frac{1}{N-\tau}\sum_{n=1}^{N-\tau}\left[x_{n+\tau} - \bar{x} - a(x_n - \bar{x})\right]^2 \tag{8.108}$$

と表される．式 (8.108) を a の関数とみなすと，これは a の 2 次関数であり，a^2 の係数は正であるから，式 (8.108) は a について下に凸な放物線を描く．故に，E の極小値は 1 つだけあり，かつ，放物線の底が最小値に対応する．したがって，

$$\frac{\partial E}{\partial a} = 0 \tag{8.109}$$

を解くことによって a の最適値が得られる．

$$\frac{\partial E}{\partial a} = -\frac{2}{N-\tau}\sum_{n=1}^{N-\tau}(x_n - \bar{x})\left[x_{n+\tau} - \bar{x} - a(x_n - \bar{x})\right] = 0 \tag{8.110}$$

より

$$a = \frac{\frac{1}{N-\tau}\sum_{n=1}^{N-\tau}(x_{n+\tau} - \bar{x})(x_n - \bar{x})}{\frac{1}{N-\tau}\sum_{n=1}^{N-\tau}(x_n - \bar{x})^2} \tag{8.111}$$

を得る．式 (8.111) は定常時系列の自己相関関数そのものを表している．つまり，自己相関関数 $r(\tau)$ とは時差 τ における 1 次の自己回帰モデルを決定する係数そのものであり，確率変数 X の現在の実現値 x_n が与えられたとき，τ だけ離れた未来における実現値 $x_{n+\tau}$ を予測する

ためのモデル係数と見ることができる.

(8.7) 重回帰モデル

　本節では，多変数の回帰モデルや非線形回帰モデルについて見てみよう．3 つの確率変数 X, Y, Z に関する標本データ $\{x_i, y_i, z_i\}_{i=1}^{N}$ が与えられたとする．X, Y, Z 間の関数依存性として

$$Z = aX + bY + c \tag{8.112}$$

を仮定する．ここで，係数 a, b, c は実定数であり，標本データからそれらの最適値を決定することを考えよう．式 (8.112) のように，2 変数以上の回帰分析のことを**重回帰分析**（multiple regression あるいは multiple regression analysis）と呼ぶ．式 (8.112) を例に取ると，X, Y を説明変数，Z を目的変数と呼ぶこともあるが，関数近似法の立場では，X, Y は入力変数，Z は出力変数であり，$Z = f(X, Y)$ のことを入出力写像と呼ぶ.

　前節と同様に，ϵ_i（$i = 1, \ldots, N$）を残差として

$$z_i = ax_i + by_i + c + \epsilon_i \tag{8.113}$$

とおき，平均 2 乗誤差を

$$\begin{aligned} E &= \frac{1}{N} \sum_{i=1}^{N} \epsilon_i^2 \\ &= \frac{1}{N} \sum_{i=1}^{N} (z_i - ax_i - by_i - c)^2 \end{aligned} \tag{8.114}$$

と定義する．式 (8.114) で定義された E を係数 a の関数として見ると，E は a に関する 2 次関数であり，a^2 の係数は正値を取るから，E は a について下に凸な放物線を描く．この放物線の底は E の唯一の極小値であるから，a に関する最小値である．こうして，a の最適値は E の最小値をもたらす a として決定される．同様な考察が，b と c についても成り立つので，結局，a, b, c の最適値は

$$\frac{\partial E}{\partial a} = 0, \quad \frac{\partial E}{\partial b} = 0, \quad \frac{\partial E}{\partial c} = 0$$

を解くことによって得られる（∵放物線の底でのみ傾きがゼロとなる）．最初に，c を求めてみよう.

$$\frac{\partial E}{\partial c} = -\frac{2}{N} \sum_{i=1}^{N} (z_i - ax_i - by_i - c) = 0 \tag{8.115}$$

これは

$$\sum_{i=1}^{N} z_i - a \sum_{i=1}^{N} x_i - b \sum_{i=1}^{N} y_i - Nc = 0 \tag{8.116}$$

であるから，

$$c = \bar{z} - a\bar{x} - b\bar{y} \tag{8.117}$$

$$\bar{x} = \frac{1}{N}\sum_{i=1}^{N} x_i, \quad \bar{y} = \frac{1}{N}\sum_{i=1}^{N} y_i, \quad \bar{z} = \frac{1}{N}\sum_{i=1}^{N} z_i$$

を得る．次に，式 (8.117) を代入して $\dfrac{\partial E}{\partial a} = 0$ を解く．

$$\frac{\partial E}{\partial a} = -\frac{2}{N}\sum_{i=1}^{N} x_i(z_i - ax_i - by_i - \bar{z} + a\bar{x} + b\bar{y}) = 0 \tag{8.118}$$

これは，

$$\sum_{i=1}^{N} x_i(z_i - \bar{z}) - a\sum_{i=1}^{N} x_i(x_i - \bar{x}) - b\sum_{i-1}^{N} x_i(y_i - \bar{y}) = 0 \tag{8.119}$$

と書き換えられ，さらに，

$$\sum_{i=1}^{N}(x_i - \bar{x})(z_i - \bar{z}) - a\sum_{i=1}^{N}(x_i - \bar{x})^2 - b\sum_{i=1}^{N}(x_i - \bar{x})(y_i - \bar{y}) = 0 \tag{8.120}$$

と書き換えられる．ここで，標本分散と標本共分散を

$$s_x^2 = s_{xx} = \frac{1}{N}\sum_{i=1}^{N}(x_i - \bar{x})^2 \tag{8.121}$$

$$s_{xy} = \frac{1}{N}\sum_{i=1}^{N}(x_i - \bar{x})(y_i - \bar{y}) \tag{8.122}$$

$$s_{xz} = \frac{1}{N}\sum_{i=1}^{N}(x_i - \bar{x})(z_i - \bar{z}) \tag{8.123}$$

とおくと，

$$s_x^2 a + s_{xy}b = s_{xz} \tag{8.124}$$

を得る．式 (8.117) を代入して $\dfrac{\partial E}{\partial b} = 0$ を解くと，同様な計算により，

$$s_{xy}a + s_y^2 b = s_{yz} \tag{8.125}$$

を得る．ただし，

$$s_y^2 = \frac{1}{N}\sum_{i=1}^{N}(y_i - \bar{y})^2 \tag{8.126}$$

$$s_{yz} = \frac{1}{N}\sum_{i=1}^{N}(y_i - \bar{y})(z_i - \bar{z}) \tag{8.127}$$

である．式 (8.124) と式 (8.125) から成る連立 1 次方程式を分散共分散行列を用いて表示し

なおすことができる.

$$\begin{pmatrix} s_x^2 & s_{xy} \\ s_{xy} & s_y^2 \end{pmatrix} \begin{pmatrix} a \\ b \end{pmatrix} = \begin{pmatrix} s_{xz} \\ s_{yz} \end{pmatrix} \tag{8.128}$$

この方程式を解くと,

$$a = \frac{s_{xz}s_y^2 - s_{xy}s_{yz}}{s_x^2 s_y^2 - s_{xy}^2} \tag{8.129}$$

$$b = \frac{s_{xy}s_{xz} - s_x^2 s_{yz}}{s_{xy}^2 - s_x^2 s_y^2} \tag{8.130}$$

を得る. 式 (8.129) と式 (8.130) を式 (8.117) に代入することによって, 係数 a, b, c のすべての最適値が標本データから求められる. ここで, $N \geq 3$ でなければならないことは前節で述べた注意点と同じである. こうして決定された係数 a, b, c を代入した式 (8.112) を用いると, 未だ観測されていない任意の X, Y に対する Z を予測することができる.

問題 8.10

式 (8.119) と式 (8.120) が同値であることを証明せよ.

式 (8.112) において, 確率変数 Y を X^2 に置き換えると, **非線形回帰モデル** (nonlinear regression model) を構成することができる.

$$Z = aX + bX^2 + c \tag{8.131}$$

標本データ $\{x_i, z_i\}_{i=1}^N$ が与えられたならば, 上に示した X, Y, Z の 3 変数に関する線形重回帰モデルの係数 a, b, c の決定過程において $y_i = x_i^2$ と置き換え, 式 (8.131) の係数 a, b, c をまったく同様に求めることができる.

式 (8.128) に示した結果を多変数の線形回帰モデルに拡張することができる. $M + 1$ 個の確率変数 $X_1, \dots, X_M, Y$ について

$$Y = c_0 + \sum_{m=1}^M c_m X_m \tag{8.132}$$

で表される関数依存性を仮定する. $c_0, c_1, \dots, c_M$ は標本データから決定される係数である. 標本データ $\{x_{1i}, \dots, x_{Mi}, y_i\}_{i=1}^N$ が与えられたとする. ただし, $N \geq M + 1$ である. 残差を ϵ_i $(i = 1, \dots, N)$ として

$$y_i = c_0 + \sum_{m=1}^M c_m x_{mi} + \epsilon_i \tag{8.133}$$

と置き, 平均 2 乗誤差

$$E = \frac{1}{N}\sum_{i=1}^{N}\left(y_i - c_0 - \sum_{m=1}^{M}c_m x_{mi}\right)^2 \tag{8.134}$$

と最小 2 乗法を用いると，

$$c_0 = \bar{y} - \sum_{m=1}^{M}c_m \bar{x}_m \tag{8.135}$$

および，式（8.128）に対応する連立 1 次方程式

$$\begin{pmatrix} s_1^2 & s_{12} & \cdots & s_{1M} \\ s_{21} & s_2^2 & \cdots & s_{2M} \\ \vdots & \vdots & \ddots & \vdots \\ s_{M1} & s_{M2} & \cdots & s_M^2 \end{pmatrix}\begin{pmatrix} c_1 \\ c_2 \\ \vdots \\ c_M \end{pmatrix} = \begin{pmatrix} s_{1y} \\ s_{2y} \\ \vdots \\ s_{My} \end{pmatrix} \tag{8.136}$$

を得る．ここで，$\bar{x}_1, \ldots, \bar{x}_M, \bar{y}$ は，それぞれ，$X_1, \ldots, X_M, Y$ の標本平均であり，

$$s_m^2 = s_{mm} = \frac{1}{N}\sum_{i=1}^{N}(x_{mi} - \bar{x}_m)^2 \tag{8.137}$$

$$s_{mn} = \frac{1}{N}\sum_{i=1}^{N}(x_{mi} - \bar{x}_m)(x_{ni} - \bar{x}_n) \tag{8.138}$$

は，確率変数 X_m と X_n の間の標本分散（$m = n$）または標本共分散（$m \neq n$），

$$s_{my} = \frac{1}{N}\sum_{i=1}^{N}(x_{mi} - \bar{x}_m)(y_i - \bar{y}) \tag{8.139}$$

は，確率変数 X_m と Y の間の標本共分散である．式（8.136）を手計算で解くことは，不可能ではないにしても，非常に困難である．したがって，たとえば，**ガウス・ヨルダンの掃き出し法**（Gauss–Jordan elimination）と計算機を用いて式（8.136）の数値解を求めるのである（ガウス・ヨルダンの掃き出し法とは，中学校で学んだ連立 1 次方程式の変数消去による解法を計算機上で手際良く実行するアルゴリズムであると思えばよい）．このように，標本データと最小 2 乗法を用いて統計的に係数 $c_0, c_1, \ldots, c_M$ の最適値を推定できることが線形回帰モデルの顕著な利点である．

　上に示した回帰モデルにおいて，確率変数 X_m を $X_m = X^m$ のように X の m 乗項に置き換えると，

$$Y = c_0 + \sum_{m=1}^{M}c_m X^m \tag{8.140}$$

のように，Y を X の冪乗多項式で近似するモデルを構成することができる．

　重回帰モデルをさらに一般化することができる．確率変数 $X_1, \ldots, X_M, Y$ について

$$Y = c_0 + \sum_{m=1}^{M}c_m f_m(X_m) \tag{8.141}$$

のような重回帰モデルを考えることができる．近似関数 f_m $(m = 1, \ldots, M)$ は**基底関数**（basis function）と呼ばれる．基底関数にはべき関数 X^m の他にも，初等関数，たとえば，$e^{-\beta_m(X_m - \bar{x}_m)^2}$ や $\sin \omega_m(X_m - \theta_m)$ 等を利用することができる．式（8.141）において，標本データ $\{x_{1i}, \ldots, x_{Mi}, y_i\}_{i=1}^{N}$ から決定すべき係数が $c_0, c_1, \ldots, c_m$ だけである場合には，平均 2 乗誤差

$$E = \frac{1}{N} \sum_{i=1}^{N} \left[y_i - c_0 - \sum_{m=1}^{M} c_m f_m(x_{mi}) \right]^2 \tag{8.142}$$

と**勾配降下法**（gradient descent）（正確には**最急降下法**（steepest descent））を用いて，係数 $c_0, c_1, \ldots, c_M$ の最適値を推定することができる．勾配降下法はニューラルネットワークの最適化に用いられる学習アルゴリズムを理解するための基礎と位置付けられるので，その概略を見ておくことにしよう．

係数 $c_0, c_1, \ldots, c_M$ を 1 つずつ逐次最適化することを考えよう．係数 $\alpha = c_m$ $(m = 0, 1, \ldots, M)$ とおく．平均 2 乗誤差 E を α の関数であるとみなすと

$$E(\alpha) \geq 0 \tag{8.143}$$

が成り立つ．仮想的な（無次元）時間変数 t を導入し，以下で定義される微分方程式に従って α を変化させてみよう．

$$\frac{d\alpha}{dt} = -\frac{\partial E}{\partial \alpha} \tag{8.144}$$

α が変化するにつれて E も変化するが，E の変化は

$$\frac{dE}{dt} = \frac{\partial E}{\partial \alpha} \frac{d\alpha}{dt} \tag{8.145}$$

に従う．ここで，式（8.144）に式（8.145）を代入すると，

$$\frac{dE}{dt} = -\left(\frac{\partial E}{\partial \alpha} \right)^2 \leq 0 \tag{8.146}$$

となる．式（8.146）は，α の変化に伴って E が変化するときに，E は正値からゼロに向かって減少し，$\frac{\partial E}{\partial \alpha} = 0$ が達成されれば α の変化が停止することを意味する．これが勾配降下法である．式（8.144）は計算機を利用して数値解として解かれるのであるが，微分方程式であるので不便である．実際には，式（8.144）を漸化式として近似した

$$\alpha(t+1) = \alpha(t) - \eta \left(\frac{\partial E}{\partial \alpha} \right)_{\alpha = \alpha(t)} \tag{8.147}$$

が用いられる．ここで，係数 $\eta > 0$ は**学習率**（learning rate）と呼ばれる正定数である．経験的には，たとえば，$\eta = 0.01$ のようにゼロに近い小さな値に設定するとよい．α の初期値 $\alpha(0)$ には任意の値を設定することができるが，擬似乱数を用いて無作為に設定すると便利であろう．

前節と本節では，標本データから近似モデル $y_i = f(x_i) + \epsilon_i$（$\epsilon_i$ は残差である）を最適化す

るために平均 2 乗誤差が用いられた. 平均 2 乗誤差の正の平方根である **平均 2 乗平方根誤差** (root-mean-square error: RMSE, $\sqrt{E}$) は, 近似モデルが標本データをどの程度正確に再現しているか測る尺度である.

$$\sqrt{E} = \sqrt{\frac{1}{N} \sum_{i=1}^{N} [y_i - f(x_i)]^2} \tag{8.148}$$

RMSE を y_i の標本標準偏差 s_y で規格化した誤差 e（**規格化平均 2 乗平方根誤差**, normalized root-mean-square error: nRMSE）もしばしば用いられる.

$$e = \frac{\sqrt{E}}{s_y} \tag{8.149}$$

$e = 0$ ならば, $\epsilon_i = 0$ すなわち, $y_i = f(x_i)$ であり, 標本データは f によって正確に再現される. 一方, $e = 1$ ならば, $f(x_i) = \bar{y}$ すなわち, 近似モデル f は, 標本データ y_i を標本平均 $\bar{y}$ として再現する程度の性能しかないという意味で失敗であることになる. つまり, x に対する y は何かと問われると, どのような x に対しても $y = \bar{y}$ と答える数理モデルであるから, これはあまり役には立たない.

決定係数（coefficient of determination）も近似モデルの性能を測る尺度としてしばしば利用される. 決定係数は通常 R^2 と表記され, 以下のように定義される.

$$R^2 = \frac{\sum_{i=1}^{N} [f(x_i) - \bar{y}]^2}{\sum_{i=1}^{N} [y_i - \bar{y}]^2} \tag{8.150}$$

$$\bar{y} = \frac{1}{N} \sum_{i=1}^{N} y_i \tag{8.151}$$

ここで,

$$0 \le R^2 \le 1 \tag{8.152}$$

$f(x_i) = \bar{y}$ と表される近似モデルを式 (8.150) に代入すると $R^2 = 0$ となる. つまり, $R^2 = 0$ をもたらすような近似モデルは, y_i を標本平均 $\bar{y}$ でしか再現できないという意味で失敗であり, $e = 1$ と等価である. 一方, $\epsilon_i = 0$, すなわち, $f(x_i)$ が y_i を正確に再現するならば, 式 (8.150) に $f(x_i) = y_i$ を代入すると $R^2 = 1$ を得る. これは $e = 0$ と等価である. R^2 はこのような意味を持つ.

$f(x_i)$ として線形回帰モデルを考えてみよう. すなわち,

$$f(x_i) = ax_i + b \tag{8.153}$$

前節では, 係数 a および b として, それぞれ,

$$a = \frac{s_{xy}}{s_x^2}, \quad b = \bar{y} - a\bar{x}$$

を導出した。これらの結果を R^2 の定義式に代入してみよう。

$$R^2 = \frac{\sum_{i=1}^{N}(ax_i + b - \bar{y})^2}{Ns_y^2}$$

$$= \frac{\sum_{i=1}^{N}\left[\frac{s_{xy}}{s_x^2}(x_i - \bar{x})\right]^2}{Ns_y^2}$$

$$= \frac{s_{xy}^2}{s_x^2 s_y^2} = r_{xy}^2 \tag{8.154}$$

したがって，線形回帰モデルの場合には，決定係数は標本データについて求められた相関係数の 2 乗に一致する。

8.8 統計分布モデル

　標本データからデータの母集団の性質を推定することが統計学の使命であるのだが，母集団のデータのすべてを入手することは，たいていの場合，不可能である（まったく不可能と言ってもよいであろう）。母集団のデータをすべて入手できるならば，統計学は必要ない。本節で学ぶ統計分布モデルは，母集団におけるデータの分布を模型化する。単なる模型に過ぎない。そのような模型で表されるような分布が，実際の母集団で実現されているかどうかはわからない。しかし，母集団が模型で表される分布をしているとしたら，母平均や母分散を正確に計算できる場合がある（できない場合もある）。そのような計算結果は，標本データから計算された平均値や分散と比較され，統計検定で利用される。

8.8.1　一様分布

　一様分布（uniform distribution）は，ある区間内で実現値が連続値を取り，正確に同じ頻度で現われるような統計分布モデルである。確率変数 X の実現値 x が $a \leq x \leq b$（a, b は実数とする）の区間で任意の実数を取り，かつ，確率密度関数が

$$p(x) = \frac{1}{b-a} \tag{8.155}$$

で与えられるような統計分布モデルが一様分布である。確率密度関数は

$$\int_a^b p(x)dx = \int_a^b \frac{dx}{b-a}$$

$$= \frac{1}{b-a}[x]_a^b = 1 \tag{8.156}$$

を満たす。また，母平均値 μ と母分散 σ^2 は以下に示すように正確に求められる。

$$\mu = \int_a^b xp(x)dx$$

$$= \int_a^b \frac{x dx}{b - a}$$

$$= \frac{1}{b - a} \left[\frac{x^2}{2} \right]_a^b = \frac{a + b}{2} \tag{8.157}$$

$$\sigma^2 = \int_a^b (x - \mu)^2 p(x) dx$$

$$= \int_a^b \frac{(x - \frac{a+b}{2})^2}{b - a} dx = \frac{(a - b)^2}{12} \tag{8.158}$$

σ^2 は以下のようにしても計算できる.

$$\sigma^2 = E[x^2] - (E[x])^2 \tag{8.159}$$

$$= \int_a^b \frac{x^2}{b - a} dx - \mu^2 \tag{8.160}$$

問題 8.11

$-1 \leq x \leq 1$ の区間で一様分布する確率変数 X の 実現値 x に関する n 次統計モーメントを求めよ. ただし, $n \geq 2$ は正整数である. n が偶数か, あるいは, 奇数であるかに場合分けして計算結果を示せ.

8.8.2 ベルヌーイ分布

ベルヌーイ分布（Bernoulli distribution）とは, 確率変数 X の実現値 x が

1. ある事象 A が起こったときに $x = 1$ を取り,
2. ある事象 A が起こらなかったときに $x = 0$ を取る

場合の実現値の分布である. どのような事象であろうと, 事象は起こるか起こらないかのいずれかしかありえないので, 可能な実現値は必ず 2 値を取る. 標本データは, たとえば, $\{1, 0, 0, 1, 0, \dots, 1\}$ のように 2 値数列で表される. $x = 1$ を得る確率（確率関数）を p, $x = 0$ を得る確率を q とすると, $0 \leq p \leq 1$, $0 \leq q \leq 1$ であり,

$$p + q = 1 \tag{8.161}$$

を満たす. ベルヌーイ分布は, たとえば, コイントスで表と裏が出る事象のデータ分布を模型化したものであるが, 実際のコイントスが本当にベルヌーイ分布に対応するかどうかはわからない. なぜならば, 確率 p, q が一定値を取り続けるかどうか確かではないからである.

8.8.3 2 項分布

ある事象 A に関する n 個のベルヌーイ系列を考える. n 回の試行のうち, 事象 A が x 回起こったとしよう. このような事象を B とすると, B の実現結果は

$$B = \{0, \ 1, \ \dots, \ n\}$$

と表される. 事象 A が起こる確率を p, 起こらない確率を q をすると, $p + q = 1$ であり, 事象 A が x 回起こる確率関数は,

$$p(x) = \frac{n!}{(n-x)!x!}p^x q^{n-x} \tag{8.162}$$

で与えられる. 式 (8.162) の下で実現する x の分布を **2 項分布** (binomial distribution) と呼ぶ.

$$\sum_{x=0}^{n} \frac{n!}{(n-x)!x!}p^x q^{n-x} = 1 \tag{8.163}$$

が成り立つことは, **2 項定理** (binomial theorem) を用いて証明することができる. 2 項定理は, 実数 u および v について

$$(u+v)^n = \sum_{k=0}^{n} \frac{n!}{(n-k)!k!}u^k v^{n-k} \tag{8.164}$$

と表される. 式 (8.164) において, $u = p$, $v = q$, $k = x$, $p + q = 1$ とおくと, 式 (8.163) が導かれる.

2 項分布に従う確率変数の実現値に対する母平均と母分散は, 正確に求められる. 母平均 μ は,

$$\begin{aligned}
\mu &= \sum_{x=0}^{n} x p(x) \\
&= \sum_{x=0}^{n} \left[x \frac{n!}{(n-x)!x!}p^x q^{n-x} \right] \\
&= \sum_{x=1}^{n} \left[np \frac{(n-1)!}{(n-x)!(x-1)!}p^{x-1} q^{n-x} \right]
\end{aligned}$$

となる. ここで, $y = x - 1$ とおくと,

$$\begin{aligned}
\mu &= np \sum_{y=0}^{n-1} \left[\frac{(n-1)!}{(n-y)!y!}p^y q^{n-1-y} \right] \\
&= np(p+q)^{n-1} = np \tag{8.165}
\end{aligned}$$

を得る. 母分散 σ^2 も同様にして求められる.

$$\begin{aligned}
\sigma^2 &= E[x^2] - \mu^2 \\
&= \sum_{x=0}^{n} \left[x^2 \frac{n!}{(n-x)!x!}p^x q^{n-x} \right] - (np)^2 \\
&= \sum_{x=0}^{n} \left[x(x-1) \frac{n!}{(n-x)!x!}p^x q^{n-x} \right] + \sum_{x=0}^{n} \left[x \frac{n!}{(n-x)!x!}p^x q^{n-x} \right] - (np)^2
\end{aligned}$$

$$= \sum_{x=0}^{n} \left[x(x-1) \frac{n!}{(n-x)!x!} p^x q^{n-x} \right] + np - (np)^2$$

ここで,

$$\sum_{x=0}^{n} \left[x(x-1) \frac{n!}{(n-x)!x!} p^x q^{n-x} \right] = n(n-1)p^2 \sum_{x=2}^{n} \left[\frac{(n-2)!}{(n-x)!(x-2)!} p^{x-2} q^{n-2-(x-2)} \right]$$

$$= n(n-1)p^2 \sum_{y=0}^{n-2} \left[\frac{(n-2)!}{(n-2-y)!y!} p^y q^{n-2-y} \right]$$

$$= n(n-1)p^2 (p+q)^{n-2}$$

$$= n(n-1)p^2 \tag{8.166}$$

が成り立つ. ただし, $y = x - 2$ とおいた. こうして,

$$\sigma^2 = n(n-1)p^2 + np - (np)^2$$

$$= np(1-p) = npq \tag{8.167}$$

を得る.

　2 項分布は統計分布モデルであり, 現実にこのような統計分布モデルに従う事象があるかどうかは不明である. 実際に 100 回コイントスを行った場合, 表と裏が出る確率 p と q を 100 回にわたって一定に保てないであろう. 人がコイントスを行う場合には, p と q を一定に保ち続けるようにコイントスにおける力学的条件や生理学的条件を制御することは非常に困難である. また, 気温や空気の流れのような熱動力学的環境条件を一定に保つことも困難である.

　しかしながら, ここでこれらの諸条件が完全に制御され, p と q が一定に保たれた理想的なコイントスを仮定してみよう. いま, "公平公正な"コイントスと称されるゲームがあったとする. つまり, $p = q = 0.5$ の下で, $n = 100$ 回コイントスを行うゲームである. 100 回にわたって "公平公正な"コイントスを行った結果, 表が出た回数が 10 回であったとする. 2 項分布モデルによると, 表が出る回数の母平均値は $np = 50$, 標準偏差は $\sqrt{npq} = \sqrt{25} = 5$ と計算される. これらの計算結果を参考にすると, 50 ± 5 が表の出る回数の統計的にありそうな値と推定される. しかし, 実際に出た表の回数は 10 回に過ぎなかった. 2 項分布における確率関数を見ると, $x = 10$ となる確率は非常に小さいとはいえ, 0 ではない. 長い人生, 広い世界を思えば, 100 回コイントスして, 表が 10 回しか出ないこともあろうかと諦めもつくのかも知れない. しかし, 再び, この "公平公正な"コイントスを行った結果, 表の出た回数が 9 回であったとしたら, それでも "結果は偶然に過ぎない"と達観できるものだろうか. 2 項分布モデルは模型に過ぎず, 現実の事象を忠実に表現しているとは限らないことを考慮したとしても, 多くの人は, このコイントスの "公平公正さ"のほうを疑うであろう. 2 項分布モデルの確率関数に基づいて滅多に起こらないと推定される事象が目の前で実際に起こることを信じるよりも, 2 項分布モデルの母平均と標準偏差に基づいてこのゲームは $p = q = 0.5$ ではなく $p \ll q$ である

という合理的な疑いのほうを持つべきであろう．このような判断を可能にするのが統計分布モデルの効用である．統計分布モデルという模型を援用しながら，観測された事象から仮説検定を定量的に行う手段を提供するのが，以降で学ぶ統計検定である．

次に提示する問題は，高度な問題であり，簡単に答えることができないものである．$n = 100$ 回コイントスは，1 枚のコインを時間の流れの中で 100 回逐次投げ上げ，結果を観測するものであった．100 回もコインを投げ上げるのは面倒なので，100 枚のコインを同時に 1 回投げ上げて結果を観測したとする．力学的，生理学的，および，熱動力学的条件がすべて同じであったと仮定しよう．そのような条件下で，1 枚のコインを時間的に逐次 100 回投げ上げた後に表の出た回数と，100 枚のコインを同時に 1 回だけ投げ上げた後に表の出た枚数とは，同じだろうか．同じ統計量を持つと言えるであろうか．この問題に答えるのは容易ではない．これは，**エルゴード問題**（ergodic problem）と呼ばれるもので，時間的平均と空間的平均が同じかどうか論じる問題である．本書ではエルゴード問題に立ち入ることはしないが，コイントスの場合には，1 枚を 100 回投げ上げた場合と 100 枚 を同時に 1 回投げ上げた場合とは，統計量は同じであると仮定しておく．このような仮定はエルゴード仮説と呼ばれる．

8.8.4 ポアソン分布

2 項分布において，$np = $ 一定を保持したまま，試行回数 $n \to \infty$，かつ，事象 A の生起確率 $p \to 0$ が同時に成り立つような極限を考える．このような 2 項分布を**ポアソン分布**（Poisson distribution）と呼ぶ．ポアソン分布は，多数回に渡って観測されるシステムにおいて滅多に起こらない事象が出現する回数の分布を模型化したものである．

ポアソン分布に従う確率変数 X の実現値 x は非負整数

$$x = \{0, \ 1, \ \ldots, \ n, \ \ldots\}$$

であり，確率関数は

$$p(x) = e^{-\mu} \frac{\mu^x}{x!} \tag{8.168}$$

で与えられる．ただし，μ は母平均に一致する定数である．x に対して $p(x)$ をプロットした結果を図 8.9 に示す．式（8.168）は 2 項分布の確率関数から導くことができる．

$$p(x) = \frac{n!}{x!(n-x)!} p^x q^{n-x}$$

$$= \frac{n(n-1) \cdots [n-(x-1)]}{x!} \left(\frac{\mu}{n}\right)^x \left(1 - \frac{\mu}{n}\right)^{n-x}$$

$$= \frac{\mu^x}{x!} \cdot 1 \cdot \left(1 - \frac{1}{n}\right) \left(1 - \frac{2}{n}\right) \cdots \left(1 - \frac{x-1}{n}\right)$$

$$\left[\left(1 - \frac{\mu}{n}\right)^{\frac{n}{\mu}}\right]^{\mu} \left(1 - \frac{\mu}{n}\right)^{-x}$$

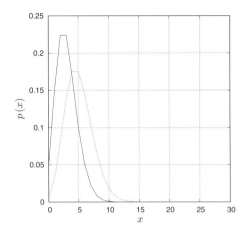

図 8.9　ポアソン分布. 実線は $\mu = 3$, 破線は $\mu = 5$ に対応する.

ここで,

$$n \to \infty \Rightarrow \frac{k}{n} \to 0 \ \ (k = 1, \ \dots, \ x - 1)$$

および

$$n \to \infty \Rightarrow \frac{\mu}{n} \to 0$$

であり, 自然対数の底の定義

$$\lim_{m \to \infty} \left(1 + \frac{1}{m} \right)^m = e$$

において

$$m = -\frac{n}{\mu}$$

を代入すると,

$$\lim_{n \to \infty} \left[\left(1 - \frac{\mu}{n} \right)^{\frac{n}{\mu}} \right]^{-\mu} = e^{-\mu}$$

であるから, 結局,

$$p(x) = e^{-\mu} \frac{\mu^x}{x!}$$

を得る.

ポアソン分布の確率関数 $p(x)$ について

$$\sum_{x=0}^{\infty} p(x) = \sum_{x=0}^{\infty} e^{-\mu} \frac{\mu^x}{x!} = 1 \tag{8.169}$$

が成り立つことは, 指数関数 $f(y) = e^y$ を $y = \mu$ の周りでテイラー展開することによって証明することができる.

$$e^y = e^{\mu} + e^{\mu}(y - \mu) + \frac{e^{\mu}}{2!}(y - \mu)^2 + \dots + \frac{e^{\mu}}{n!}(y - \mu)^n + \dots \tag{8.170}$$

式（8.170）に $y = 2\mu$ を代入すると,

$$e^{2\mu} = e^{\mu} + e^{\mu}\mu + \frac{e^{\mu}}{2!}\mu^2 + \ldots + \frac{e^{\mu}}{n!}\mu^n + \ldots$$

$$= \sum_{x=0}^{\infty} \frac{e^{\mu}}{x!}\mu^x \qquad (8.171)$$

となる. 式（8.171）の両辺を $e^{2\mu}$ で割ると, 式（8.169）を得る.

式（8.168）に現われる定数 μ が母平均に一致することは, 以下のようにして証明される.

$$E[x] = \sum_{x=0}^{\infty} xp(x)$$

$$= \sum_{x=0}^{\infty} xe^{-\mu}\frac{\mu^x}{x!}$$

$$= \mu\sum_{x=1}^{\infty} e^{-\mu}\frac{\mu^{x-1}}{(x-1)!}$$

$$= \mu\sum_{y=0}^{\infty} e^{-\mu}\frac{\mu^y}{y!} = \mu$$

ただし, $y = x - 1$ とおいた.

ポアソン分布の母分散 σ^2 も母平均 μ に一致する. すなわち,

$$\sigma^2 = \mu \qquad (8.172)$$

である. その証明は以下の通り.

$$\sigma^2 = E[x^2] - \mu^2$$

$$= \sum_{x=0}^{\infty} x^2 p(x) - \mu^2$$

$$= \sum_{x=0}^{\infty} x^2 e^{-\mu}\frac{\mu^x}{x!} - \mu^2$$

$$= \sum_{x=0}^{\infty} x(x-1)e^{-\mu}\frac{\mu^x}{x!} + \sum_{x=0}^{\infty} xe^{-\mu}\frac{\mu^x}{x!}\mu^2 - \mu^2$$

$$= \mu^2\sum_{x=2}^{\infty} e^{-\mu}\frac{\mu^{x-2}}{(x-2)!} + \mu - \mu^2$$

$$= \mu^2\sum_{y=0}^{\infty} e^{-\mu}\frac{\mu^y}{y!} + \mu - \mu^2$$

$$= \mu^2 + \mu - \mu^2 = \mu$$

ただし, $y = x - 2$ とおいた.

ポアソン分布は 2 項分布の特別な場合であり, $np = $ 一定を保持したまま $n \to \infty$, かつ,

$p \to 0$ が同時に成り立つような極限における統計分布モデルである．このような統計分布モデルがそっくり当てはまるような現実の事例は考えにくいが，ポアソン分布によってデータ分布が近似的に表現できるような事例として，歴史的には，プロシア陸軍において馬に蹴られて亡くなった兵士数に関するデータがよく知られている [8]．頻繁に観測されるシステムにおいて滅多に起こらない事象に出会う回数に関するデータ分布は，ポアソン分布によってモデル化しやすい．

ポアソン分布は重大事故や重大トラブルに関するデータ分布をモデル化する際に使いやすい．たとえば，生産技術が非常に成熟した工場で月産 1 万台の機械を製造しているとしよう．この工場での不良品の発生回数は，ポアソン分布によるモデル化に適している．モデル化の精度は，不良品数の標本平均と標本分散の比較によって評価されるであろう．上に見たように，ポアソン分布では母平均と母分散が一致するので，標本平均と標本分散の差は，ポアソン分布によるモデル化の適否を測る尺度と成り得る．仮に，ある月から不良品数の標本平均値が著しく上昇したならば，生産工程の何処か，あるいは，納入された部品に問題があるのかも知れない．そのような兆候を迅速に把握することが，市場への不良品の拡散を防止する．

問題 8.12

ポアソン分布によってモデル化しやすいと思われる事例を挙げよ．

8.8.5　正規分布

確率変数 X の実現値 x が $-\infty < x < \infty$ の範囲にある任意の実数を取り，かつ，以下に定義される確率密度関数

$$p(x) = \frac{1}{\sqrt{2\pi\sigma^2}} e^{-\frac{(x-\mu)^2}{2\sigma^2}} \tag{8.173}$$

に従って分布するとき，母集団は**正規分布**（Normal distribution）あるいは**ガウス分布**（Gaussian distribution）に従うという．ここで，定数 μ と σ^2 は，それぞれ，統計分布の中心値と分布の広がりに対応する係数であるが，後に見るように，これらの係数は，それぞれ，母平均と母分散に一致する．

図 8.10 に，$\mu = 0$，$\sigma = 1$ の正規分布における確率密度関数を示す．$p(x)$ は $x = \mu$ を対称軸として正確に左右対称である．$p(x)$ は**ガウス関数**（Gaussian function）と呼ばれ，

$$\int_{-\infty}^{\infty} \frac{1}{\sqrt{2\pi\sigma^2}} e^{-\frac{(x-\mu)^2}{2\sigma^2}} dx = 1 \tag{8.174}$$

を満たす．ガウス関数について成り立つ重要な公式を以下に記す．

$$1. \qquad \int_0^{\infty} e^{-x^2} dx = \frac{\sqrt{\pi}}{2}$$

$$2. \qquad \int_{-\infty}^{\infty} e^{-x^2} dx = \sqrt{\pi}$$

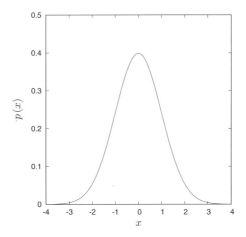

図 8.10 正規分布（ガウス分布）. $\mu = 0$, $\sigma = 1$.

3.
$$\int_{-\infty}^{\infty} e^{-\alpha x^2} dx = \sqrt{\frac{\pi}{\alpha}}$$

4.
$$\int_{-\infty}^{\infty} x^2 e^{-\alpha x^2} dx = -\frac{d}{d\alpha}\left(\int_{-\infty}^{\infty} e^{-\alpha x^2} dx\right) = \frac{1}{2\alpha}\sqrt{\frac{\pi}{\alpha}}$$

正規分布も統計分布モデルの 1 つに過ぎない. それにもかかわらず, 自然科学や工学において多用されており, 信頼を勝ち得た統計分布模型である. 正規分布に従わないデータ分布を, わざわざ, non-Gaussian distribution（あるいは non-Gaussian processes）と名付けて研究するほどである. 正規分布の英語は "normal distribution" ではなく, "Normal distribution" と表記されることがあるのは, 正規分布がよくできた統計分布モデルであることに由来する. また, μ と σ^2 で特定される正規分布を $N(\mu, \sigma^2)$ と略記することも多い.

正規分布における母平均と母分散を計算してみよう. 上に示した公式を用いる.

$$E[x] = \int_{-\infty}^{\infty} xp(x)dx$$
$$= \int_{-\infty}^{\infty} x\frac{1}{\sqrt{2\pi\sigma^2}}e^{-\frac{(x-\mu)^2}{2\sigma^2}} dx$$

ここで,

$$z = \frac{x - \mu}{\sqrt{2}\sigma}$$

とおくと,

$$dx = \sqrt{2}\sigma dz$$

であるから,

$$E[x] = \frac{1}{\sqrt{\pi}} \int_{-\infty}^{\infty} \left(\sqrt{2}\sigma z + \mu \right) e^{-z^2} dz$$

$$= \frac{\sqrt{2}\sigma}{\sqrt{\pi}} \int_{-\infty}^{\infty} z e^{-z^2} dz + \frac{\mu}{\sqrt{\pi}} \int_{-\infty}^{\infty} e^{-z^2} dz$$

$$= \frac{\sqrt{2}\sigma}{\sqrt{\pi}} \left[-\frac{1}{2} e^{-z^2} \right]_{-\infty}^{\infty} + \frac{\mu}{\sqrt{\pi}} \sqrt{\pi} = \mu \tag{8.175}$$

を得る．こうして，中心値 μ と母平均が一致すること，すなわち，$E[x] = \mu$ が証明された．

同様にして，ガウス関数の広がりに対応する σ^2 が母分散に一致することも証明できる．

$$E[(x - \mu)^2] = \int_{-\infty}^{\infty} (x - \mu)^2 p(x) dx$$

$$= \int_{-\infty}^{\infty} (x - \mu)^2 \frac{1}{\sqrt{2\pi\sigma^2}} e^{-\frac{(x-\mu)^2}{2\sigma^2}} dx$$

$$= \frac{1}{\sqrt{2\pi\sigma^2}} \int_{-\infty}^{\infty} 2\sigma^2 z^2 e^{-z^2} (\sqrt{2}\sigma dz)$$

$$= \frac{2\sigma^2}{\sqrt{\pi}} \frac{\sqrt{\pi}}{2} = \sigma^2 \tag{8.176}$$

正規分布における k 次統計モーメントは，μ と σ^2 が与えられれば，すべて決まってしまう．ここでは結果のみを示す．

1. k が奇数の場合（$k = 2n + 1$）

$$E[(x - \mu)^k] = \int_{-\infty}^{\infty} (x - \mu)^{2n+1} p(x) dx = 0$$

2. k が偶数の場合（$k = 2n$）

$$E[(x - \mu)^k] = \int_{-\infty}^{\infty} (x - \mu)^{2n} p(x) dx$$

$$= [1 \cdot 3 \, \cdots \, (2n - 1)] \sigma^{2n}$$

μ と σ^2 によって統計モーメントがすべて決定されることから，正規分布は平均・分散モデルと呼ばれることもある．

特に，$\mu = 0$ および $\sigma^2 = 1$ の正規分布は**標準正規分布**（standard Normal distribution）と呼ばれ，記号 $N(0, 1)$ で表される．"標準" が語頭についているのは，$N(0, 1)$ から $N(\mu, \sigma^2)$ に変数変換

$$z = \frac{x - \mu}{\sigma} \tag{8.177}$$

を通して簡単に変換できるからである．$N(0, 1)$ の確率密度関数は

$$p(z) = \frac{1}{\sqrt{2\pi}} e^{\frac{-z^2}{2}} \tag{8.178}$$

である.

問題 8.13

式（8.177）で与えられる変数変換によって，$N(\mu,\ \sigma^2) \to N(0,\ 1)$ に変換できることを示せ.

標準正規分布の分布幅 $-z_0 \leq x \leq z_0$（$z_0 > 0$ は定数）におけるデータの出現頻度

$$\int_{-z_0}^{z_0} \frac{1}{\sqrt{2\pi}} e^{-\frac{x^2}{2}}\, dx \tag{8.179}$$

に関する数値積分表を利用すると，与えられた分布幅内で実現する全データ量が，母集団に対してどの比率に相当するか見積もることができる.数値積分表を表 8.2 として本章末に添付した(註 1).この積分表では，標準正規分布に従う母集団において，$x \geq z_0$ の範囲に分布するデータの相対比率が示されている（図 8.3）.

たとえば，$z_0 = 1.00$ における数値（すなわち，$z_0 = 1.0$ に対応する行と "0" に対応する列の交差点の数値）は 0.1587 である.これは，母集団全体を 100 % とすると，約 15.9 % が $x \geq 1.00$ の範囲に分布することを意味する.ガウス関数は中心値に対して左右対称であるから，$-1.00 \leq x \leq 1.00$，すなわち，平均値 μ を中心にして $-\sigma$ と σ の範囲内に分布するデータは全体のおよそ 68.2 % である.

$z_0 = 2.00$ における数値（すなわち，$z_0 = 2.0$ に対応する行と "0" に対応する列の交差点の数値）は 0.0228 である.これは，母集団全体を 100 % とすると，約 2.3 % が $x \geq 2.00$ の範囲に分布することを意味する.したがって，$-2.00 \leq x \leq 2.00$，すなわち，平均値 μ を中心にして -2σ と 2σ の範囲内に分布するデータは全体のおよそ 95.4 % である.この意味で，$x \leq -2\sigma$ または $x \geq 2\sigma$ の範囲に現われるデータは，非常に例外的な実現値である.

データの分布に関する上に述べた事実は，統計検定おいて基本となる考え方を提示している.たとえば，扱っているデータの母集団が $N(\mu_0,\ \sigma_0^2)$ の正規分布に従っていると仮定したとしよう.また，標本データに関するヒストグラムがガウス関数に近い形状を示していることによって，正規分布によるモデル化が妥当であると判定されているとしよう.そのような状況下で，新たに観測されたデータが，平均値 μ_0 対して $\pm 2\sigma_0$ の外側に現われたとする.この新しいデータは何を伝えているのだろうか.このようなデータが観測にかかる機会は僅かに 4.6 % しかない.このデータは仮定された母集団 $N(\mu_0,\ \sigma_0^2)$ に属さず，別の母集団に属するのかも知れない.重大なトラブルの前兆かも知れない.このように推測して合理的な意思決定を行うのが統計検定の目的である.

(註 1) プログラミング言語 Python では，統計学でしばしば利用される確率密度関数に関する数値積分処理がライブラリーとして提供されているので，本章の末尾に添付しているような数値積分表はもはや不要かも知れない.

問題 8.14

標準正規分布において $-1.58 \leq x \leq 1.58$ の範囲で分布するデータの比率を数値積分表を用いて概算せよ.

問題 8.15

平均 μ, 分散 σ^2 で特徴付けられる確率密度関数を持つ母集団から n 個の標本データ $\{x_1, \ldots, x_N\}$ を収集し, 標本平均

$$\bar{x} = \frac{1}{n}\sum_{i=1}^{n} x_i$$

を得る. $\bar{x}$ の分散の期待値を求めよ.

8.8.6　コーシー分布

母集団において平均と分散が確定値を持たないような統計分布モデルがある. 具体例として, ここでは, **コーシー分布**（Cauchy distribution）, あるいは, **ローレンツ分布**（Lorentz distribution）と呼ばれる統計分布モデルを紹介しておこう. 本書では, コーシー分布と呼ぶことにするが, 物理学の分野では, コーシー分布というよりも, ローレンツ分布という命名のほうが馴染みが深いと思われる. ローレンツ分布は強制振動子における共鳴やスペクトル共鳴線を記述する分布関数である. コーシー分布に従う確率変数 x の確率密度関数は

$$p(x) = \frac{1}{\pi}\frac{\gamma}{(x-x_0)^2 + \gamma^2} \tag{8.180}$$

と表される. ここで, x_0 は分布のモードに対応する定数であり, 強制振動の場合には励振源の振動数に対応する. 式（8.180）で定義される関数 $p(x)$ は, $x = x_0$ にピークを持ち, x_0 を中心として左右対称に広がる単峰形状を示す. 係数 $\gamma > 0$ はピークの**半値幅**（full width at half maximum: FWHM）に対応する定数である. $\gamma = \sqrt{2/\pi}$ の場合のコーシー分布と標準正規分布を図 8.11 に示す.

式（8.180）は, $x \to \pm\infty$ において 0 には収束するものの, 図 8.11 に示すように正規分布に比べると大きな値を取る（このような性質は "fat tail(s)" を持つと表現されることがある）.

コーシー分布における母平均の計算を試みてみよう.

$$\begin{aligned}
\mu &= \int_{-\infty}^{\infty} xp(x)dx \\
&= \int_{-\infty}^{\infty} x_0 p(x)dx + \int_{-\infty}^{\infty} (x-x_0)p(x)dx \\
&= x_0 + \frac{\gamma}{\pi}\int_{-\infty}^{\infty} \frac{x-x_0}{(x-x_0)^2 + \gamma^2}dx \\
&= x_0 + \frac{\gamma}{\pi}\lim_{z_1,z_2\to\infty}\int_{z_1}^{z_2}\frac{z}{1+z^2}dz \\
&= x_0 + \frac{\gamma}{2\pi}\lim_{z_1,z_2\to\infty}\left[\log(1+z^2)\right]_{-z_1}^{z_2}
\end{aligned}$$

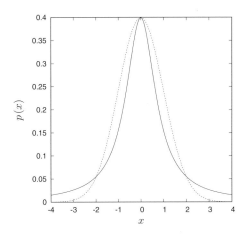

図 8.11 コーシー分布（実線）と標準正規分布（破線）. $\gamma = \sqrt{2/\pi}$.

$$= x_0 + \frac{\gamma}{2\pi} \lim_{z_1, z_2 \to \infty} \log\left(\frac{1 + z_2^2}{1 + z_1^2}\right) \tag{8.181}$$

ただし，$z = (x - x_0)/\gamma$ とおいた．式（8.181）の右辺第 2 項は確定値を持たない．したがって，コーシー分布の母平均も母分散も確定値を持たない．

8.9 大数の法則と中心極限定理

前節では，代表的な統計分布モデルをいくつか学んだ．正規分布に代表される統計分布モデルは（無限個のデータがある）母集団におけるデータ分布を模型化する．正規分布やポアソン分布では，母集団の平均値や分散を正確に求めることができた．一方，実際に扱うことのできるデータは有限個の標本データに過ぎない．第 8.2 節で議論したように，有限個のデータから算出された標本平均には一致性と不偏性が認められた．この事実を，本節では，**大数の法則**（law of large numbers）の観点から再確認してみよう．

ある事象について N 回観測を行うことを考える．互いに独立で同一の統計分布に従う確率変数を $X_1, \ldots, X_N$ とおく．X_k ($k = 1, \ldots, N$) の実現値 x_k は $-\infty < x_k < \infty$ の範囲の実数を取るものとする．X_k は k 回目の観測を表す確率変数であり，x_k はその実現値を表している．$X_1, \ldots, X_N$ が**独立同一分布**（independent identical distribution: iid）に従うということは，i 回目の観測と j 回目の観測（$i \neq j$）との間で互いに何らの影響もなく，かつ，それぞれの観測結果の母集団は同じ統計分布に従うことを意味している．iid の仮定は，現実には，成り立つかどうかわからないが，理論を組み立てる前提としては，一応妥当な考えであろう．こうして，

$$E[X_k] = \mu \quad (k = 1, \ldots, N) \tag{8.182}$$

と仮定する．また，

$$E[(X_k - \mu)^2] = \sigma^2 \quad (k = 1, \ldots, N) \tag{8.183}$$

と仮定する. $X_1, \ldots, X_N$ の実現値に関する標本平均は

$$\bar{x} = \frac{1}{N} \sum_{k=1}^{N} x_k \tag{8.184}$$

である. N 回観測をして標本平均を計算するプロセスを何回も繰り返して行うことを考えてみよう. 母集団を覆い尽くすほど標本平均の計算を繰り返すと,

$$\begin{aligned}
E[\bar{X}] &= E\left[\frac{1}{N} \sum_{k=1}^{N} X_k\right] \tag{8.185} \\
&= \frac{1}{N} \sum_{k=1}^{N} E[X_k] \\
&= \frac{1}{N} N\mu \\
&= \mu \tag{8.186}
\end{aligned}$$

となる. つまり, 標本平均の母平均は, 元の母集団の平均に等しいという重要な結果が得られた. この結果を大数の法則と呼ぶ. ただし, 式 (8.186) は, 正確には, $\bar{X}$ は μ に**確率収束** (convergence in probability) することを意味しているのであるが, ここではその詳細は割愛する. $\bar{X}$ は μ に限りなく近づいて行くと理解しても, 実務上は問題ない.

N 回観測を 1 セットとして, 何セットも観測を繰り返すと, 標本平均は母平均 μ の周りで分布することがわかった. では, 標本平均は μ の周りでどのように分布するのだろうか. この問に答えるために, 確率変数 $\bar{X}$ の母分散を調べてみよう.

$$\begin{aligned}
&E\left[\left(\frac{1}{N} \sum_{k=1}^{N} X_k - \mu\right)^2\right] \\
&= E\left[\frac{1}{N^2} \sum_{k=1}^{N} (X_k - \mu)^2\right] - E\left[\frac{1}{N^2} \sum_{i \neq j}^{N} (X_i - \mu)(X_j - \mu)\right] \\
&= \frac{1}{N^2} \sum_{k=1}^{N} E[(X_k - \mu)^2] - \frac{1}{N^2} \sum_{i \neq j}^{N} E[(X_i - \mu)(X_j - \mu)] \tag{8.187} \\
&= \frac{1}{N^2} \sum_{k=1}^{N} E[(X_k - \mu)^2] \tag{8.188} \\
&= \frac{1}{N^2} N\sigma^2 \\
&= \frac{\sigma^2}{N} \tag{8.189}
\end{aligned}$$

ただし, 式 (8.187) から式 (8.188) に移行する際に,

$$E[(X_i - \mu)(X_j - \mu)] = 0 \quad (i \neq j) \tag{8.190}$$

すなわち，確率変数 X_i と X_j $(i \neq j)$ は無相関であると仮定していることに注意されたい．無相関の仮定が成り立たなければ（現実には成り立たないことがある），式（8.189）は得られない．

式（8.189）の結果は重要である．この結果を以下に再び示しておく．

$$E[(\bar{X} - \mu)^2] = \frac{\sigma^2}{N} \tag{8.191}$$

つまり，$\bar{X}$ の母分散は X_k の母分散の $1/N$ となる．$\bar{X}$ の標準偏差は

$$\sqrt{E[(\bar{X} - \mu)^2]} = \frac{\sigma}{\sqrt{N}} \tag{8.192}$$

である．式（8.192）に示した統計量は，**標準誤差**（standard error）と呼ばれ，標準偏差とは区別される．$N \to \infty$ の極限において 0 に収束する．そして，証明は省略するが，この極限において $\bar{X}$ の μ の周りでの統計分布が σ^2/N を分散とする正規分布に一致するのである．これを**中心極限定理**（central limit theorem）という．

【**定理 8.1：中心極限定理**】　確率変数 $X_1, \ldots, X_N$ は母平均 μ および母分散 σ^2 で特徴付けられる独立同一分布に従うとする．このとき，標本平均 $\bar{X}$

$$\bar{X} = \frac{1}{N} \sum_{k=1}^{N} X_k$$

は，平均値 μ および分散 σ^2/N で特定される正規分布 $N(\mu, \sigma^2/N)$ に（確率）収束する．また，標本和 S_n

$$S_n = \sum_{k=1}^{n} X_k$$

は，平均値 $N\mu$ および分散 $N\sigma^2$ で特定される正規分布 $N(N\mu, N\sigma^2)$ に（確率）収束する．

中心極限定理は，

$$Y = \frac{\bar{X} - \mu}{\frac{\sigma}{\sqrt{N}}}$$

を確率変数と見ると，確率変数 Y の分布が標準正規分布 $N(0, 1)$ に収束することを意味する．

中心極限定理は，確率変数 X_k $(k = 1, \ldots, N)$ が母平均と母分散を持つならば，どのような分布（たとえば，非対称な分布）をしていても成り立つ．これは重要な事実であり，正規分布がこれほど重用される根拠となっている．標本平均とその誤差（すなわち，標本平均の母平均の周りのばらつき）を正規分布として捉えることを可能にしているのである．つまり，標本数 N が大きくなればなるほど，その極限において，標本平均値は正規分布の中心値としての母平均値にどんどんと近づくことを意味している．中心極限定理という名に相応しい事実である．

しかしながら，何事にも例外はあるもので，母平均と母分散を持たない統計分布，たとえば，コーシー分布（ローレンツ分布）に従う確率変数は母平均も母分散も確定値を持たないので，中心極限定理には従わない．

8.10 信頼区間と統計検定

標本データから，一定の確信の下で母平均や母分散がその範囲内の何処かにあると期待される区間を求めたり，あるいは，推定された区間に基いて母平均や母分散に関する仮説の信憑性を検証することを考えよう．このような統計分析においては，母平均や母分散に対して偏りのない，また，一致性をもつ標本統計量を用いるべきである．標本平均は一致性と不偏性をもつ．一方，標本分散は一致性をもつが，不偏性をもたない．したがって，本節で述べる統計分析では標本分散を使用すべきでない．不偏標本分散は，標本分散よりも自由度が 1 だけ減るが，標本平均と同じく，一致性と不偏性の両者をもつ．こうして，本節で展開する統計分析においては，標本平均と不偏標本分散が用いられる．本節では，信頼区間推定と統計検定において重要な統計分布モデルとして，χ^2 分布，t 分布，および，F 分布を概観した後，それらの応用方法を学ぶ．

8.10.1 χ^2 分布

いま，標準正規分布 $N(0, 1)$ に従って独立同一分布する d 個の確率変数 $X_1, X_2, \ldots, X_d$ を考えよう．これらの確率変数は，標準正規分布に従うように変数変換がなされているので，物理次元を持たない無次元数である．これらの確率変数の 2 乗和を

$$S_d = \sum_{i=1}^{d} X_i^2 \tag{8.193}$$

とすると，S_d も確率変数である．S_d の実現値を x とおくと，S_d は以下に定義される確率密度関数

$$p(x) = \frac{1}{2^{\frac{d}{2}}\Gamma(\frac{d}{2})} x^{\frac{d-2}{2}} e^{-\frac{x}{2}} \ \text{if } x > 0 \tag{8.194}$$
$$= 0 \ \text{otherwise}$$

に従うことが知られている．このような統計分布を**自由度**（degrees of freedom）d の **χ^2 分布**（カイ 2 乗分布，χ はギリシャ文字のカイである，χ^2 distribution）と呼び，$\chi^2(d)$ と表記する．ただし，実数 $a > 0$ の関数である $\Gamma(a)$ はガンマ関数と呼ばれ，

$$\Gamma(a) = \int_0^\infty x^{a-1} e^{-x} dx \tag{8.195}$$

と定義される．a を形状母数という．ガンマ関数は以下に示す性質をもつ．

1. $\Gamma(1) = 1$
2. $\Gamma(a+1) = a\Gamma(a)$ for $a \geq 1$
3. $\Gamma(n+1) = n!$ for non-negative integer n
4. $\Gamma(1/2) = \sqrt{\pi}$

上に述べたことを定理としてまとめておこう.

【定理 8.2】　確率変数 $X_1, \ldots, X_d$ が標準正規分布 $N(0, 1)$ に従い, 独立同一分布するならば,

$$S_d = \sum_{i=1}^{d} X_i^2 \tag{8.196}$$

で定義される 2 乗和 S_d は, $\chi^2(d)$ 分布に従う（証明は省略する）.

　S_d は, $N(0, 1)$ に従って分布する X_i $(i = 1, \ldots, d)$ の母分散 σ^2 により $S_d = d\sigma^2$ と書ける. したがって, $\chi^2(d)$ 分布は, d 個の標本データから母分散の確からしい存在区間, すなわち, **信頼区間**（confidence interval）を求める際に利用される. 信頼区間が母分散を含む確率（これを**信頼水準**（confidence level）という）は, 式 (8.194) で定義された確率密度関数を信頼区間幅で定積分すると得られるが, 統計分析の都度, 積分を計算するのは実用的ではないから, 章末の表 8.3 に示す数値積分表および図 8.14 を利用して見積られる.

　図 8.14 の関数形状から明らかなように, χ^2 分布は中心値に対して対称に分布していない. この数値表の最左列は自由度を表す. 最上段にある行は信頼水準である. 信頼水準を $P = \alpha$ と置き, 臨界 χ^2-値を χ_α^2 と表すと, 自由度 d のときに $\chi^2 \geq \chi_\alpha^2$ となるような標本分散が実現する確率 P- 値が α である. そのような χ^2 がこの表に示されている.

　N 個の標本データを利用した統計分析においては, 母分散の代わりに不偏標準分散を用いることになる. ただし, 不偏標本分散は, 標本分散に比べて自由度が 1 だけ小さいことに注意しなければならない. この場合には, 以下の示す定理を活用する.

【定理 8.3】　正規分布 $N(\mu, \sigma^2)$ に従う確率変数の実現値から, N 個を無作為抽出したとき, 不偏標本分散を $\hat{\sigma}^2$ とすると,

$$\frac{(N-1)\hat{\sigma}^2}{\sigma^2} = \frac{\sum_{i=1}^{N}(x_i - \bar{x})^2}{\sigma^2} \tag{8.197}$$

は, 自由度 $N-1$ の $\chi^2(N-1)$ 分布に従う（証明は省略する）. ただし,

$$\bar{x} = \frac{1}{N}\sum_{i=1}^{N} x_i$$

$$\hat{\sigma}^2 = \frac{1}{N-1}\sum_{i=1}^{N}(x_i - \bar{x})^2$$

したがって，不偏標本分散を用いる場合には，自由度は $d = N - 1$ とおく．式（8.197）で定義される数は，物理次元を持たない無次元数である（分子と分母が同じ物理次元を持つから）．

8.10.2 t 分布

互いに独立な 2 つの確率変数 X と Y を考えよう．ただし，X は標準正規分布 $N(0, 1)$ に従い，Y は $\chi^2(d)$ 分布に従うとする．このとき，

$$T = \frac{X}{\sqrt{\frac{Y}{d}}} \tag{8.198}$$

で定義される確率変数 T を考えることができる．T の実現値は物理次元を持たない無次元数である．確率変数 T の実現値 x は $-\infty < x < \infty$ の範囲にある任意の実数値を取り，以下に定義する確率密度関数 $p(x)$ に従うことが知られている．

$$p(x) = \frac{1}{\sqrt{d} B \left(\frac{d}{2}, \frac{1}{2} \right)} \left(1 + \frac{x^2}{d} \right)^{-\frac{d+1}{2}} \tag{8.199}$$

ここで，$d = 1, 2, \ldots$ は自由度，すなわち，標本データ数に対応する自然数であり，$B(a, b)$ $(a > 0,\ b > 0$ は正の実数) はベータ関数で

$$B(a, b) = \int_0^1 x^{a-1} (1 - x)^{b-1} dx \tag{8.200}$$

と定義される．ベータ関数は以下の性質をもつ．

$$B(a, b) = \frac{\Gamma(a) \Gamma(b)}{\Gamma(a + b)} \tag{8.201}$$

ただし，$\Gamma(\cdot)$ は式（8.195）で定義された関数である．式（8.199）で定義される確率密度関数に従う統計分布を自由度 d の **t 分布**（t distribution）と呼び，$t(d)$ と表記する．

$p(x)$ は $x = 0$ をピークの中心として左右対称な単峰形状を持つ．$d = 1$ の場合には $p(x)$ はコーシー分布（ローレンツ分布）を表し，d の増加とともに単峰形状を保ちつつ，$d \to \infty$ で標準正規分布 $N(0, 1)$ に一致する．ただし，このとき，分散は標準誤差（標準偏差ではない）の 2 乗で与えられる．

t 分布は **Student の t 分布**（Student's t distribution）とも呼ばれる．t 分布は，アイルランドのギネスビール社の技術者であったゴセット（William S. Gosset, 1876 年〜1937 年）によって考案された．"Student" はゴセットのペンネームである．ギネスビール社が社員に論文発表を禁じていたので，ゴセットはペンネームで論文を発表していたらしい．

前節で学んだ中心極限定理によると，

$$\frac{\bar{X} - \mu}{\frac{\sigma}{\sqrt{N}}}$$

で定義される確率変数は標準正規分布 $N(0, 1)$ に従う．また，

$$\frac{(N-1)\hat{\sigma}^2}{\sigma^2}$$

で定義される確率変数は自由度 $N-1$ に従う．そこで，t 分布の定義式（8.198）において

$$X = \frac{\bar{X} - \mu}{\frac{\sigma}{\sqrt{N}}}$$

$$Y = \frac{(N-1)\hat{\sigma}^2}{\sigma^2}$$

$$d = N - 1$$

とおくと，新しい確率変数

$$T = \frac{\bar{X} - \mu}{\frac{\hat{\sigma}}{\sqrt{N}}} \tag{8.202}$$

は自由度 $N-1$ の t 分布（$t(N-1)$）に従うことがわかる．式（8.202）で定義される確率変数は，標本平均 $\bar{X}$ と不偏標本分散 $\hat{\sigma}^2$ から母平均の信頼区間を推定する分析や，μ に関する仮説検定において活用される．

実際の統計分析では，式（8.199）の数値積分をその都度計算するのは実用的ではない．通常は t 分布の数値積分表を利用する．章末の表 8.4 に t 分布の数値積分表を添付した．この数値積分表の使用方法は以下の通りである．

最左列に記されている 1〜100 の整数は自由度 d である．たとえば，$d = 20$ の場合には，$d = 20$ の行に注目する．図 8.15 に示されている単峰関数のグラフは t 分布における確率密度関数を表す．右側にある t が添えられた破線は，**臨界 t-値**（critical t-value）t_α を表す．この図では，臨界 t-値より右側にある関数と x 軸で囲まれる部分の面積が t-値の実現確率，すなわち，臨界水準 $P = \alpha$ を表す．最上段にある行は t_α である．たとえば，$t_{0.025}$ の列と $d = 20$ の行の交差点にある数値を読むと，$t = 2.086$ である．これは，t-値が 2.086 以上になるような事象が起こる確率は 0.025，すなわち，2.5 ％ であることを意味している．このような t-値のことを**片側 2.5 ％信頼水準における臨界 t-値**（critical t-value at a one-sided 2.5 ％ confidence level）と呼ぶ．"片側"とは，正負の t-値のうち，どちらか一方だけを考慮していることを意味している．

t 分布の確率密度関数は中心値に対して左右対称であるから，t-値が -2.086 以下となる確率も同じ値，すなわち，2.5 ％ である．したがって，正負の t-値の両側を併せて全体で実現確率が 5 ％ 以下であるような事象に関する t-値は，自由度が 20 の場合には $|t| > 2.086$ に対応する．**両側 5 ％ 信頼水準**（$P = 0.05$）における**臨界 t-値**（critical t-value at a two-sided 5 ％ confidence level）は，5 ％ を正負の両側で分割して，片側 2.5 ％ の臨界 t-値，すなわち，数値積分表の $t_{0.025}$ と同じである．

問題 8.16

$d = 15$ であるとする．このとき，片側 1 ％ 信頼水準における臨界 t-値を数値積分表より求めよ．

問題 8.17

$d = 40$ であるとする．このとき，両側 10 % 信頼水準における臨界 t-値を数値積分表より求めよ．

8.10.3　F 分布

確率変数 X および Y が，それぞれ，自由度 d_1 および d_2 の χ^2 分布（すなわち，$\chi^2(d_1)$ および $\chi^2(d_2)$）に従うとする．新しい確率変数 F を

$$F = \frac{\left(\frac{X}{d_1}\right)}{\left(\frac{Y}{d_2}\right)} \tag{8.203}$$

と定義する．F の実現値も物理次元を持たない無次元数である．F の実現値を $x \geq 0$ とおくと，F は以下に定義する確率密度関数 $p(x)$ をもつ統計分布モデルに従うことが知られている．

$$p(x) = \frac{d_1^{\frac{d_1}{2}} d_2^{\frac{d_2}{2}}}{B(\frac{d_1}{2}, \frac{d_2}{2})} \frac{x^{\frac{d_1}{2}-1}}{(d_1 x + d_2)^{\frac{d_1+d_2}{2}}} \tag{8.204}$$

ただし，B は式（8.200）で定義されるベータ関数である．式（8.204）に従う統計分布モデルを**自由度** (d_1, d_2) の **F 分布**（F distribution with d_1 and d_2 degrees of freedom）と呼び，$F(d_1, d_2)$ と表記する．χ^2 分布や t 分布の場合と同様に，信頼水準 $P = \alpha$ における $F(d_1, d_2)$ の実現値を f_α と表記する．式（8.203）に関する f_α の数値積分表を章末に添付した表 8.5 および表 8.6 にまとめておく．

ここで，

$$\alpha = \int_{f_\alpha}^{\infty} p(x)dx \tag{8.205}$$

である．F-値の定義式（8.203）における分母と分子を入れ替えると，信頼水準 $P = 1 - \alpha$ における $F(d_1, d_2)$ の実現値 $f_{1-\alpha}$ について

$$1 - \alpha = \int_0^{f_{1-\alpha}} p(x)dx \tag{8.206}$$

が成り立ち，

$$f_{1-\alpha} = \frac{1}{f_\alpha} \tag{8.207}$$

となることがわかる．式（8.207）に基いて，表 8.5 および表 8.6 から $f_{1-\alpha}$ が得られる．

8.10.1 項の定理 8.2（式（8.197））と式（8.203）を考慮すると，以下の定理が得られる．

【定理 8.4】 σ_1^2 と σ_2^2 が，それぞれ，正規分布に従う互いに異なる母集団の母分散であるとする．これらの母集団から抽出した，それぞれ，N_1 個および N_2 個のサンプルからなる標本データに関する不偏標本分散を $\hat{\sigma}_1^2$ および $\hat{\sigma}_2^2$ とすると，

$$F = \frac{\left(\frac{\hat{\sigma}_1^2}{\sigma_1^2}\right)}{\left(\frac{\hat{\sigma}_2^2}{\sigma_2^2}\right)} \tag{8.208}$$

は自由度 $(N_1 - 1,\ N_2 - 1)$ の F 分布に従う.

　F 分布の定義から明かなように，F 分布は 2 つの異なる母集団に関する母分散の比を統計検定によって推定する際に活用される.

8.10.4　平均値に関する信頼区間推定と t 検定

　中心極限定理によると，独立同一分布に従う N 個の確率変数 $X_1, \ldots, X_N$ に関する標本平均

$$\bar{X} = \frac{1}{N} \sum_{i=1}^{N} X_i$$

は，母平均 μ，母分散 σ^2/N で特定される正規分布 $N(\mu, \sigma^2/N)$ に確率収束する. ここで，確率変数 $\bar{X}$ の統計分布を考えてみよう. この確率変数は，実験室や製造現場で N 回測定した結果の標本平均を模型化している. ただし，現実には，N 回の測定結果が独立同一分布に従うかどうか吟味が必要である. 標準正規分布表によると，分布の中心値，すなわち，母平均を中心として両側に $z_0 = \pm 1.96$ の幅の領域を取ると，その領域内で事象が起こる確率は $0.025 \times 2 = 0.05$，すなわち，5 ％ である. したがって，両側 5 ％ 信頼水準（$P = 0.05$）での z_0 の臨界値は $z_0 = 1.96$ となる. この領域内に $\bar{X}$ が 95 ％ の確率で分布する. これを不等式で表現すると，

$$\mu - z_0 \frac{\sigma}{\sqrt{N}} \leq \bar{X} \leq \mu + z_0 \frac{\sigma}{\sqrt{N}} \tag{8.209}$$

となる. ただし，95 ％ の確率で不等式（8.209）を成立させるために $z_0 = 1.96$ とおく. この不等式が示す意味は興味深い. 母平均と母分散を使って，標本平均が高い確信の下で分布する範囲を明示している.

　しかしながら，不等式（8.209）は，実際の統計解析ではあまり役に立たない. なぜならば，μ も $\sigma/\sqrt{N}$ もわからないから. そこで，不等式（8.209）を以下のように書き直してみよう.

$$\bar{X} - z_0 \frac{\sigma}{\sqrt{N}} \leq \mu \leq \bar{X} + z_0 \frac{\sigma}{\sqrt{N}} \tag{8.210}$$

ただし，$z_0 = 1.96$ とする. 不等式（8.210）で表された区間を 95 ％ の確信の下での信頼区間と呼ぶ. しかしながら，こうして得られた 1 個の信頼区間内の何処かに母平均 μ が 95 ％ の確率で分布すると解釈できれば話しはすっきりするのだが，そうはいかない. なぜならば，確率に従って実現されるのは母平均ではなく，標本平均だから. つまり，標本データから求められた信頼区間のほうが確率に従って実現される結果なのである. こうして，信頼区間は以下のように解釈される. すなわち，信頼区間は，ある信頼水準で指定される確率で母平均を含んでいる. たとえば，標本データを 100 セット収集して，各データセットについて標本平均を計算

して，信頼区間を 100 個得たとする．このとき，100 個のうちどれか 95 個の信頼区間が母平均を含んでいるということである．これが信頼区間の意味である(註 2)．

　ここで，$\sigma/\sqrt{N}$ が既知であるならば不等式 (8.210) を利用して μ の信頼区間を推定できる．しかし，母分散が未知ならば，不等式 (8.210) は依然として実際の統計分析では使うことができない．そこで，母分散 σ^2 を不偏標本分散 $\hat{\sigma}^2$ で代用しよう．

$$\bar{X} - z_0 \frac{\hat{\sigma}}{\sqrt{N}} \leq \mu \leq \bar{X} + z_0 \frac{\hat{\sigma}}{\sqrt{N}} \tag{8.211}$$

不等式 (8.211) は，標本データ数 N が非常に大きい場合には，高い精度で成り立つであろう．しかし，計算に使用する z_0 は無限個のデータに関する統計分布モデルである正規分布に依拠しているから，N が小さい場合には，正規分布に基づいて μ の分布領域を推定することには精度に問題がある．データが少数しかないので，推定範囲が狭過ぎる．そこで，有限個のデータに関する統計分布モデルである t 分布を用いてみよう．t 分布は $N \to \infty$ の極限において正規分布に（確率）収束するから，一致性（consistent）がある．こうして，z_0 を t_p 値で置き換え，

$$\bar{X} - t_p \frac{\hat{\sigma}}{\sqrt{N}} \leq \mu \leq \bar{X} + t_p \frac{\hat{\sigma}}{\sqrt{N}} \tag{8.212}$$

を用いるとよい．ここで，t_p は信頼水準 $P = \alpha$，自由度 $d = N-1$ の t-値である．たとえば，N 回の測定結果が $\{x_1, \ldots, x_N\}$ であったとすると，

$$\bar{x} = \frac{1}{N} \sum_{i=1}^{N} x_i \tag{8.213}$$

$$\hat{\sigma} = \frac{1}{N-1} \sum_{i=1}^{N} (x_i - \bar{x})^2 \tag{8.214}$$

$$p = \alpha \tag{8.215}$$

であるから，不等式 (8.212) を実際に運用するためのデータがすべて揃っている．

　t 分布を使って推定された母平均 μ の信頼区間

$$\left[\bar{x} - t_p \frac{\hat{\sigma}}{\sqrt{N}}, \ \bar{x} + t_p \frac{\hat{\sigma}}{\sqrt{N}} \right]$$

のことを自由度 $d = N-1$ における信頼区間（confidence interval with d degrees of freedom）と呼ぶ．$d = N-1$ とおくのは，不偏標本分散 $\hat{\sigma}^2$ の自由度が $N-1$ に減少することによる．両側 5 ％ 信頼水準（$P = 0.05$）での信頼区間は自由度 $d = N-1$ における $t = t_{0.025}$ を代入することによって得られる．たとえば，標本データが $N = 20$ 個ある場合には，$d = 19$ における $t_{0.025} = 2.093$ を代入した

$$\bar{x} - 2.093 \frac{\hat{\sigma}}{\sqrt{20}} \leq \mu \leq \bar{x} + 2.093 \frac{\hat{\sigma}}{\sqrt{20}} \tag{8.216}$$

(註 2) 釈然としない気分がするであろうが，この解釈に対する考究を進めると，ベイズ統計学に遭遇するであろう．

で表される信頼区間

$$\left[\bar{x} - 2.093\frac{\hat{\sigma}}{\sqrt{20}}, \ \bar{x} + 2.093\frac{\hat{\sigma}}{\sqrt{20}}\right]$$

は，この区間が母平均 μ を含むことに関する確信が 95 % であることを意味する．つまり，100 セットの標本データに対して，上に示した手順で求めた信頼区間が 100 個あると，それらのうちどれか 95 個の信頼区間が μ を含んでいると期待できる．

　たとえば，ある製造現場において，1 週間前に，無作為抽出された 20 個の製品の性能を測定して不等式 (8.216) で表されるような両側 5 % 信頼区間を得たとしよう．今日も同様な測定を行い，

$$\bar{x}' - 2.093\frac{\hat{\sigma}'}{\sqrt{20}} \leq \mu \leq \bar{x}' + 2.093\frac{\hat{\sigma}'}{\sqrt{20}} \tag{8.217}$$

で表される両側 5 % 信頼区間を得たとする．これら 2 つの信頼区間が一致していれば，製造された製品の性能は同じ母集団に属すると判断しても良いが，区間が一致しなければ，1 週間前と今日製造された製品群は，それぞれ，異なる性能の母集団に属している可能性がある．すなわち，製造プロセスに何らかの問題が発生している可能性がある．

　上に述べた信頼区間推定の事例において，残りの 5 % はどうなるのだろうか．5 % は推定誤差である．データが少数しかないので，標本データが偏っている可能性がある．母集団のデータをすべて使用しない限り，このような推定誤差を排除することはできない．統計学では白黒決着を付けるということができないのである．統計分析に基づく判断には，常に "グレーゾーン" が付きまとう．

　次に，t 分布を使用した信頼区間推定を具体的事例を通して学ぼう．

【例題 8.1】

多数の受講者がいるクラスで定期試験を行った．試験は 100 点満点である．このクラスの受験者から 5 名を無作為抽出し，試験点数を調べたところ，

$$\{50, 55, 65, 70, 60\}$$

であった．このクラスの全受験者の定期試験点数について，平均値の信頼区間を推定せよ．ただし，両側 5 % 信頼水準を用いるものとする．

【例題 8.1 の解答】

試験点数の標本平均を $\bar{x}$ とおくと，

$$\bar{x} = \frac{1}{5}(50 + 55 + 60 + 70 + 60) = 60$$

である．不偏標本分散を $\hat{\sigma}^2$ とおくと，

$$\hat{\sigma}^2 = \frac{1}{4}[(50-60)^2 + (55-60)^2 + (60-60)^2 + (70-60)^2 + (60-60)^2] = \frac{250}{4}$$

である．データ数は 5 であるから，両側 5 ％ 信頼水準における臨界 t-値は，$d = 4$ での $t_{0.025} = 2.776 \approx 2.78$ である．全受験者の平均点数を μ とおくと，5 ％ 信頼区間は

$$\left[\bar{x} - 2.78\frac{\hat{\sigma}}{\sqrt{5}},\ \bar{x} + 2.78\frac{\hat{\sigma}}{\sqrt{5}}\right]$$

と表される．ここで，

$$2.78\frac{\hat{\sigma}}{\sqrt{5}} \approx 9.8$$

と近似すると，信頼区間は

$$50 < \mu < 70$$

のように求められる．この信頼区間は 95 ％ の確信の下で全受験者の平均点数を捉えていると言える．　　　　　　　　　　　　　　　　　　　　　　　　　　　　　　（解答終わり）

【例題 8.2】

ある民間企業に勤務する管理職 1000 名から無作為抽出によって 15 名選び，その年収を調べたところ，10 名は男性，5 名が女性であり，単位を百万円として，

$$男性: \{13, 11, 19, 15, 22, 20, 14, 17, 14, 15\}$$
$$女性: \{9, 12, 8, 10, 16\}$$

というデータを得た．これらの標本データから，この企業の全男性管理職と全女性管理職のそれぞれの年収の平均値に関する信頼区間を推定せよ．ただし，信頼水準は両側 5 ％ とする．

【例題 8.2 の解答】

男性管理職と女性管理職の標本平均を，それぞれ，$\bar{x}_1$，$\bar{x}_2$，不偏標本分散を，それぞれ，$\hat{\sigma}_1^2$，$\hat{\sigma}_2^2$，母平均を，それぞれ，μ_1，μ_2 とする．標本データより，

$$\bar{x}_1 = \frac{1}{10}(13 + 11 + 19 + 15 + 22 + 20 + 14 + 17 + 14 + 15) = 16$$
$$\bar{x}_2 = \frac{1}{5}(9 + 12 + 8 + 10 + 16) = 11$$

であり，不偏標本分散は，

$$\hat{\sigma}_1^2 = \frac{106}{9}$$
$$\hat{\sigma}_1 \approx 3.43$$
$$\hat{\sigma}_2^2 = \frac{40}{4}$$
$$\hat{\sigma}_2 \approx 3.16$$

である．$d = 9$ および $d = 4$ における両側 5 ％ 信頼水準での臨界 t-値は，t-値の数値積分表における $t_{0.025}$ に相当するので，それぞれ，$t_{0.025} = 2.262 \approx 2.26$ および $t_{0.025} = 2.776 \approx 2.78$ である．したがって，μ_1 と μ_2 の信頼区間は，それぞれ，

$$\left[\bar{x}_1 - 2.26 \frac{\hat{\sigma}_1}{\sqrt{9}},\ \bar{x}_1 + 2.26 \frac{\hat{\sigma}_1}{\sqrt{9}} \right]$$

$$\left[\bar{x}_2 - 2.78 \frac{\hat{\sigma}_2}{\sqrt{4}},\ \bar{x}_2 + 2.78 \frac{\hat{\sigma}_2}{\sqrt{4}} \right]$$

より，

$$13.4 \leq \mu_1 \leq 18.6, \quad 6.6 \leq \mu_2 \leq 15.4 \tag{8.218}$$

を得る．μ_1 と μ_2 の信頼区間の重なりは小さく，年収における格差がある可能性を否定できない．

（解答終わり）

2 つの互いに独立な母集団の平均と分散を，それぞれ，μ_1，μ_2，および，σ_1^2，σ_2^2，標本データ数を，それぞれ，N_1，N_2，標本平均を，それぞれ，$\bar{x}_1$，$\bar{x}_2$ とすると，母平均の差 $\mu_1 - \mu_2$ に関する両側 α 信頼水準（両側 $\alpha \times 100$ ％ 信頼水準）における信頼区間は，

$$\left[\bar{x}_1 - \bar{x}_2 - z_{\frac{\alpha}{2}} \sqrt{\frac{\sigma_1^2}{N_1} + \frac{\sigma_2^2}{N_2}},\ \bar{x}_1 - \bar{x}_2 + z_{\frac{\alpha}{2}} \sqrt{\frac{\sigma_1^2}{N_1} + \frac{\sigma_2^2}{N_2}} \right] \tag{8.219}$$

に基づいて推定されるが（証明は省略する），標準正規分布に関する臨界値 z を自由度 $(N_1 - 1) + (N_2 - 1)$ の t 分布に関する同じ信頼水準での臨界 t-値に置き換えるには，不偏標本分散を，それぞれ，$\hat{\sigma}_1^2$，$\hat{\sigma}_2^2$ とすると，$\sigma_1^2 = \sigma_2^2$ の仮定の下で，

$$\left[\bar{x}_1 - \bar{x}_2 - t_{\frac{\alpha}{2}} \hat{\sigma} \sqrt{\frac{1}{N_1} + \frac{1}{N_2}},\ \bar{x}_1 - \bar{x}_2 + t_{\frac{\alpha}{2}} \hat{\sigma} \sqrt{\frac{1}{N_1} + \frac{1}{N_2}} \right] \tag{8.220}$$

$$\hat{\sigma} = \sqrt{\frac{(N_1 - 1)\hat{\sigma}_1^2 + (N_2 - 1)\hat{\sigma}_2^2}{(N_1 - 1) + (N_2 - 1)}} \tag{8.221}$$

とすればよい．これらの結果を，例題 8.2 に応用して，平均年収の格差に関する**統計検定**（statistical test）を行ってみよう．統計検定では，最初に母集団に関する仮説を立てる．これを**帰無仮説**（null hypothesis）と呼ぶ．例題 8.2 の場合には，男性管理職と女性管理職の年収の母平均に関する格差を $\Delta = \mu_1 - \mu_2$ と置き，$\sigma_1^2 = \sigma_2^2$ の仮定の下で Δ の値を帰無仮説とすればよい．たとえば，$\Delta = 0$，すなわち，平均年収に格差は無いという帰無仮説を立てる．次に，標本平均に関する格差から，母平均に関する格差の信頼区間を推定する．信頼水準としては，両側 5 ％ が採用されることが多い．$\Delta = 0$ が推定された信頼区間に含まれていれば，帰無仮説を**受容する**（accept）．信頼区間に含まれなければ，帰無仮説を**棄却する**（reject）．

2 つの標本データに対応する母集団の分散が同じでない場合，すなわち，$\sigma_1^2 \neq \sigma_2^2$ の場合には，信頼区間は，

$$\left[\bar{x}_1 - \bar{x}_2 - t_{\frac{\alpha}{2}} \sqrt{\frac{\hat{\sigma}_1^2}{N_1} + \frac{\hat{\sigma}_2^2}{N_2}}, \ \bar{x}_1 - \bar{x}_2 + t_{\frac{\alpha}{2}} \sqrt{\frac{\hat{\sigma}_1^2}{N_1} + \frac{\hat{\sigma}_2^2}{N_2}} \right] \tag{8.222}$$

である．ただし，この場合，t 分布の自由度は少々複雑で，

$$d = \frac{\left(\frac{\hat{\sigma}_1^2}{N_1} + \frac{\hat{\sigma}_2^2}{N_2} \right)^2}{\frac{\hat{\sigma}_1^4}{N_1^2(N_1-1)} + \frac{\hat{\sigma}_2^4}{N_2^2(N_2-1)}} \tag{8.223}$$

で与えられる．この場合，d は実数値を取るので，自由度としては d に最も近い整数を設定するとよい．

　統計検定は，帰無仮説の正しさを証明するものではない．なぜならば，統計検定に用いられるのは，（無作為抽出された）少数の標本データに過ぎないから．統計検定の結果，帰無仮説を受容するとは，文字通り "受け容れる"，あるいは，"棄却できない" ということであって，仮説の正しさを証明してはいない．受容したことが間違いである可能性が，信頼水準だけ（たとえば，5 ％）付きまとう．一方，帰無仮説を棄却するとは，"仮説を受け容れられそうにない" という意味であって，仮説が間違っていることを証明したことにはならない．棄却が間違いである可能性が，信頼水準だけ付きまとうのである．

　このように，統計検定においては，グレーゾーンから逃れることができない．しかしながら，統計検定は，帰無仮説の受容よりも棄却のほうに主眼を置く．名探偵との歴史的評価の高いシャーロック・ホームズ氏は語ったらしい．「不可能なことを 1 つ 1 つ消去していって最後に残った可能性は，たとえそれがいかにありそうにないことであっても，真実に違いない」．

【例題 8.3】

例題 8.2 において，男性管理職と女性管理職の年収の母平均に関する格差を $\Delta = \mu_1 - \mu_2$ とする．いま，帰無仮説 H_0 として $\Delta = 0$，帰無仮説 H_1 として $\Delta = 7$ を仮定する．例題 8.4 の統計分析結果，式（8.220），および，式（8.221）を用いて，帰無仮説 H_0 および H_1 の統計検定を実行せよ．ただし，信頼水準は両側 5 ％ とする．

【例題 8.3 の解答】

$(N_1 - 1) + (N_2 - 1) = 13$ より，自由度は 13 である．$d = 13$ における両側 5 ％ 信頼水準での臨界 t-値は，t-値数値積分表より $t_{0.025} = 2.160 \approx 2.16$ である．男性管理職と女性管理職の標本平均は，それぞれ，$\bar{x}_1 = 16$，$\bar{x}_2 = 11$，また，不偏標本分散は，それぞれ，$\hat{\sigma}_1^2 = 11.8$，$\hat{\sigma}_2^2 = 10$ である．これらの値を式（8.220）と式（8.221）に代入すると，平均年収格差の信頼区間として

$$5 - 3.96 \leq \mu_1 - \mu_2 \leq 5 + 3.96$$

を得る．すなわち，格差 Δ の信頼区間は

$$1.0 \leq \Delta \leq 9.0$$

と推定される．この結果，仮説 $H_0 : \Delta = 0$ は棄却され，$H_1 : \Delta = 7$ は受容される．

(解答終わり)

問題 8.18

機械製品を製造するある民間企業 X 社に，同じカタログ性能の部品を同一単価で納入している企業 A 社と B 社がある．X 社の部品調達部門が，A 社と B 社が納入する部品から無作為抽出によって，それぞれ，10 個ずつ試験用部品を選択し，その性能を測定した．測定値 x は $0 \leq x \leq 100$ の整数値で表され，数値が大きい程性能が良い．部品の採用基準は $x \geq 50$ である．測定結果は以下の通りであった．

$$A \text{ 社} : x = \{80, 85, 75, 70, 90, 70, 75, 80, 85, 90\}$$
$$B \text{ 社} : x = \{60, 65, 70, 75, 85, 70, 65, 60, 70, 80\}$$

A 社と B 社の部品の性能に関する母平均を，それぞれ，μ_A，μ_B とおく．μ_A と μ_B の信頼区間を推定せよ．また，$\Delta = \mu_A - \mu_B$ とおき，Δ の信頼区間を求めよ．ただし，信頼水準は両側 5 % とする．帰無仮説 $H_0 : \Delta = 0$ の統計検定を実行せよ．信頼水準は両側 5 % とする．統計検定結果に基づいて，X 社の部品調達責任者が次に取るべき行動を考察せよ．

これまでに見て来た統計検定は，中心極限定理に基礎を置いている．中心極限定理では，確率変数が独立同一分布に従うことを前提とする．この前提を忘れてはならない．たとえば，問題 8.18 のような工業製品の性能を分析対象とする場合には，性能を確率変数で表現すると，その実現値は独立同一分布に従うと近似してもよいであろう．しかしながら，定期試験の点数や企業に勤務する管理職の平均年収の場合には，試験点数や年収を確率変数でモデル化しても，それらの実現値が独立同一分布に従うかどうか，慎重な吟味が必要である．データ科学は実践の学問であり，データを扱う際には，データ科学以外の様々な観点から考察が必要である．

ここまでは，中心極限定理に基づいて，与えられた信頼水準の下で母集団の統計量に関する信頼区間を推定し，帰無仮説が信頼区間に含まれるかどうかという観点から統計検定を行う方法を学んだ．次に，信頼区間推定の方法を発展させて，標本データから求められた統計量が帰無仮説とどれほど離れているか定量的に評価することによって仮説の検証する統計検定法について学ぼう．

式 (8.212) を再現する．

$$\bar{X} - t_p \frac{\hat{\sigma}}{\sqrt{N}} \leq \mu \leq \bar{X} + t_p \frac{\hat{\sigma}}{\sqrt{N}}$$

上式は母平均 μ の推定範囲を与えている．母平均 μ を，帰無仮説 μ_0 に置き換えてみよう．

$$\bar{X} - t_p \frac{\hat{\sigma}}{\sqrt{N}} \leq \mu_0 \leq \bar{X} + t_p \frac{\hat{\sigma}}{\sqrt{N}}$$

この不等式から，標本平均 $\bar{X}$ と 帰無仮説 μ_0 の距離を

$$|\bar{X} - \mu_0| = t_p \frac{\hat{\sigma}}{\sqrt{N}} \tag{8.224}$$

と見積もることができる．そこで，標本平均 $\bar{X}$，標本標準誤差 $\hat{\sigma}/\sqrt{N}$，および，帰無仮説 μ_0 で定義される t-値を考えてみよう．

$$t = \frac{|\bar{X} - \mu_0|}{\frac{\hat{\sigma}}{\sqrt{N}}} \tag{8.225}$$

式（8.225）は，標本平均値 $\bar{X}$ が帰無仮説 μ_0 よりも大きいか，小さいかは問わないが，とにかく，μ_0 とどのくらい隔たっているかを定量化している．これを自由度 $d = N - 1$ における**両側 t-検定値**（two-sided t-test statistic with d degrees of freedom）と呼ぶ．

　データによっては，$\bar{X}$ が μ_0 よりも大きい側にどのくらい離れているかが問題となる場合がある．たとえば，高血圧を判定する基準値を考える場合である．このような場合には，式（8.225）の絶対値記号を外して

$$t = \frac{\bar{X} - \mu_0}{\frac{\hat{\sigma}}{\sqrt{N}}} \tag{8.226}$$

を用いるとよい．$\bar{X}$ が μ_0 よりも小さい側にどのくらい離れているか分析する場合には

$$t = \frac{\mu_0 - \bar{X}}{\frac{\hat{\sigma}}{\sqrt{N}}} \tag{8.227}$$

を用いる．式（8.226）および式（8.227）は，いずれも，自由度 $d = N - 1$ における**片側 t-検定値**（one-sided t-test statistic with d degrees of freedom）と呼ばれる．

　t 検定値は，片側であれ両側であれ，標本データから求められた $\bar{X}$ が帰無仮説の下で実現される確信を表す統計量である．たとえば，無作為抽出された 20 個の標本データから求められた標本平均値 $\bar{X}$ と不偏標本標準誤差，および，帰無仮説 μ_0 から計算された両側 t 値が，$t = 3.22$ であったとしよう．t-値に関する数値積分表を参照すると，$t = 3.22$ は，両側 0.5 ％ 信頼水準に相当する $t_{0.0025} = 3.174$（自由度 $d = 19$）よりも大きい（$t > t_{0.0025}$）．これは，標本平均 $\bar{X}$ が帰無仮説の下で実現される確信は，確率にして僅かに 0.5 ％ 以下に過ぎないことを意味する．したがって，$\bar{X}$ は帰無仮説の下では実現しそうにないと考えられるので，帰無仮説を棄却するべきである．このとき，$t_{0.0025}$ を自由度 $d = N - 1$ における**両側臨界 t-値**（two-sided critical t-value）と呼ぶ．

　上に述べた事例を片側検定として扱うならば，$\bar{X}$ が帰無仮説の下で実現される確信は，確率にして僅かに 0.25 ％ 以下に過ぎないことになるから，この場合にも，帰無仮説を棄却するべきである．このとき，$t_{0.0025}$ を自由度 $d = N - 1$ における**片側臨界 t-値**（one–sided critical t-value）と呼ぶ．

　以上述べた検定過程が **t 検定**（t-test）と呼ばれる統計検定法の要点である．以下では，具体的事例を通して，t 検定法の運用方法を学ぶことにしよう．臨界 t-値は，両側，片側いずれの場合にも，t_c と表記することにする．

【例題 8.4】

機械製品を製造している X 社の技術開発部が，X 社が長年にわたって製造・販売している主力製品 A の性能改良を社長に命じられた．製品の性能は計測値 x のスコアで評価される．ただし，$0 \leq x \leq 100$ である．x が 100 に近いほど，性能は良い．現在の製品 A の性能の平均値は $\mu_0 = 50$ である．開発目標は，平均性能として $\mu_1 = 70$ と設定された．技術開発部は 3 年の歳月をかけて性能改良を行い，多数製作した試作品から 10 個を無作為抽出して，それらの性能を計測したところ，

$$x = \{60, 65, 70, 55, 75, 70, 65, 75, 80, 60\}$$

という標本データを得た．技術開発部は製品改良に成功したのかどうか，t 検定を用いて評価せよ．ただし，信頼水準を両側 5 ％ と設定し，両側臨界 t-値を用いよ．

【例題 8.4 の解答】

標本平均値は

$$\bar{x} = 67.5$$

であり，不偏標本分散は

$$\hat{\sigma}^2 = \frac{562.5}{9} = 62.5$$

と求められる．開発目標性能 μ_1 を帰無仮説 H_1 として，t-検定値 t_1 を計算すると，

$$t_1 = \frac{|\bar{x} - \mu_1|}{\sqrt{\frac{\hat{\sigma}^2}{10}}}$$
$$\approx 1.00$$

となる．両側 5 ％ 信頼水準における臨界 t-値は，t-値の数値積分表の $d = 9$ における $t_{0.025}$ であるから，$t_c = 2.262 \approx 2.26$ である．

$$t_1 < t_c$$

が成り立つから，95 ％ の確信の下，試作品の性能は μ_1 で表される母集団の下で実現される性能であると判断され，仮説 H_1 は受容される．

一方，従来の性能 μ_0 を帰無仮説 H_0 として，t-検定値 t_0 を計算すると，

$$t_0 = \frac{|\bar{x} - \mu_0|}{\sqrt{\frac{\hat{\sigma}^2}{10}}}$$
$$\approx 7.00$$

となる．

$$t_0 > t_c$$

が成り立つから，95 ％ の確信の下，試作品の性能は μ_0 で表される母集団の下では実現されそ

うにない性能であると判断され, 仮説 H_0 は棄却される. 以上の統計検定の結果, 技術開発部は主力製品 A の性能改良に成功したと認定された.　　　　　　　　　　　　（解答終わり）

【例題 8.5】

ある地方の自治体では, 長年にわたって独特な食生活が営まれており, この食生活には健康面で高血圧を防ぐ効果があると言われている. 日本人の 70 歳代の男性と女性の平均血圧を最高値/最低値 [mmHg] で表すと, それぞれ, 147/80, および, 146/78 である. この自治体の 70 歳代の男性を 10 人無作為抽出し, 血圧 x [mmHg] を測定した. 最高値のデータだけを示す.

$$x = \{150, 135, 148, 135, 152, 130, 147, 139, 143, 140\}$$

この自治体の食生活は高血圧を防ぐ効果があると言えるか, 上に示した標本データと片側 t 検定を用いて評価せよ. ただし, 信頼水準は片側 5 ％ に設定するものとする.

【例題 8.5 の解答】

標本平均値 $\bar{x}$ は

$$\bar{x} = 142$$

であり, 不偏標本分散は

$$\hat{\sigma}^2 = \frac{498}{9} \approx 55.3$$

と求められる. 自由度は $d = N - 1 = 9$ である. 最高血圧に関する帰無仮説 H_0 を $\mu_0 = 147$ と設定する. 片側 t-検定値は

$$t = \frac{\mu_0 - \bar{x}}{\sqrt{\frac{\hat{\sigma}^2}{10}}} = \frac{5}{\sqrt{\frac{55.3}{10}}}$$
$$\approx 2.13$$

と計算される. 自由度 9 における片側信頼水準 5 ％ での臨界 t-値 t_c は, t 分布に関する数値積分表を参照すると,

$$t_c = t_{0.05} = 1.833$$

である.

$$t > t_c$$

が成り立つから, 標本平均値は, 帰無仮説 H_0 の下で実現しそうにないと言える. この結果, H_0 は棄却され, この自治体の食生活には高血圧を防ぐ効果があるとの仮説は受容される.

（解答終わり）

[問題 8.19]

例題 8.4 で取り上げられた X 社の技術開発部が主力製品 A の性能改良に成功してから 1 年後, 同技術開発部は社長から製品 A の更なる性能改良を命じられた. 例題 8.4 と同様, 製品の性能は計測値 x のスコアで評価される. ただし, $0 \leq x \leq 100$ である. x が 100 に近いほど, 性能は良い. 現在の製品 A の性能の平均値は $\mu_0 = 70$ である. 今回の開発目標は, 平均性能として $\mu_1 = 85$ と設定された. 技術開発部はさらに 2 年の歳月をかけて性能改良を行い, 多数製作した試作品から 10 個を無作為抽出して, それらの性能を計測したところ,

$$x = \{70, 75, 85, 90, 80, 80, 85, 90, 70, 85\}$$

という標本データを得たという. 技術開発部は, 更なる製品改良に成功したのかどうか, t 検定を用いて評価せよ. ただし, 現在の性能に対する評価には片側信頼水準 5 % を用い, 新たな目標性能に対する評価には両側信頼水準 5 % を用いよ.

t 検定も中心極限定理に基礎を置いている. 中心極限定理では, 確率変数が独立同一分布に従うことを前提とする. この前提を忘れてはならない. 例題 8.4 や問題 8.19 では, 工業製品の性能を分析対象としているので, 性能を表す確率変数の実現値は独立同一分布に従うとみなしても, 決定的な判断ミスを招くことはないであろう (それでも, 慎重に前提条件を考察する必要がある). しかしながら, 例題 8.5 のような健康問題では, 独立同一分布の前提が成り立つかどうか, 統計検定結果をどこまで信用してよいか, 慎重に吟味する必要があるだろう.

8.10.5　分散の信頼区間推定と χ^2 検定

定理 8.2 を応用して, 標本分散のデータから母分散の信頼区間を推定してみよう. いま, 着目している確率変数が正規分布に従い, 独立同一分布するとする. これが, これから議論する信頼区間推定の前提である. この前提を忘れてはならない. 無作為抽出された N 個の標本データから, 標本平均 $\bar{x}$ と不偏標本分散 $\hat{\sigma}^2$ を計算したとする. 定理 8.3 によると,

$$\frac{(N-1)\hat{\sigma}^2}{\sigma^2}$$

は自由度 $d = N - 1$ の $\chi^2(N-1)$ 分布に従う. たとえば, 両側 5 % 信頼水準を考えよう. これは片側 2.5 % を 2 つ併せた信頼水準である. まず, 右側を考える. χ^2 分布に関する数値積分表によると, 自由度 $d = N - 1$ の行と $\alpha = 0.025$ の交差点にある数値が右側の臨界 χ^2-値である. これを $\chi^2_{c(right)}$ と表記する. 左側は, 自由度 $N-1$ の行と $\alpha = 0.975$ の交差点にある数値に対応する. これを $\chi^2_{c(left)}$ と表記する. 両側 5 % 信頼水準において

$$\chi^2_{c(left)} \leq \frac{(N-1)\hat{\sigma}^2}{\sigma^2} \leq \chi^2_{c(right)} \tag{8.228}$$

が成り立つ. この不等式を書き直すと,

$$\frac{(N-1)\hat{\sigma}^2}{\chi^2_{c(right)}} \leq \sigma^2 \leq \frac{(N-1)\hat{\sigma}^2}{\chi^2_{c(left)}} \tag{8.229}$$

を得る．不等式（8.229）が，母分散 σ^2 に関する信頼区間を表している．ただし，信頼区間の意味は，母平均に関する信頼区間の意味と同じである．

【例題 8.6】

機械製品を製造している X 社の技術開発部が，X 社が長年にわたって製造・販売している主力製品 A の性能改良を行った．技術開発部が，多数製作した試作品から 10 個を無作為抽出して，それらの性能を計測したところ，

$$x = \{60, 65, 70, 55, 75, 70, 65, 75, 80, 60\}$$

という標本データを得た．ただし，製品の性能は計測値 x のスコアで評価されており，$0 \le x \le 100$ である．x が 100 に近いほど，性能は良い．信頼水準を両側 5 ％ と設定し，改良製品の母分散の信頼区間を推定せよ．

【例題 8.6 の解答】

標本平均値は

$$\bar{x} = 67.5$$

であり，不偏標本分散は

$$\hat{\sigma}^2 = \frac{562.5}{9} = 62.5$$

と求められる．

片側 2.5 ％ における自由度 $d = N - 1 = 9$ での $\chi^2_{c(left)}$ と $\chi^2_{c(right)}$ は，χ^2 分布表によると，

$$\chi^2_{c(left)} = 2.70$$
$$\chi^2_{c(right)} = 19.0$$

である．これらの臨界値を式（8.229）に代入すると，

$$\frac{9 \times 62.5}{19.0} \le \sigma^2 \le \frac{9 \times 62.5}{2.70}$$

であるから，両側 5 ％ 信頼水準での信頼区間として，

$$29.6 \le \sigma^2 \le 208.3$$

を得る．この結果を標準偏差で表現すると，

$$5.44 \le \sigma \le 14.43$$

となる． （解答終わり）

式 (8.229) における母分散 σ^2 を帰無仮説 σ_0^2 に置き換えると，統計検定を行うことができる．確率変数は正規分布に従い，N 個のデータが独立同一分布するとの前提の下で，N 個のデータから求められた不偏標本分散 $\hat{\sigma}^2$ と，想定された信頼水準における臨界値 $\chi^2_{c(left)}$ および $\chi^2_{c(right)}$ を使って，信頼区間を推定する．この信頼区間内に σ_0^2 が含まれれば，帰無仮説は受容され，信頼区間に含まれなければ，帰無仮説は棄却される．

ここまで学んだ信頼区間推定法と統計検定法は，いずれも，正規分布に基礎を置いている．正規分布が現実のデータ分布をどの程度忠実に表現しているのかどうかはわからないが，正規分布は様々な統計検定の基礎として重要な統計分布モデルである．

8.10.6　分散比の信頼区間推定と F 検定

母平均が未知である 2 つの母集団から，それぞれ，N_1 個および N_2 個の標本データを無作為抽出し，不偏標本分散 $\hat{\sigma}_1^2$ および $\hat{\sigma}_2^2$ を得たとする．元の母集団の母分散を σ_1^2，σ_2^2 とすると，定理 8.4 より，

$$F = \frac{\left(\frac{\hat{\sigma}_1^2}{\sigma_1^2}\right)}{\left(\frac{\hat{\sigma}_2^2}{\sigma_2^2}\right)}$$

は自由度 $(N_1 - 1,\ N_2 - 1)$ の F 分布に従う．両側信頼水準 $P = 2\alpha$ における F-値の実現値を $f_\alpha(N_1 - 1,\ N_2 - 1)$ および $f_{1-\alpha}(N_1 - 1,\ N_2 - 2) = 1/f_\alpha$ とおくと，F-値の信頼区間は

$$f_{1-\alpha}(N_1 - 1,\ N_2 - 1) \le F \le f_\alpha(N_1 - 1,\ N_2 - 1) \tag{8.230}$$

で与えられる．

いま，帰無仮説 H_0 として，$\sigma_1^2 = \sigma_2^2$ を仮定しよう．H_0 の下では F-値は

$$F_0 = \frac{\hat{\sigma}_1^2}{\hat{\sigma}_2^2} \tag{8.231}$$

と与えられるから，両側信頼水準 $p = 2\alpha$ の下で F_0 が

$$f_{1-\alpha}(N_1 - 1,\ N_2 - 1) \le F_0 \le f_\alpha(N_1 - 1,\ N_2 - 1) \tag{8.232}$$

を満たすならば H_0 は受容される．一方，上の不等式が満たされないならば，H_0 は棄却される．このようにして，母分散が未知の 2 つの母集団に関する統計検定を実行することができる．

8.11 機械学習

8.6 節と 8.7 節では，最小 2 乗法と回帰モデルに関連して統計学習法に触れた．機械学習とは統計学習法をコンピュータ上で実行して様々な情報処理を行うアルゴリズム全般を指す．機械学習の詳細な説明を行うことは一冊の成書を著すに等しいので，本節では基本的事項のみ概観

する. 機械学習は，学習データとしての標本集団から母集団の性質を推定するための**統計学習理論**（statistical learning theory）に基礎をおき，教師有り機械学習，教師無し機械学習，および，強化学習に分類される．以下では，教師有り学習と教師無し学習に関する事項のみを記す.

8.11.1 教師有り学習

N 個の標本データ $\{x_i, y_i\}_{i=1}^{N}$ が与えられているとする．ここで，x_i と y_i は実スカラーでも実ベクトルでもよいが，簡単のため，実スカラーであるとしよう（$x_i \in R, y_i \in R$）．標本データを学習データに用いて，確率変数 x と y の実現値の母集団 X, Y における決定論的関係を

$$y = f(x) \tag{8.233}$$

の形で推定することを考える．ここで，**決定論性**（determinism）とは，X の近傍内の値が Y の近傍内の値として実現されることを意味する．したがって，$x \to y$ の入出力写像 f は連続で滑かな関数である．ここで，決定論性は因果性とは異なることに注意されたい．因果性においては，$x \to y$ における時間的先行関係が厳密に成り立っていなければならない．一方，決定論性においては時間的先行関係は問われない.

式 (8.233) は学習データをよい精度で再現しなければならない．そこで，学習データ $\{x_i, y_i\}_{i=1}^{N}$ を "手本" として，つまり，"教師による指導" とみなして，x_i を f に代入したときに，y_i が $f(x_i)$ にできるだけ近くなるような関数 f を求める．このようにして f を決定するアルゴリズムを教師有り学習と呼ぶ．y_i と $f(x_i)$ との差を残差 ϵ_i とおいて，

$$y_i = f(x_i) + \epsilon_i \tag{8.234}$$
$$i = 1, \ldots, N$$
$$\tag{8.235}$$

と表そう．平均 2 乗誤差 E を

$$E = \frac{1}{N} \sum_{i=1}^{N} \epsilon_i^2 = \frac{1}{N} \sum_{i=1}^{N} [y_i - f(x_i)]^2 \tag{8.236}$$

と定義する．関数 f を決定するには，E が最小となるような f を求めればよいのかも知れない．しかしながら，この考え方には深刻な欠点がある．実際，単に学習データに関する平均 2 乗誤差 E を最小，極端な場合 $E = 0$ にすればよいのならば，f は無数に存在する．たとえば，点 (x_i, y_i) と点 (x_{i+1}, y_{i+1}) を結ぶ線分を繋いだ**区分的線形近似**（piecewise linear approximation）としての f や**ラグランジュの補間**（Lagrange's interpolation）

$$y = \sum_{i=1}^{N} y_i L_i(x)$$
$$L_i(x) = \prod_{n \neq i} \frac{x - x_n}{x_i - x_n}$$

は，いずれも学習データ $\{x_i,\ y_i\}_{i=1}^N$ を正確に再現するから $E=0$ をもたらす．しかし，どの近似関数が最適か，学習誤差だけからは判断できない．つまり，学習データに関する再現性だけを考慮して f の最適形を決定するという問題は，**不良設定問題**（ill-posed problem）である．すなわち，問題の設定が良くないために正解が求められない．

　不良設定問題に対する対策は，ティホノフ（Andrey Tikhonov）とアーセニン（V. Y. Arsenin）によって提案されている [21]．この手法は**正則化**（regularization）と呼ばれている．正則化では，近似関数 f の複雑さを，f の x に関する n 階導関数のノルムや f を特徴付ける係数の変動範囲のノルム等によって正値として測る．これを，$R[f]>0$ と表示し，学習誤差 E_L と $R[f]$ との和

$$H = E_L + \eta R[f] \tag{8.237}$$

を考える．ここで，実数 $\eta>0$ は**正則化係数**（regularization parameter）と呼ばれる定数で，ユーザーによって適宜設定される．$\eta R[f]$ は**正則化項**（regularization term）と呼ばれる．正則化項を考慮することで，f の候補を限定し，不良設定問題を回避する．**赤池情報量規準**（Akaike's information criterion: AIC）は正則化の一種であると見ることができるであろう．

　関数 f は H が極小値を取るように決定される．たとえば，f が複数の係数で特徴付けられるとすると，係数の総数が増えるにつれて f の近似能力が増すので，学習誤差 E_L は減少するであろう．一方，正則化項は f を特徴付ける係数が増えるにつれてより大きな値，すなわち，ペナルティを H に科すことによって，近似関数の複雑化を抑制する．近似関数の複雑さが増すと近似関数の能力が向上するので，学習データはより良く再現されるようになるが，近似関数を特徴付けるパラメータの総数が増加する．しかし，すべてのパラメータを最適化するには，より多くの学習データが必要となる．こうして，限られた数の学習データではすべてのパラメータを最適化できなくなる．その結果，学習データに含まれていない未知の x に対する y の予測が困難となる．

　教師有り機械学習の目的は，学習データを再現するだけでなく，標本データに含まれていない未知の $x,\ y$ における関係，すなわち，母集団における関係を $y=f(x)$ によって捉えることにある．これを**汎化**（generalization）という．未知のデータに関する予測誤差を**汎化誤差**（generalization error）と呼ぶ．式（8.236）で定義される平均 2 乗誤差では学習データだけが考慮されており，学習データ以外の母集団のデータは一切考慮されていない．したがって，学習データから推定された $y=f(x)$ という関係が，学習データに含まれていない未知の $\{x_p,\ y_p\}$ をどの程度再現するかは，試してみなければわからない．出たとこ勝負で性能が決まるというわけである．

　正則化では，学習誤差と近似関数の複雑さがほどよく均衡するような f が探索されて，不良設定問題が解消される．こうして，正則化は汎化誤差の増加を抑制する．このような f の決定方法を正当化する根拠は，科学や数学というよりも，思考の哲学，すなわち，**オッカムの剃刀**（Occam's razor）に基づいている．この思考原理のラテン語表現を英語に訳すと，

Entities should not be multiplied beyond necessity.

となる [22][23]．オッカムの剃刀によって，仮説 f のうち不必要な部分が削ぎ取られる．つまり，学習誤差 E_L の不用な減少を招く仮説 f の複雑化を抑制する．データ科学においては，オッカムの剃刀が有効に活用される場面が正則化以外にもあるであろう．

8.6 節および 8.7 節で扱った回帰モデルでは，近似関数 f を最初から限定していた．たとえば，線形回帰モデル $y = ax + b$ では，近似関数のクラスを 1 次関数にあらかじめ限定している．他の近似関数を使用することも可能であったであろうが，1 次関数に限定して回帰モデルの最適化を進めたので，不良設定問題が回避されている．

教師有り学習の新しい手法である**サポートベクトルアルゴリズム**（support vector algorithm: SVM）の発見者であるヴァプニク（Vladimir Vapnik）は，汎化誤差の問題を以下のように論評している [22][23]．哲学者のポパー（Karl Popper, 1902 年～1994 年）によると，科学を科学以外のものから分ける基準は，反証可能性（falsifiability）にあるという．学習データから求めた数理モデル，すなわち，科学的仮説としての $y = f(x)$ が，学習データ以外の未知のデータに対してどの程度有効に機能するか，その適用範囲を定量的に予言できないのならば，$y = f(x)$ には反証可能性が伴わないと言わざるを得ない．

ヴァプニクによる批判は，いささか手厳しいように思われるが，教師有り学習の問題点を的確に捉えている．1 つの対応策は（解決策とは言えないであろうが），学習データを 2 グループ L と T に分けることである．すなわち，$L = \{x_i, y_i\}_{i=1}^{N_1}$，$T = \{x_p, y_p\}_{p=1}^{N_2}$ とする．ただし，$N_1 = N_2$ あるいは $N_1 \approx N_2$ であり，データグループ L と T は互いにデータの重複がないものとする．そして，L を学習データに用いて平均 2 乗誤差 E_L を計算し，E_L が極小値を取るように f の最適解を求める．この f を使って，T に関する予測を $y_p = f(x_p) + \epsilon_p$ のように行い，予測結果の平均 2 乗誤差 E_T を

$$E_T = \frac{1}{N_2} \sum_{p=1}^{N_2} [y_p - f(x_p)]^2 \tag{8.238}$$

のように求める．$E_L \ll E_T$ ならば，学習データ L から推定された f は，L にだけ固有の偏った特徴しか捉えていない．一方，$E_L = E_T$ あるいは $E_L \approx E_T$ ならば，f は学習データ L のみならず，学習時には現れなかった未知のデータ T における特徴もよく捉えており，母集団の特徴が f で表現されている可能性がある．この方法では，予測データ T に関する予測誤差を使って，学習データ L を用いて決定された近似モデル $y = f(x)$ における汎化の達成度を評価する定量的基準を $E_L = E_T$ のように設定しているのである．

入出力写像 f の選択は様々であり，定型はないと言える．たとえば，**深層学習**（deep learning）では，

$$f(x) = f_M(f_{M-1}(\ldots f_1(x) \ldots)) \tag{8.239}$$

のように，M 個の異なる関数 $f_1 \ldots f_M$ を層状の入れ子構造にして全体の f を構成する．深

層学習の詳細に興味のある読者は，たとえば，[3][12] 等の文献を参照されたい．対照的に，

$$f(x) = \sum_{m=1}^{M} c_m f_m(x, \theta_m) \tag{8.240}$$

のように，基底関数 $f_m(x, \theta_m)$ の重ね合わせとして f を構成することもできる．ここで，実数 c_m と θ_m は，それぞれ，重ね合わせ係数と f_m を特徴付ける係数であり，学習データから決定される．

　これまでの記述では，単一の f によって母集団の特徴を捉えようと試みるので，このような近似方法は**大域的近似法**（global approximation）と呼ばれる．大域的近似法では，深層学習の層数や基底関数の個数を増やして近似モデルを複雑にすればするほど，潜在的な近似能力は向上するが，同時に，学習データを用いて最適化すべき係数の総数が組み合わせ爆発的に増加する．その結果，少数の学習データを用いて複雑な近似モデルの最適化を行うと，学習データは精度よく再現されるが，汎化誤差が増大する傾向がある．

　大域的近似法とは対照的に，近似関数 f を (x, y) の近傍でのみ構成する方法がある．これを**局所近似法**（local approximation）と呼ぶ．局所近似法の説明では，x を D 次元ベクトル $\boldsymbol{x} = (x_1, \ldots, x_D)$ として表すほうが便利である．いま，N 個の参照データ

$$\{\boldsymbol{x}_i, y_i\}_{i=1}^N$$

が与えられているとする．これらの参照データに含まれていない未知の $\boldsymbol{x}_p$ に対する y_p を予測したいとしよう．y_p に対する予測値を $\hat{y}_p$ と表記する．$\boldsymbol{x}$ と y の実現値の母集団を，それぞれ，$\boldsymbol{X}$, Y とすると，$\boldsymbol{x}$ と y の関係が決定論的ならば，$\boldsymbol{X}$ の近傍は Y の近傍に写像される．この性質を y_p の予測に利用する．

　いま，D 次元空間において $\boldsymbol{x}_p$ を取り囲む最小の多面体の各頂点にある $(D+1)$ 個の $\boldsymbol{x}_{i(k)}$ $(k = 1, \ldots, D+1)$ を参照データから探索する．$\boldsymbol{x}_p$ と $\boldsymbol{x}_{i(k)}$ の間の**ユークリッド距離**（Euclidean distance）$d_{p,i(k)}$ を

$$d_{p,i(k)} = \sqrt{\sum_{n=1}^{D} (x_{pn} - x_{i(k)n})^2}$$

のように求める．次に，$d_{p,i(k)}$ について単調減少する関数 $w(d_{p,i(k)})$ を設定する．ただし，$w(d_{p,i(k)}) \geq 0$ (if and only if $d_{p,i(k)} = 0$) である．このとき，$\hat{y}_p$ は

$$\hat{y}_p = \frac{\sum_{k=1}^{D+1} w(d_{p,i(k)}) y_{i(k)}}{\sum_{k=1}^{D+1} w(d_{p,i(k)})} \tag{8.241}$$

によって与えられる．式 (8.241) は y_p をその近傍にある $D+1$ 個の $y_{i(k)}$ の重み付き平均で近似している．

　関数 w としては，たとえば，

$$w(d_{p,i(k)}) = e^{-d_{p,i(k)}} \tag{8.242}$$

が知られている [20]. 式 (8.241) では, $\boldsymbol{x}_{i(k)}$ は $\boldsymbol{x}_p$ を取り囲む最小多面体の頂点にあることが要請されている. 内挿 (interpolation) によって y_p の近似値を求めるためである. しかしながら, 実際の運用では, 多面体の内部に $\boldsymbol{x}_p$ があるかどうか確認することは煩雑であろう. そのような場合には, 単に $\boldsymbol{x}_p$ の $D+1$ 個の近傍点を見つけるだけ済ませ, $\boldsymbol{x}_p$ が近傍点を頂点とする多面体の内部にあるかどうかの確認を省略してもよい. しかしながら, この場合, 外挿 (extrapolation) による近似となる可能性があり, 予測精度が低下することを容認しなければならない.

　局所近似法では, 近似関数 f を最適化するための学習アルゴリズムは必要ないが, 参照データ数が増加するにつれて近傍点を探索するための計算量が急速に増加する. 近傍点を効率良く探索するためのアルゴリズムに工夫が必要である.

8.11.2　教師無し学習

　教師無し学習の代表的事例は**データクラスタリング** (data clustering) である. N 個のデータ対からなる d 自由度の標本データ $\{x_1(i), \ldots, x_d(i)\}_{i=1}^N$ があるとしよう. この標本データの中に存在するデータクラスターを抽出することがデータクラスタリングである. ここで, データクラスターとは, d 次元のデータ空間 $X_1 - X_2 - \ldots - X_d$ においてデータ点密度の高い領域を指す [13].

　たとえば, 図 8.12 は, $d=2$ における標本データをプロットしたものである. この図を見ると, データ点密度の高い領域が 2 箇所あることがわかるであろう. 実際, 右下の集団の標本平均値は (1, 0), 左上の集団の標本平均値は (0, 1) である. つまり, 右下と左上のデータ点を合わせた標本データには 2 個のデータクラスターがあり, それぞれの平均値が (1, 0) およ

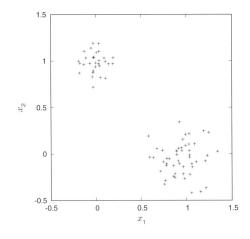

図 8.12　自由度 $d=2$ における標本データ点分布の事例.

び (0, 1) であるから，このデータには主な特徴パターンが 2 個あって，それらのパターンは (1, 0) および (0, 1) で表されると解釈できる．(1, 0) および (0, 1) を特徴パターンの**テンプレート** (template) という．ここで，抽出された 2 個の特徴パターンとそれらのテンプレートはあらかじめ与えられたものではない．すなわち，標本データは教師データではない．このような特徴抽出は教師無し学習の典型である．

　上に示した事例は自由度 2 のデータに関するものであったので，2 次元平面上にデータ点の散布図を作成すれば，データ点の集積の様子が目視で容易に確認でき，特徴パターンの抽出は容易であった．しかしながら，標本データの自由度が $d \gg 2$ であるよう場合には，目視によるパターン抽出は不可能である．コンピュータ上で動作するアルゴリズムが必要となる．こうして，教師無し学習アルゴリズムを開発する動機が生じる．

　教師無し学習アルゴリズムとして，従来，いくつかの手法が開発されているが，おそらくは **k 平均法**（k-means method）と呼ばれる手法が代表的手法であると言えるだろう [13]．"k 個の平均値"という意味を持つこのアルゴリズムの概要は以下の通り．いま，d 自由度の標本データ，すなわち，d 次元のベクトルデータ $\{\boldsymbol{x}(i) = [x_1(i), \ldots, x_d(i)]\}_{i=1}^N$ が N 個与えられたとする．これら N 個のデータ点を K 個のクラスターに分類することを考える．ただし，K に代入すべき自然数はユーザーが決める．それぞれのクラスターを記号 $c_1, \ldots, c_K$ によって識別するとしよう．クラスター全体を $C = \{c_1, \ldots, c_k, \ldots, c_K\}$ のように表示する．各クラスター c_k に所属するデータ点の平均値（平均ベクトル）を $\boldsymbol{\mu}_k$ と表し，c_k に属するデータ点と $\boldsymbol{\mu}_k$ との間の 2 乗誤差を

$$E(c_k) = \sum_{\boldsymbol{x}_i \in c_k} |\boldsymbol{x}_i - \boldsymbol{\mu}_k|^2 \tag{8.243}$$

と定義する．すべてのクラスターについて $E(c_k)$ の総和

$$E(C) = \sum_{k=1}^K E(c_k) \tag{8.244}$$

が極小値を取るような $\boldsymbol{\mu}_k$（$k = 1, \ldots, K$）の組を見つけると，それらの $\boldsymbol{\mu}_k$ が与えられた標本データの特徴パターンを表すテンプレートとなる．k 平均法の基本的な計算過程は以下の通り．

1. K を決める．
2. K 個の初期クラスターを決め，各クラスターについて $\boldsymbol{\mu}_k$ を計算する．
3. 最も距離が近い $\boldsymbol{\mu}_k$ に各データ点を割り当て，新しいクラスターを生成する．
4. 新しい平均ベクトル $\boldsymbol{\mu}_k$ を計算しなおす．
5. 各クラスターに属するメンバーが変動しなくなるまで，3 と 4 を繰り返す．

　上に示した k 平均法の問題点は，最終的に得られる $\boldsymbol{\mu}_k$ の組が一意に決まらないことである．初期に選択されるクラスターに応じて，$\boldsymbol{\mu}_k$ の組が異なる場合がある．K に代入する値を決定

する方法を k 平均法が提供しないことも問題である．そもそも，与えられた標本データから主要な特徴パターンを抽出するために k 平均法を用いるにもかかわらず，主要な特徴パターンがいくつ存在するかあらかじめわかっていなければならない．前節で紹介したヴァプニクによる批判が k 平均法にも当てはまる．

　このような短所があるにもかかわらず，k 平均法はデータ分析の現場において多用されており，多くのユーザーから信頼を得た教師無し学習法である．Kohonen によって考案された**自己組織化写像アルゴリズム**（self-organizing map algorithm: SOM）は，k 平均法と並んで，実績のある教師無し学習法である．興味のある読者は文献 [14]～[16] を参照されたい．k 平均法と同様，自己組織化写像法の場合も抽出すべき特徴パターンの総数をユーザーが先見情報に基いてあらかじめ決定しなければならない．特徴パターンの総数をアルゴリズムが計算過程で自動的に決定する教師無し学習法としては，**データ同期**（data synchronization）と呼ばれる手法が開発されている [18]．しかしながら，データ分析の現場で使用された実績が少なく，データ同期の評価は今後に俟たれるところである．

標準正規分布表

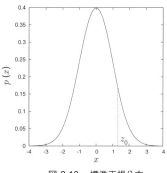

図 8.13　標準正規分布.

表 8.2　標準正規分布表：確率変数 x が $z_0 \leq x < +\infty$ の範囲で
実現結果をもたらす確率 $P = \alpha$ に関する数値計算結果.

$$\alpha = \frac{1}{\sqrt{2\pi}} \int_{z_0}^{\infty} \exp\left(\frac{-x^2}{2}\right) dx$$

z_0	.00	.01	.02	.03	.04	.05	.06	.07	.08	.09
0.0	0.5000	0.4960	0.4920	0.4880	0.4840	0.4801	0.4761	0.4721	0.4681	0.4641
0.1	0.4602	0.4562	0.4522	0.4483	0.4443	0.4404	0.4364	0.4325	0.4286	0.4247
0.2	0.4207	0.4168	0.4129	0.4090	0.4052	0.4013	0.3974	0.3936	0.3897	0.3859
0.3	0.3821	0.3873	0.3745	0.3707	0.3669	0.3632	0.3594	0.3557	0.3520	0.3483
0.4	0.3446	0.3409	0.3372	0.3336	0.3300	0.3264	0.3228	0.3192	0.3156	0.3121
0.5	0.3085	0.3050	0.3015	0.2981	0.2946	0.2912	0.2877	0.2843	0.2810	0.2776
0.6	0.2743	0.2709	0.2676	0.2643	0.2611	0.2578	0.2546	0.2514	0.2483	0.2451
0.7	0.2420	0.2389	0.2358	0.2327	0.2097	0.2266	0.2236	0.2207	0.2177	0.2148
0.8	0.2119	0.2090	0.2061	0.2033	0.2005	0.1977	0.1949	0.1922	0.1894	0.1867
0.9	0.1841	0.1814	0.1788	0.1762	0.1736	0.1711	0.1685	0.1660	0.1635	0.1611
1.0	0.1587	0.1562	0.1539	0.1515	0.1492	0.1469	0.1446	0.1423	0.1401	0.1379
1.1	0.1357	0.1335	0.1314	0.1292	0.1271	0.1251	0.1230	0.1210	0.1190	0.1170
1.2	0.1151	0.1131	0.1112	0.1093	0.1075	0.1057	0.1038	0.1020	0.1003	0.0985
1.3	0.0968	0.0951	0.0934	0.0918	0.0901	0.0885	0.0869	0.0853	0.0838	0.0823
1.4	0.0808	0.0793	0.0778	0.0764	0.0749	0.0735	0.0721	0.0708	0.0694	0.0681
1.5	0.0668	0.0655	0.0643	0.0630	0.0618	0.0606	0.0594	0.0582	0.0571	0.0559
1.6	0.0548	0.0537	0.0526	0.0516	0.0505	0.0495	0.0485	0.0475	0.0465	0.0455
1.7	0.0446	0.0436	0.0427	0.0418	0.0409	0.0401	0.0392	0.0384	0.0375	0.0367
1.8	0.0359	0.0351	0.0344	0.0336	0.0329	0.0322	0.0314	0.0307	0.0301	0.0294
1.9	0.0287	0.0281	0.0274	0.0268	0.0262	0.0256	0.0250	0.0244	0.0239	0.0233
2.0	0.0228	0.0222	0.0217	0.0212	0.0207	0.0202	0.0197	0.0192	0.0188	0.0183
2.1	0.0179	0.0174	0.0170	0.0166	0.0162	0.0158	0.0154	0.0150	0.0146	0.0143
2.2	0.0139	0.0136	0.0132	0.0129	0.0125	0.0122	0.0119	0.0116	0.0113	0.0110
2.3	0.0107	0.0104	0.0102	0.0099	0.0096	0.0094	0.0091	0.0089	0.0087	0.0084
2.4	0.0082	0.0080	0.0078	0.0075	0.0073	0.0071	0.0069	0.0068	0.0066	0.0064
2.5	0.0062	0.0060	0.0059	0.0057	0.0055	0.0054	0.0052	0.0051	0.0049	0.0048
2.6	0.0047	0.0045	0.0044	0.0043	0.0041	0.0040	0.0039	0.0038	0.0037	0.0036
2.7	0.0035	0.0034	0.0033	0.0032	0.0031	0.0030	0.0029	0.0028	0.0027	0.0026
2.8	0.0026	0.0025	0.0024	0.0023	0.0023	0.0021	0.0021	0.0020	0.0020	0.0019
2.9	0.0019	0.0018	0.0018	0.0017	0.0016	0.0016	0.0015	0.0015	0.0014	0.0014
3.0	0.0014	0.0013	0.0013	0.0012	0.0012	0.0011	0.0011	0.0011	0.0010	0.0010

(8.13) χ^2 分布表

表 8.3　χ^2 分布表. 自由度 d における P 値（$P = \alpha$）に
対する臨界 χ^2_α の数値計算結果.

$$\alpha = \int_{\chi^2_\alpha}^{\infty} p(x)dx$$

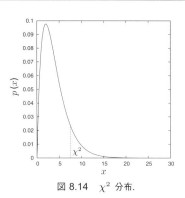

図 8.14　χ^2 分布.

d	$\chi^2_{0.995}$	$\chi^2_{0.99}$	$\chi^2_{0.975}$	$\chi^2_{0.95}$	$\chi^2_{0.90}$	$\chi^2_{0.10}$	$\chi^2_{0.05}$	$\chi^2_{0.025}$	$\chi^2_{0.010}$	$\chi^2_{0.005}$	$\chi^2_{0.001}$
1	0.0000	0.0002	0.001	0.004	0.016	2.71	3.84	5.02	6.63	7.88	10.8
2	0.0100	0.020	0.051	0.103	0.211	4.61	5.99	7.38	9.21	10.6	13.8
3	0.072	0.115	0.216	0.352	0.584	6.25	7.81	9.35	11.3	12.8	16.3
4	0.207	0.297	0.484	0.711	1.064	7.78	9.49	11.1	13.3	14.9	18.5
5	0.412	0.554	0.831	1.145	1.610	9.24	11.1	12.8	15.1	16.7	20.5
6	0.676	0.872	1.237	1.635	2.204	10.6	12.6	14.4	16.8	18.5	22.5
7	0.99	1.24	1.69	2.17	2.83	12.0	14.1	16.0	18.5	20.3	24.3
8	1.34	1.65	2.18	2.73	3.49	13.4	15.5	17.5	20.1	22.0	26.1
9	1.74	2.09	2.70	3.33	4.17	14.7	16.9	19.0	21.7	23.6	27.9
10	2.16	2.56	3.25	3.94	4.87	16.0	18.3	20.5	23.2	25.2	29.6
11	2.60	3.05	3.82	4.57	5.58	17.3	19.7	21.9	24.7	26.8	31.3
12	3.07	3.57	4.40	5.23	6.30	18.5	21.0	23.3	26.2	28.3	32.9
13	3.57	4.11	5.01	5.89	7.04	19.8	22.4	24.7	27.7	29.8	34.5
14	4.07	4.66	5.63	6.57	7.79	21.1	23.7	26.1	29.1	31.3	36.1
15	4.60	5.23	6.26	7.26	8.55	22.3	25.0	27.5	30.6	32.8	37.7
16	5.14	5.81	6.91	7.96	9.31	23.5	26.3	28.8	32.0	34.3	39.3
17	5.70	6.41	7.56	8.67	10.1	24.8	27.6	30.2	33.4	35.7	40.8
18	6.26	7.01	8.23	9.39	10.9	26.0	28.9	31.5	34.8	37.2	42.3
19	6.84	7.63	8.91	10.1	11.7	27.2	30.1	32.9	36.2	38.6	43.8
20	7.43	8.26	9.59	10.9	12.4	28.4	31.4	34.2	37.6	40.0	45.3
21	8.03	8.90	10.3	11.6	13.2	29.6	32.7	35.5	38.9	41.4	46.8
22	8.64	9.54	11.0	12.3	14.0	30.8	33.9	36.8	40.3	42.8	48.3
23	9.26	10.2	11.7	13.1	14.8	32.0	35.2	38.1	41.6	44.2	49.7
24	9.89	10.9	12.4	14.6	16.5	33.2	36.4	39.4	43.0	45.6	51.2
25	10.5	11.5	13.1	14.6	16.5	34.4	37.7	40.6	44.3	46.9	52.6
26	11.2	12.2	13.8	15.4	17.3	35.6	38.9	41.9	45.6	48.3	54.1
27	11.8	12.9	14.6	16.2	18.1	36.7	40.1	43.2	47.0	49.6	55.5
28	12.5	13.6	15.3	16.9	18.9	37.9	41.3	44.5	48.3	51.0	56.9
29	13.1	14.3	16.0	17.7	19.8	39.1	42.6	45.7	49.6	52.3	58.3
30	13.8	15.0	16.8	18.5	20.6	40.3	43.8	47.0	50.9	53.7	59.7
40	20.7	22.2	24.4	26.5	29.1	51.8	55.8	59.3	63.7	66.8	73.4
50	28.0	29.7	32.4	34.8	37.7	63.2	67.5	71.4	76.2	79.5	86.7
60	35.5	37.5	40.5	43.2	46.5	74.4	79.1	83.3	88.4	92.0	99.6
70	43.3	45.4	48.6	51.7	55.3	85.5	90.5	95.0	100	104	112
80	51.2	53.5	57.2	60.4	64.3	96.6	102	107	112	116	125
90	59.2	61.8	65.6	69.1	73.3	108	113	118	124	128	137
100	67.3	70.1	74.2	77.9	82.4	118	124	130	136	140	149

8.14 t 分布表

表 8.4 臨界 t-値表. 自由度 d において片側 $P = \alpha$ 値に
対する臨界 t -値の数値計算結果.

$$\alpha = \int_{t_\alpha}^{\infty} p(x)dx$$

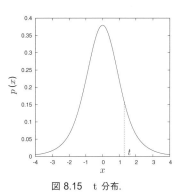

図 8.15 t 分布.

d	$t_{0.10}$	$t_{0.05}$	$t_{0.025}$	$t_{0.010}$	$t_{0.005}$	$t_{0.0025}$	$t_{0.0010}$	$t_{0.0005}$
1	3.708	6.314	12.706	31.821	63.657	127.32	318.31	636.62
2	1.886	2.920	4.303	6.965	9.925	14.089	22.327	31.599
3	1.638	2.353	3.182	4.541	5.841	7.453	10.215	12.924
4	1.533	2.132	2.776	3.747	4.604	5.598	7.173	8.610
5	1.476	2.015	2.571	3.365	4.032	4.773	5.893	6.869
6	1.440	1.943	2.447	3.143	3.707	4.317	5.208	5.959
7	1.415	1.895	2.365	2.998	3.499	4.029	4.785	5.408
8	1.397	1.860	2.306	2.896	3.355	3.833	4.501	5.041
9	1.383	1.833	2.262	2.821	3.250	3.690	4.297	4.781
10	1.372	1.812	2.228	2.764	3.169	3.581	4.144	4.587
11	1.363	1.796	2.201	2.718	3.106	3.497	4.025	4.437
12	1.356	1.782	2.179	2.681	3.055	3.428	3.930	4.318
13	1.350	1.771	2.160	2.650	3.012	3.372	3.852	4.221
14	1.345	1.761	2.145	2.624	2.977	3.326	3.787	4.140
15	1.341	1.763	2.131	2.602	2.947	3.286	3.733	4.073
16	1.337	1.746	2.120	2.583	2.921	3.252	3.686	4.015
17	1.333	1.740	2.110	2.567	2.898	3.222	3.646	3.965
18	1.330	1.734	2.101	2.552	2.878	3.197	3.610	3.922
19	1.328	1.729	2.093	2.539	2.861	3.174	3.579	3.883
20	1.325	1.725	2.086	2.528	2.845	3.153	3.552	3.850
21	1.323	1.721	2.080	2.518	2.831	3.135	3.527	3.819
22	1.321	1.717	2.074	2.508	2.819	3.119	3.505	3.792
23	1.319	1.714	2.069	2.500	2.807	3.104	3.485	3.768
24	1.318	1.711	2.064	2.492	2.797	3.091	3.467	3.745
25	1.316	1.708	2.060	2.485	2.787	3.078	3.450	3.725
26	1.315	1.706	2.056	2.479	2.779	3.067	3.435	3.707
27	1.314	1.703	2.052	2.473	2.771	3.057	3.421	3.690
28	1.313	1.701	2.048	2.467	2.763	3.047	3.408	3.674
29	1.311	1.699	2.045	2.462	2.756	3.038	3.396	3.659
30	1.310	1.697	2.042	2.457	2.750	3.030	3.385	3.646
40	1.303	1.684	2.021	2.423	2.704	2.971	3.307	3.551
50	1.299	1.676	2.009	2.403	2.678	2.937	3.261	3.496
60	1.296	1.671	2.000	2.390	2.660	2.915	3.232	3.460
70	1.294	1.667	1.994	2.381	2.648	2.899	3.211	3.435
80	1.292	1.664	1.990	2.374	2.639	2.887	3.195	3.416
90	1.291	1.662	1.987	2.368	2.632	2.878	3.183	3.402
100	1.290	1.660	1.984	2.364	2.626	2.871	3.174	3.390

8.15 F 分布表

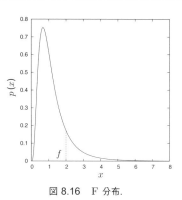

表 8.5　F 分布表. 自由度 (d_1, d_2) における $P = \alpha = 0.05$ 値に対する f_α-値の数値計算結果.

$$\alpha = \int_{f_\alpha}^{\infty} p(x)dx$$

図 8.16　F 分布.

$d_2 \backslash d_1$	1	2	3	4	5	6	7	8	9	10	12	15	20	30	40	50	100	∞
1	161	200	216	225	230	234	237	239	241	242	244	246	248	250	251	252	253	254
2	18.5	19.0	19.2	19.2	19.3	19.3	19.4	19.4	19.4	19.4	19.4	19.4	19.4	19.5	19.5	19.5	19.5	19.5
3	10.1	9.55	9.28	9.12	9.01	8.94	8.89	8.85	8.81	8.79	8.84	8.70	8.66	8.62	8.59	8.59	8.55	8.53
4	7.71	6.94	6.39	6.26	6.16	6.09	6.04	6.00	5.96	5.91	5.86	5.80	5.85	5.72	5.72	5.70	5.66	5.63
5	6.61	5.79	5.41	5.19	5.05	4.95	4.88	4.82	4.77	4.74	4.68	4.62	4.56	4.50	4.46	4.44	4.41	4.37
6	5.99	5.14	4.76	4.53	4.39	4.28	4.21	4.15	4.10	4.06	4.00	3.94	3.87	3.81	3.77	3.75	3.71	3.67
7	5.59	4.74	4.35	4.12	3.97	3.87	3.79	3.73	3.68	3.64	3.57	3.51	3.44	3.38	3.34	3.32	3.27	3.23
8	5.32	4.46	4.07	3.84	3.69	3.58	3.50	3.44	3.39	3.35	3.28	3.22	3.15	3.08	3.04	3.02	2.97	2.93
9	5.12	4.26	3.86	3.63	3.48	3.37	3.29	3.23	3.18	3.14	3.07	3.01	2.94	2.86	2.83	2.80	2.76	2.71
10	4.96	4.10	3.71	3.48	3.33	3.22	3.14	3.07	3.02	2.98	2.91	2.85	2.77	2.70	2.66	2.64	2.59	2.54
11	4.84	3.98	3.59	3.36	3.20	3.09	3.01	2.95	2.90	2.85	2.79	2.72	2.65	2.57	2.53	2.51	2.46	2.40
12	4.75	3.89	3.49	3.26	3.11	3.00	2.91	2.85	2.80	2.75	2.69	2.62	2.54	2.47	2.43	2.40	2.35	2.30
13	4.67	3.81	3.41	3.18	3.03	2.92	2.83	2.77	2.71	2.67	2.60	2.53	2.46	2.38	2.34	2.31	2.26	2.21
14	4.60	3.74	3.34	3.11	2.96	2.85	2.76	2.70	2.65	2.60	2.53	2.46	2.39	2.31	2.27	2.24	2.19	2.13
15	4.54	3.68	3.29	3.06	2.90	2.79	2.71	2.64	2.59	2.54	2.48	2.40	2.33	2.25	2.20	2.18	2.12	2.07
16	4.49	3.63	3.24	3.01	2.85	2.74	2.66	2.59	2.54	2.49	2.42	2.35	2.28	2.19	2.15	2.12	2.07	2.01
17	4.45	3.59	3.20	2.96	2.81	2.70	2.61	2.55	2.49	2.45	2.38	2.31	2.23	2.15	2.10	2.08	2.02	1.96
18	4.41	3.55	3.16	2.93	2.77	2.66	2.58	2.51	2.46	2.41	2.34	2.27	2.19	2.11	2.06	2.04	1.98	1.92
19	4.38	3.52	3.13	2.90	2.74	2.63	2.54	2.48	2.42	2.38	2.31	2.23	2.16	2.07	2.03	2.00	1.94	1.88
20	4.35	3.49	3.10	2.87	2.71	2.60	2.51	2.45	2.39	2.35	2.28	2.20	2.12	2.04	1.99	1.97	1.91	1.84
30	4.17	3.32	2.92	2.69	2.53	2.42	2.33	2.27	2.21	2.16	2.09	2.01	1.93	1.84	1.79	1.76	1.70	1.62
40	4.08	3.23	2.84	2.61	2.45	2.34	2.25	2.18	2.12	2.08	2.00	1.92	1.84	1.74	1.69	1.66	1.59	1.51
50	4.03	3.18	2.79	2.56	2.40	2.29	2.20	2.13	2.07	2.03	1.95	1.87	1.78	1.69	1.63	1.60	1.52	1.44
100	3.94	3.09	2.70	2.46	2.31	2.19	2.10	2.03	1.97	1.93	1.85	1.77	1.68	1.57	1.52	1.48	1.39	1.28
∞	3.84	3.00	2.60	2.37	2.21	2.10	2.01	1.94	1.88	1.83	1.75	1.67	1.57	1.46	1.39	1.35	1.24	1.00

表 8.6 F 分布表. 自由度 (d_1, d_2) における $P = \alpha = 0.025$ 値に対する f_α-値の数値計算結果.

$$\alpha = \int_{f_\alpha}^{\infty} p(x)dx$$

$d_2 \backslash d_1$	1	2	3	4	5	6	7	8	9	10	12	15	20	30	40	50	100	∞
1	648	799	864	900	922	937	948	957	963	969	977	985	993	1001	1006	1008	1013	1018
2	38.5	39.0	39.2	39.2	39.3	39.3	39.4	19.4	39.4	39.4	39.4	39.4	39.4	39.5	39.5	39.5	39.5	39.5
3	17.4	16.0	15.4	15.1	14.9	14.7	14.6	14.5	14.5	14.4	14.3	14.3	14.2	14.1	14.1	14.0	14.0	13.9
4	12.2	10.6	9.98	9.60	9.36	9.20	9.07	8.98	8.90	8.84	8.75	8.66	8.56	8.48	8.41	8.38	8.32	8.26
5	10.0	8.43	7.76	7.39	7.15	6.98	6.85	6.76	6.68	6.62	6.52	6.43	6.33	6.23	6.18	6.14	6.08	6.02
6	8.81	7.26	6.60	6.23	5.99	5.82	5.70	5.60	5.52	5.46	5.37	5.27	5.17	5.07	5.01	4.98	4.92	4.85
7	8.07	6.54	5.89	5.52	5.29	5.12	4.99	4.90	4.82	4.76	4.67	4.57	4.47	4.36	4.31	4.28	4.21	4.14
8	7.57	6.06	5.42	5.05	4.82	4.65	4.53	4.43	4.36	4.30	4.20	4.10	4.00	3.89	3.84	3.81	3.74	3.67
9	7.21	5.71	5.08	4.72	4.48	4.32	4.20	4.10	4.03	3.96	3.87	3.77	3.67	3.56	3.51	3.47	3.40	3.33
10	6.94	5.46	4.83	4.47	4.24	4.07	3.95	3.85	3.78	3.72	3.62	3.52	3.42	3.31	3.26	3.22	3.15	3.08
11	6.72	5.26	4.63	4.28	4.04	3.88	3.76	3.66	3.59	3.53	3.43	3.33	3.23	3.12	3.06	3.03	2.96	2.88
12	6.55	5.10	4.47	4.12	3.89	3.73	3.61	3.51	3.44	3.37	3.28	3.18	3.07	2.96	2.91	2.87	2.80	2.73
13	6.41	4.97	4.35	4.00	3.77	3.60	3.48	3.39	3.31	3.25	3.15	3.05	2.95	2.84	2.78	2.74	2.67	2.60
14	6.30	4.86	4.24	3.89	3.66	3.50	3.38	3.29	3.21	3.15	3.05	2.95	2.84	2.73	2.67	2.64	2.56	2.49
15	6.20	4.77	4.15	3.80	3.58	3.41	3.29	3.20	3.12	3.06	2.96	2.86	2.76	2.64	2.59	2.55	2.47	2.40
16	6.12	4.69	4.08	3.73	3.50	3.34	3.22	3.12	3.05	2.99	2.89	2.79	2.68	2.57	2.51	2.47	2.40	2.32
17	6.04	4.62	4.01	3.66	3.44	3.28	3.16	3.06	2.98	2.92	2.82	2.72	2.62	2.50	2.44	2.41	2.33	2.25
18	5.98	4.56	3.95	3.61	3.38	3.22	3.10	3.01	2.93	2.87	2.77	2.67	2.56	2.44	2.38	2.35	2.27	2.19
19	5.92	4.51	3.90	3.56	3.33	3.17	3.05	2.96	2.88	2.82	2.72	2.62	2.51	2.39	2.33	2.30	2.22	2.13
20	5.87	4.46	3.86	3.51	3.29	3.13	3.01	2.91	2.84	2.77	2.68	2.57	2.46	2.35	2.29	2.25	2.17	2.09
30	5.57	4.18	3.59	3.25	3.03	2.87	2.75	2.65	2.57	2.51	2.41	2.31	2.20	2.07	2.01	1.97	1.88	1.79
40	5.42	4.05	3.46	3.13	2.90	2.74	2.62	2.53	2.45	2.39	2.29	2.18	2.07	1.94	1.88	1.83	1.74	1.64
50	5.34	3.97	3.39	3.05	2.83	2.67	2.55	2.46	2.38	2.32	2.22	2.11	1.99	1.87	1.80	1.75	1.66	1.55
100	5.18	3.83	3.25	2.92	2.70	2.54	2.42	2.32	2.24	2.18	2.08	1.97	1.85	1.71	1.64	1.59	1.48	1.35
∞	5.02	3.69	3.12	2.79	2.57	2.41	2.29	2.19	2.11	2.05	1.94	1.83	1.71	1.57	1.48	1.43	1.30	1.00

Excel によるデータ分析の方法

付録 1.1 必要な分析ツールのアドイン

クラウド型の Office 365 に入っている Excel で説明する．Excel によるデータ分析は中に組み込まれている関数と分析ツール，ソルバーを使ってできる．分析ツールとソルバーは以下の手順でアドインしておく．

1) ファイル→オプション→アドインで分析ツールとソルバーを入れる．メインの画面に戻ってデータのタブをクリックして「データ分析」と「ソルバー」が画面上部の右端に表示されている事を確認する．

2) データ分析をクリックすると分析ツールの一覧が表示される．試しにエクセルの列方向に 1～10 までの数字を入れておき，データ分析の中から「基本統計量」を選択する．「入力範囲」は数字が入ったセル範囲を指定し，「データ方向」は列方向，「出力オプション」は「新規ワークシート」にチェックを入れて OK する．そうすると，平均，標準誤差，中央値（メジアン），最頻値（モード），標準偏差，・・・といった基本統計量が新規シートに表となって出ているはずである．

付録 1.2 関数とヒストグラムの作成

関数は色々あるが，送ったときにはまずタブで数式を選ぶ．上部に「検索/行列」，「数学/三角」，「その他の関数」がある．どれを選んでも関数がたくさん表示される．わからないときにはその下にある「関数の挿入」を選ぶ．そうすると，ダイアログボックスが出てくる．そこで「関数の検索」の記述ボックスに使いたい関数についてのキーワードを入れる．たとえば，平均と入れてクリックすれば平均にかかわるいくつかの関数の候補が出てくる．先頭に出てくる「AVEDEV」は絶対偏差の平均が出てくる．2 番目の「AVERAGE」が普通でいう平均である．スチューデントの t 検定に必要な統計量は

$$\frac{\bar{x}_1 - \bar{x}_2}{\sqrt{\frac{\hat{\sigma}^2}{n_1} + \frac{\hat{\sigma}^2}{n_2}}}$$

である．「関数の検索」の記述ボックスに検定と入れると，検定の関数がいろいろ出てくるが，その中から「T.TEST」を選べばよい．「この関数のヘルプ」を見れば使い方の詳細が出てくる．

　例として気象庁の Web サイトから滋賀県大津市の降水量をダウンロードし，ヒストグラム
を作成してみる．サイトの「各種データ・資料」の「気象観測データ」に進み，そこから「過
去の気象データ検索」をクリックする．「過去の気象データ ダウンロード」のボタンがあるの
で，そこをクリックする．地点は大津，データの種類は「月別値」，項目は降水の中の「降水量
の月合計」，期間は 2001 年 1 月〜2021 年 1 月とする．そして CSV ファイルをダウンロード
する．年月日，降水量のデータはそれぞれ A 列，B 列に入っているが，上のラベルは削除し，
品質情報が入った C 列，均質番号が入った D 列も削除して Excel で保存したとする．CSV
ファイルのままでは図を保存する機能がないので Excel 形式で保存しておく必要がある．

　このファイルを再度開き，「データ分析」のなかの「ヒストグラム」を選択する．「入力範囲」
は降水量が入った 241 個のデータのセル B1:B241 を指定する．「データ区間」はヒストグラム
を作成するときの階級の指定である．この場合，最大降水量は 505 mm で，50 mm 間隔でヒ
ストグラムを作ることにする．そのためには月毎の降水量が入ったシートのどこかの列に 50,
100, 150, ・・・, 450, 500 と事前に入れておく．「データ区間」ではこの数値が入ったセルの
範囲を指定する．こうすると 50 以下，50 超 100 以下，100 超 150 以下，・・・，500 超の階
級でヒストグラムが作られる．「出力オプション」は「新規ワークシート」と「グラフ作成」に
チェックを入れて OK を押すと最終的にヒストグラムが出てくる．この際，最初に出てくるグ
ラフは棒グラフのようになって階級の間に隙間ができるが，棒グラフをマウスでクリックして
系列のオプションを出す．そこで「要素の間隔」を 0 % にすると付図 1.1 のようになる．

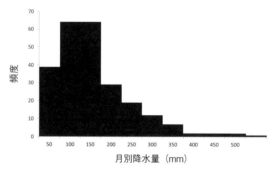

付図 1.1　大津市の月別降水量のヒストグラム（2001 年 1 月〜2021 年 1 月）．

付録 1.3　正規確率プロット

　ヒストグラムはガンマ分布のようで正規分布していない．もし正規確率プロットを見たいな
らば次の手順となる．

　1）関数 RANK.EQ を使って各月の降水量の順位を昇順に C 列に出す．データは 241 個あ
るのでそれだけの順位がつくことになる．RANK.EQ は 3 つの引数を持ち RANK.EQ（順位

を出すセル，順位をつける範囲，順序）となる．2 番目の引数は 241 個のセル範囲を絶対参照しておく．3 番目の引数（順序）は 0 ならば降順，それ以外の数字では昇順なので，今の場合は 1 にする．C 列の先頭にこの RANK.EQ を入力し，マウスで列方向にドラッグすれば全ての降水量に対する順位が入る．セル範囲を絶対参照しておかないと，ドラッグしたときにセル範囲が変わってしまうので注意する．

2) 次に累積確率を 累積確率 =（順位 − 0.5）/n で求め，D 列に入れる（n は全データ数: 241）．右辺の分子を順位でなく，順位 − 0.5 としたのは，最大降水量の 1 点が 累積確率 = 1 となり，正規分布を仮定したときの降水量の期待値が無限大となるのを防ぐためである．0.5 は 0.1 でも構わない．データが多ければこの値は順位にほとんど影響しない．これで降水量のデータと累積確率が 1 対 1 に対応づけられる．

3) 降水量の平均値と標準偏差を関数 AVERAGE と STDEV.P 使って出す．関数 STDEV.P はデータを母集団とみなして標準偏差を出す（普通でいう標準偏差のこと）．この場合はそれぞれ，132 mm, 91 mm となる．

4) これらの平均値と標準偏差を持った正規分布を仮定し，累積密度関数から逆にそれに対応した降水量の期待値を求め，E 列に出す．これは NORM.INV（累積確率，平均値，標準偏差）で出る．つまり，その結果，実際の降水量と正規分布を仮定した降水量が累積確率で結びつけられる．

5）降水量が本当に正規分布しているならば横軸に実際の降水量，縦軸に期待値をとってプロットすると傾き 1 の直線になる．これを見るために B 列の降水量のデータと E 列の期待値との散布図を描く（付図 1.2）．ガンマ分布のようなデータを，分散で決まるある幅を持った正規分布で置き換えたので，降水量が少ない領域では期待値には負の領域も出てくるし，傾き 1 の直線にはのらない．本書の正規確率プロットの説明では正規分布にある程度近いようなデー

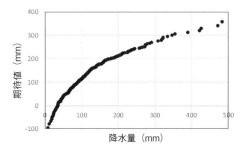

付図 1.2　付図 1.1 の正規確率プロット．正規分布からはかけ離れたものに対してプロットしているので直線にはのらないし，縦軸の期待値に負の値が出てしまう．

タで説明したが，そうではないデータに対してプロットすれば付図 1.2 のような結果になる．特定の月の降水量だけを抽出して上記の作業を行う場合は，データをダウンロードした後，「フィルター」を使ってその月だけを抜き出せばよい．

付録 2

Python によるデータ分析の方法

付録 2.1) Python を使うための環境の構築

本書では分析ツールとして Excel を使ったが，複雑な処理をするには Python が必要となる．Python はフリーで PC にインストールでき，統計用のライブラリーも種々，備わっているので便利である．プログラムを書く必要があるが，同じオブジェクト指向のプログラミング言語の Java 等に比べればはるかに書きやすいし，読みやすい．Python を使うには初心者は対話形の実行環境が構築できる Jupyter Notebook（あるいはその後継版である JupyterLab）を入れるのが良いだろう．それには Anaconda からインストールするのが便利である．Python で統計処理や科学技術計算を行うためには Pandas, NumPy, SciPy, グラフを描くには Matplotlib, あるいは Seaborn を一緒に入れておかねばならない．Anaconda は Python とともにこれらのデータ科学向けのライブラリーを提供するプラットフォームで，Jupyter Notebook も一緒にインストールすることができる．インストールのサイトは Anaconda と検索すれば出てくる．

付録 2.2) Python と統計・数値解析ライブラリーを使ったデータ分析の例

以下では Jupyter Notebook が PC にインストールされ，付録 1 で使った大津市の 20 年分の月間降水量が入った csv ファイルができていて，ファイル名は「大津市降雨量.csv」という前提で話をする．以降の説明のためにファイルの A 列，B 列の先頭には列内容を示す year-month, rainfall のラベルをつけておく．Jupyter Notebook を立ち上げ，右上の「New」から「Python3」を選んでクリックする．コードの入力画面が現れるので，In に次のコードを書き込んで Run をクリックする．

```
#pandas, numpy, matplotlib.pyplot の読み込み
import pandas as pd
import numpy as np
import matplotlib.pyplot as plt

#csv ファイルの読み込み
df=pd.read_csv('' 絶対パス'')
data = np.array(df['rainfall'])
```

```
#ヒストグラム
fig = plt.figure()
ax = fig.add_subplot(1, 1, 1)
ax.hist(data, bins=40, color="black")
plt.show()
```

　すると付図 2.1 のような $bins = 40$ にしたヒストグラムが得られる．import pandas as pd は Pandas を pd というオブジェクト名で読み込んで使うという意味である．pd.read_csv(" 絶対パス") は Pandas に含まれる csv ファイルを読み込むためのメソッドである．絶対パスはファイルが C ドライブに入っているのならば，C : / ⋯ / 大津市降雨量.csv となる．ファイルは df という名前にしたが，B 列は rainfall というラベルが付いているので NumPy の np.array() を使って降雨量のデータを抽出して data に入れている．

　plt.figure() は Matplotlib.pyplot の中にある図を描くメソッドである．fig.add_subplot(1, 1, 1) の add_subplot() は複数のグラフを並べて表示させるときに使う．括弧内の引数は（行の分割数，列の分割数，指定値）で，（2, 2, 1）ならば 4 つのグラフを 2 × 2 の形で並べ，最後の指定値 1 は左上に配置して表示させることを意味する．今は（1, 1, 1）なので普通に 1 つのグラフを表示させることになる．hist はヒストグラムを描かせるが，引数は $bins = 40$ としてある．Excel と違って，これだけで自動的に $bins$ が指定できる．

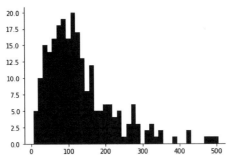

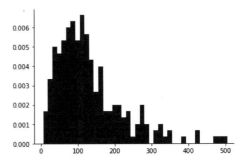

付図 2.1　大津市の月別降水量のヒストグラム（2001 年 1 月〜2021 年 1 月）．$bins = 40$.　　付図 2.2　付図 2.1 の相対度数プロット．

　ヒストグラムを出すときに，

```
ax.hist(data, bins=40, density=True, color="black")
```

として引数に，density=True を入れると縦軸が度数から相対度数（= 相対度数/階級幅）になる（付図 2.2）．相対度数に階級幅をかけ，全階級を加算すると 1 になる．

NumPy を使って求めたガンマ分布を付図 2.3 に示す．ガンマ分布は指数分布の一般形で，

$$f(x) = \left(\frac{\lambda^{\alpha}}{\Gamma(\alpha)} \right) x^{\alpha-1} e^{-\lambda x}$$

と表せた．この式で $\alpha = 2$，$\lambda = 1/70$ とすると降水量の相対度数分布と比較的よく合うことがわかる．

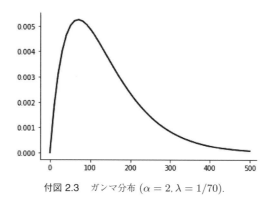

付図 2.3　ガンマ分布 $(\alpha = 2, \lambda = 1/70)$.

参考文献

[1] 伊藤公一朗, データ分析の力 因果関係に迫る思考法 (2017 年, 光文社)

[2] 岡本正芳, 工学系のための確率・統計：確率論の基礎から確率シミュレーションへ (2013 年, コロナ社)

[3] 岡谷貴之, 深層学習 (2015 年, 講談社)

[4] 金丸隆志, 高校数学からはじめるディープラーニング (2020 年：第 1 版, 講談社)

[5] 久保拓弥, データ解析のための統計モデリング入門 (2012 年：第 1 版, 2013 年：第 9 版, 岩波書店)

[6] 古賀弘樹, 一段深く理解する 確率統計 (2018 年, 森北出版)

[7] 新納浩幸, 数理統計学の基礎 (2004 年：第 1 版, 森北出版社)

[8] 竹村彰通, 共立講座 21 世紀の数学 14 統計 (1997 年：第 1 版, 2007 年：第 2 版, 共立出版)

[9] 中田寿夫・内藤貫太, 確率・統計 (2017 年, 学術図書出版社)

[10] 西内啓, 統計学が最強の学問である (2013 年：第 1 版, 2017 年：第 17 版, ダイヤモンド社)

[11] 服部哲也, 理工系の確率・統計入門 (2005 年：第 1 版, 2019 年：第 4 版, 学術図書出版社)

[12] I. Goodfellow, Y. Bengio, and A. Courville, *Deep Learning* (2016, The MIT Press)

[13] A. K. Jain, "Data clustering:50 years beyond K-means", *Pattern Recognit. Lett.*, vol. 31, pp. 651–666 (2010).

[14] T. Kohonen, "Self-organizing formation of topologically correct feature maps", *Biol. Cybern.*, vol. 43, pp. 59–69 (1982).

[15] T. Kohonen, "The self-organizing map", *Proc. IEEE*, vol. 78, no. 9, pp. 1464–1480 (1990).

[16] T. Kohonen, *Self-Organizing Maps*, 3rd ed. (2000, Springer)

[17] J. K. Kruschke, *DoingBayesian Data Analysis*, 2nd ed. (2015, Elsevier Inc.) (翻訳書：前田和寛 監訳, ベイズ統計モデリング, 2017 年, 共立出版)

[18] T. Miyano and T. Tsutsui, "Data synchronization in a network of coupled phase oscillators", *Phys. Rev. Lett.*, vol. 98, no. 2, pp. 024102-1–024102-4 (2007).

[19] A. Rukhin, J. Soto, J. Nechvatal, M. Smid, E. Barker, S. Leigh, M. Levenson, M. Vangel, D. Banks, A. Heckert, J. Dray, and S. Vo, "A statistical test suite for random and pseudorandom number generators for cryptographic applications", *NIST Special Publication 800-22, Revision 1a* (Revised April 2010).

[20] G. Sugihara and R. M. may, "Nonlinear forecasting as a way of distinguishing chaos from measurement error in time series", *Nature*, vol. 344, pp. 734–741 (1990).

[21] A. Tikhonov and V. Y. Arsenin, *Solutions of Ill-Posed Probolems* (1977, W. H. Winston, Washington D. C.)

[22] V. Vapnik, *The Nature of Statistical Learning Theory* (1995, Springer)

[23] V. Vapnik, *Statistical Learning Theory* (1995, John Wiley & Sons, Inc.)

[24] T. H. Wonnacott and R. J. Wonnacott, *Introductory Statistics for Business and Economics*, 4th ed. (1990, John Wiley & Sons, Inc.)

問題の略解

問題 2.1 学習支援によって成績が伸びた・それほど伸びなかったかは，少なくも同じ学力を持った集団どうしで比べなければわからない．成績優秀者は自分で学習するので学習支援の効果は小さく，中位のレベルの学生に対しては効果が大きく出るかもしれない．回帰不連続デザインによる学習支援効果の測定では成績が似通った学生どうしの比較になるので「サンプル選択」の影響が減らせ，因果関係が推定しやすくなる．

問題 2.2 大企業の売り上げのばらつきは，中小企業よりも大きくなる傾向にある．そのため，標本として選ばれた大企業ごとに総売り上げの推定値が異なり，正しい推定ができなくなる恐れがある．それを避けるには，層化で各部分集団に割り当てる標本数を，特定項目の大きさと，その標準偏差の積に比例させて配分すればよい．これがネイマン配分法である．ばらつきが大きい層があるとその層の抽出率を 1 にし，全数抽出することがある（悉皆調査）．その場合は大企業は全て調査することになる．

問題 3.1 血液型は名義尺度を持った質的変数で，O，A，B，AB 型の 4 つの項目がある．% がついているがそれらは相対度数に対応する．相対度数は，各階級の度数が全体の中でどれだけの割合にあたるかを示す．ランダムに選んだ 100 人の O，A，B，AB 型の割合が 33 %，36 %，23 %，8 % であるときに，このデータは日本人の血液型の分布と同じといえるかを調べるのが，度数を比べる χ^2 検定（適合度検定）である（参考までに，これはロシア人の血液型の割合である）．

問題 3.2 略解図 1 に解答例を示す．

問題 3.3 期間内での最大月間降水量は 381 mm である．階級幅は 25 mm，$bins = 16$ とすると，0〜400 mm までの範囲のヒストグラムができる．略解図 2 に解答例を示す．

度数	累積度数	相対度数	累積相対度数
2	2	0.02	0.02
1	3	0.01	0.03
4	7	0.04	0.07
5	12	0.05	0.12
10	22	0.1	0.22
18	40	0.18	0.4
25	65	0.25	0.65
22	87	0.22	0.87
10	97	0.1	0.97
3	100	0.03	1

略解図 1　問題 3.2

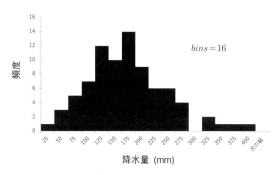

略解図 2　問題 3.3

問題 3.4
$$(\hat{\theta} - \theta)^2 = (\hat{\theta} - E[\hat{\theta}] + E[\hat{\theta}] - \theta)^2$$
$$= (\hat{\theta} - E[\hat{\theta}])^2 + (E[\hat{\theta}] - \theta)^2 + 2(\hat{\theta} - E[\hat{\theta}])(E[\hat{\theta}] - \theta)$$

となる．母数とは母集団の平均や分散などを意味し，θ は定数であることに注意する．また，$E[\hat{\theta}]$ も定数である．すると，上の式の右辺の第 3 項の期待値はゼロである．なぜならば，$(E[\hat{\theta}] - \theta)$ の項は定数で，$E[\hat{\theta} - E[\hat{\theta}]] = E[\hat{\theta}] - E[\hat{\theta}] = 0$ となるからである．次に，右辺の第 1 項の期待値は，$E[(\hat{\theta} - E[\hat{\theta}])^2] = V[\hat{\theta}]$ と書ける．さらに，$E[(E[\hat{\theta}] - \theta)^2] = (E[\hat{\theta}] - \theta)^2$ となる．したがって，$E[(\hat{\theta} - \theta)^2] = (E[\hat{\theta}] - \theta)^2 + V[\hat{\theta}]$ となる．一般的に，推定量の平均 2 乗誤差はバイアス（偏り）の 2 乗と，バリアンス（分散）に分解できる．平均 2 乗誤差が一定だと両者はトレードオフの関係にある．不偏分散はバイアスをゼロとしたときの母分散の推定量である．バリアンスを最小にした推定量も考えられるが，それだと $\hat{\theta}$ は母分散に一致しなくなる．

問題 3.5　母集団の平均は 2，分散は 1 である．x_1, x_2 の組み合わせは，(1, 1)，(1, 3)，(3, 1)，(3, 3) の 4 通りある．標本分散ではたとえば (1, 3) ならば，分散は $(1 + 1)/2$ と 2 で割って計算するので 1 となる．したがって，標本分散の期待値は，$(0 + 1 + 1 + 0)/4 = 1/2$ となるが，これは母分散と一致しない．一方，不偏標本分散では，(1, 3) のときには分散は $(1 + 1)/1$ と 1 で割って計算するので 2 となる．よって，不偏分散の期待値は，$(0 + 2 + 2 + 0)/4 = 1$ となり，母分散と一致する．すなわち，（標本数 − 1）で割ったものが母分散の推定量になる．

問題 3.6　「ブラジルで一匹の蝶が羽ばたくと，テキサスで竜巻が起きる」という言葉がある．気象現象では初期値によってその後の様子が大きく変わることを表現している．「アンサンブル予報」ではまず，少しずつ異なる初期値を多数用意し，それらを使って数ヶ月先の気象状況をシミュレーションする．その後に複数のシミュレーション結果を統計処理して予報を出している．

　分散というときにはヒストグラムで分布の山が 1 つの単峰性（unimodal）のものを考えるかもしれない．しかしながら，山が 2 つの二峰性（bimodal）の場合もある．試験をすると得点分布にはこうした傾向が時々見られる．山のピークが離れているときに，分散の計算式を当てはめて値を出すことはできるが解釈が難しく，あまり意味を持たないであろう．

問題 3.7 r 回成功までに k 回失敗するとすれば，k 回の失敗の前には $(r-1)$ 回成功しているはずである．その確率は 2 項分布に従うので，$_{r+k-1}C_k p^{r-1}(1-p)^k$ となる．そして r 回目の成功になるので，これに p をかければよい．よって，負の 2 項分布は $_{r+k-1}C_k p^r(1-p)^k$ となる．今は $p = 1/2$，$r = 5$ なので，$_{4+k}C_k (1/2)^{5+k}$ を計算すればよい．5 回の成功確率は，失敗回数が $k = 3$, 4 で最大となって 0.14 となる．

負の 2 項分布と呼ばれるのは以下の理由による．$(1-p) = q$ とおくと，$_{r+k-1}C_k p^r q^k = (-1)^k {}_{r+k-1}C_k p^r(-q)^k = {}_{-r}C_k p^r(-q)^k$ となる．ここで，$_{-r}C_k = (-r)(-r-1)\cdots(-r-(k-1))/k!$ である．この式はさらに，$_{-r}C_k p^r(-q)^k = {}_{-r}C_k (1/p)^{-r-k}(-q/p)^k = {}_{-r}C_k a^k b^{-r-k}$ と書ける $(a \equiv -q/p,\ b \equiv 1/p)$．これは，形式的に 2 項分布と同じ形をしているので「負の 2 項分布」と呼ばれる．また，負の 2 項分布の平均と分散はそれぞれ，rq/p, rq/p^2 となる．

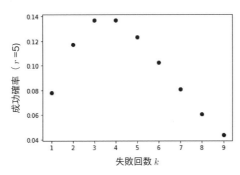

略解図 3　問題 3.7

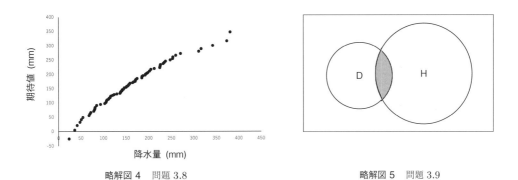

略解図 4　問題 3.8　　　　　　　　　　　　　略解図 5　問題 3.9

問題 3.8 正規確率プロットをすると，観測された降水量と期待値は概ね，ほぼ傾き 1 の直線の上にのる．

問題 3.9 ベン図で 2 つの事象 D，H の重なり部分を考えることから，以下のようになる．

$$P(\mathrm{D}|\mathrm{H})P(\mathrm{H}) = P(\mathrm{H}|\mathrm{D})P(\mathrm{D})$$

$$P(\mathrm{D}|\mathrm{H}) = \frac{P(\mathrm{H}|\mathrm{D})P(\mathrm{D})}{P(\mathrm{H})}$$

問題 3.10　因子が 2 つの時の重回帰分析モデルでは，回帰係数の分母は（1−2 因子の相関係数の 2 乗）に比例する（第 8 章式（8.129），式（8.130）参照）．観測データは偶然誤差の違いによって変動するので，相関係数も観測によって変わる．そのために相関係数の絶対値が 1 に近づくと，回帰係数は観測データの違いによる変動を受けやすくなる．これが多重共線性の問題が起こる理由である．

問題 3.11　擬似相関は 2 つの事象に因果関係がないにもかかわらず，あるように見えることである．たとえば，労働力率は 15 歳以上の人口に労働力人口が占める割合であり，女性の労働力率と出生率の間には相関関係があるが，因果関係はない．都市化が影響（狭い住宅空間，核家族化など）していると言われている．2 つの因子（x, y）に別の因子（z）が介在しているときは，実質的な相関の程度は，偏相関係数 $r_{xy,z}$ は，$r_{xy,z} = (r_{xy} - r_{xz}r_{yz})/\sqrt{1-r_{xz}^2}\sqrt{1-r_{yz}^2}$ で評価できる．この式の右辺に出てくる r_{xy}, r_{xz}, r_{yz} は，添え字がついた因子間の相関係数である．

問題 3.12　$\bar{x} = 6$, $\bar{y} = 5$ である．$s_{xx} = (16 + 9 + 0 + 9 + 4 + 4)/6 = 21/3$, $s_{yy} = (4 + 1 + 4 + 1 + 1 + 9)/6 = 10/3$ である．また，$s_{xy} = (8 + 3 + 0 + 3 + 2 + 6)/6 = 11/3$ である．これより，

$$a = \frac{s_{xy}}{s_{xx}} = \frac{11}{21} = 0.524$$
$$b = \bar{y} - a\bar{x} = 5 - \frac{11}{21} \times 6 = \frac{13}{7} = 1.86$$

となる．Excel で確かめるには列方向に x, y を入れ，散布図を描く．「近似曲線を追加」し，「線形近似」を選び，「グラフに数式を入れる」にチェックを入れる．回帰係数や切片が出てきて，計算値と一致することが確認できる．

問題 3.13
$$\log L(\beta|x) = \log[\beta x_1^{-(\beta+1)} \beta x_2^{-(\beta+1)}] = 2\log\beta - (\beta + 1)\log(x_1 x_2)$$
$$\frac{\partial \log L(\beta|x)}{\partial \beta} = \frac{2}{\beta} - \log(x_1 x_2)$$

よって，$\beta = \dfrac{2}{\log(x_1 x_2)}$ となる．

問題 3.14　指数分布で対数尤度を最大にするのは $\lambda = 2/(x_1 + x_2)$ のときである．また，モデルのパラメータの数は 1 である．これより，AIC $= -2$（最大対数尤度 -1）が計算できる．パレート分布でもパラメータ数は 1 で，同様に AIC が計算できる．両者を比較して値が小さいほうがよいモデルになる．

問題 3.15　(1)
$$D_{KL,\,pq} = H_{pq} - H_{pp}$$
$$= \int_{-\infty}^{\infty} p(x)\log p(x)dx - \int_{-\infty}^{\infty} p(x)\log q(x)dx$$
$$= -\int_{-\infty}^{\infty} p(x)\log \frac{q(x)}{p(x)}dx$$

となる．ここで，$t > 0$ では，$\log t \leq (t-1)$ であるので，$-\log t \geq (1-t)$ である．$t \equiv q(x)/p(x)$ とすると，

$$D_{KL,\,pq} \geq \int_{-\infty}^{\infty} p(x)\left[1 - \frac{q(x)}{p(x)}\right]dx$$
$$= \int_{-\infty}^{\infty} (p(x) - q(x))dx$$
$$= \int_{-\infty}^{\infty} p(x)\,dx - \int_{-\infty}^{\infty} q(x)\,dx = 0$$

となる（右辺の等号は，$q=p$ のとき）．したがって，$D_{KL,\,pq} \geq 0$ が成り立つ．

(2) 真の成功確率は 0.9 なので，失敗確率は 0.1 である．それを 0.7, 0.3 $(= 1-0.7)$ と予想したわけである．よって，$D_{KL,\,pq} = -(0.9\log 0.7 + 0.1\log 0.3) + (0.9\log 0.9 + 0.1\log 0.1) = 0.9\log\frac{0.9}{0.7} + 0.1\log\frac{0.1}{0.3} = 0.12$ となる．もちろん真の成功確率を予想できれば $D_{KL,\,pq} = 0$ となる．

問題 3.16　正規分布では，$f(y) = \exp[(y\mu - \mu^2/2)/\sigma^2 - y^2/(2\sigma^2) - \log\sqrt{2\pi}\sigma]$ と変形できる．よって，自然パラメータは $\theta = \mu$ となる．2 項分布では，$f(y) = {}_nC_y p^y(1-p)^{n-y} = \exp\{\log[{}_nC_y p^y(1-p)^{n-y}]\}$ と変形できる．これはさらに，$f(y) = \exp\{y\log[p/(1-p)] + n\log(1-p) + \log {}_nC_y\}$ となる．したがって，2 項分布では $\theta = \log[p/(1-p)]$ となって，ロジットリンク関数が出てくる．ロジスティック回帰式は，$\log[p/(1-p)] = $ 線形予測子 となる．

問題 3.17　1 週間に 3 時間以上，勉強した学生のオッズは $p/(1-p) = 40/10 = 4$，3 時間未満のときのオッズは $30/20 = 1.5$ である．よってオッズ比は $4/1.5 \fallingdotseq 2.7$ である．

問題 4.1　回帰式は，プログラミング力は学習によって上がるが，プログラミング授業によって一定の力が獲得されていると仮定している．切片はそれを表す．一定の力は，学生群 A は $(b_1 + c)$，B は $b_2 + c$，C は c で表されている．

問題 4.2　中間因子の血圧を入れると，塩分摂取量の回帰係数は，それを入れないときに比べて小さくなり，正しい分析ができなくなる．重回帰分析の回帰係数（= 偏回帰係数）は，他の変数を固定したときに，その説明変数が目的変数に及ぼす影響の大きさを表す．したがって，説明変数の影響が中間変数を介して伝わるときには，その影響は中間変数の固定で遮蔽されてしまう．よって偏回帰係数は ~0 になってしまう．

問題 6.1　正規分布の特性から，$\bar{x}$ と中央値の差が $\bar{x}$ の 10 % 程ある（前処理前の）売上データは，正規分布とは言えない．

問題 6.2 相関係数の目安は，次のようなものが一般的である．相関係数の絶対値が $0.0 \sim 0.2$ のときは，「ほとんど相関がない」．$0.2 \sim 0.4$ の場合は「弱い相関がある」．$0.4 \sim 0.7$ では「相関がある」．$0.7 \sim 1.0$ であれば，「かなり強い相関がある」とされている．したがって，0.52 は相関があるといえ，これが見かけ上の相関の可能性は十分考えられる．詳しくは 6.4 節に記載している．

問題 6.3 省略.

問題 6.4 省略.

問題 8.1 (1) 深海の底にある天然資源の埋蔵量，(2) 気候変動を調べるための地球表面気温，(3) 血液検査，(4) 人の遺伝情報

問題 8.2 省略.

問題 8.3 $\bar{x} = 0,\ s^2 = 4,\ \hat{\sigma} = 5,\ s = 2$

問題 8.4

$$
\begin{aligned}
s^2 &= \frac{1}{N} \sum_{i=1}^{N} (x_i - \bar{x})^2 \\
&= \frac{1}{N} \sum_{i=1}^{N} (x_i^2 - 2\bar{x}x_i + \bar{x}^2) \\
&= \frac{1}{N} \sum_{i=1}^{N} x_i^2 - 2\bar{x}\frac{1}{N}\sum_{i=1}^{N} x_i + \frac{1}{N}\sum_{i=1}^{N} \bar{x}^2 \\
&= \overline{x^2} - 2\bar{x}^2 + \bar{x}^2 = \overline{x^2} - \bar{x}^2
\end{aligned}
$$

$$
\begin{aligned}
\sigma^2 &= \int_{-\infty}^{\infty} p(x)(x-\mu)^2 dx \\
&= \int_{-\infty}^{\infty} p(x)(x^2 - 2\mu x + \mu^2) dx \\
&= \int_{-\infty}^{\infty} x^2 p(x) dx - 2\mu \int_{-\infty}^{\infty} x p(x) dx + \mu^2 \int_{-\infty}^{\infty} p(x) dx \\
&= \int_{-\infty}^{\infty} x^2 p(x) dx - \mu^2
\end{aligned}
$$

問題 8.5

$$
\begin{aligned}
E[ax + b] &= \int_{-\infty}^{\infty} (ax + b) p(x) dx \\
&= a \int_{-\infty}^{\infty} x p(x) dx + b \int_{-\infty}^{\infty} p(x) dx \\
&= aE[x] + b
\end{aligned}
$$

$ax + b$ の期待値を $E[ax + b]$ とおくと，

$$
\begin{aligned}
V[ax + b] &= E[(ax + b - E[ax + b])^2] \\
&= E[(ax + b - aE[x] - b)^2] \\
&= E[(ax - aE[x])^2] \\
&= a^2 E[(x - E[x])^2] \\
&= a^2 V[x]
\end{aligned}
$$

問題 8.6　相関係数を r_{xy} とおくと，$-1 < r_{xy} < 0$ である．数学の点数が高いと英語の点数が低く，英語の点数が高いと数学の点数が低い．数学と英語の得点間に負の相関がある．

問題 8.7

$$
\begin{aligned}
a &= \frac{\sum_{i=1}^{N}(x_i - \bar{x})(y_i - \bar{y})}{\sum_{i=1}^{N}(x_i - \bar{x})^2} \\
&= \frac{\sum_{i=1}^{N}(x_i y_i - y_i \bar{x} - x_i \bar{y} + \bar{x}\bar{y})}{\sum_{i=1}^{N}(x_i^2 - 2x_i \bar{x} + \bar{x}^2)} \\
&= \frac{\sum_{i=1}^{N} x_i y_i - 2N\bar{x}\bar{y} + \bar{x}\bar{y}}{\sum_{i=1}^{N}(x_i^2 - 2x_i \bar{x} + x_i \bar{x})} \\
&= \frac{\sum_{i=1}^{N} x_i y_i - N\bar{x}\bar{y}}{\sum_{i=1}^{N} x_i(x_i - \bar{x})}
\end{aligned}
$$

問題 8.8　省略．

問題 8.9　両辺の対数を取ると，$\log Y = a \log X + b$．$u = \log X$，$v = \log Y$ とおくと，標本データを $\{u_i = \log x_i,\ v_i = \log y_i\}_{i=1}^{N}$ と変換できる．したがって，以下を得る．

$$
\begin{aligned}
a &= \frac{s_{uv}}{s_u^2} \\
s_{uv} &= \frac{1}{N}\sum_{i=1}^{N}(u_i - \bar{u})(v_i - \bar{v}) \\
s_u^2 &= \frac{1}{N}\sum_{i=1}^{N}(u_i - \bar{u})^2 \\
b &= \bar{v} - a\bar{u}
\end{aligned}
$$

問題 8.10　問題 8.7 の解答例を参考にせよ．

問題 8.11

$$\sigma^n = \int_{-a}^{b} \left(x - \frac{a+b}{2}\right)^2 \frac{1}{b-a} dx$$

$$= \frac{1}{2} \frac{1}{n+1} \left[x^{n+1}\right]_{-1}^{1}$$

$$= 0 \ (n \text{ が奇数のとき})$$

$$= \frac{1}{n+1} \ (n \text{ が偶数のとき})$$

問題 8.12 列車の脱線事故の年間発生頻度等.

問題 8.13 $z = (x - \mu)/\sigma$ より $x = \sigma z + \mu$ および $dx = \sigma dz$ が成り立つから,確率密度関数は以下のようになる.

$$p(x)dx = \frac{1}{\sqrt{2\pi\sigma^2}} e^{-\frac{(x-\mu)^2}{2\sigma^2}} dx$$

$$= \frac{1}{\sqrt{2\pi\sigma^2}} e^{-\frac{z^2}{2}} \sigma dz$$

$$= \frac{1}{\sqrt{2\pi}} e^{-\frac{z^2}{2}} dz = p(z)dz$$

問題 8.14 標準正規分布表で $z_0 = 1.58$ における P-値は $P = 0.0571$ であるから,$1 - 2P = 0.8858$ となる.

問題 8.15

$$E[(\bar{x} - \mu)^2] = E\left[\left(\frac{1}{n}\sum_{i=1}^{n} x_i - \mu\right)^2\right]$$

$$= \frac{1}{n^2} E\left[\sum_{i=1}^{n} (x_i - \mu)^2\right]$$

$$= \frac{1}{n^2} n\sigma^2 = \frac{\sigma^2}{n}$$

ただし,$E[(x_i - \mu)(x_j - \mu)] = 0$ (if $i \neq j$) を用いた.

問題 8.16 $t_c = 2.602$

問題 8.17 $t_c = 1.684$

問題 8.18 A 社の標本平均と不偏標本分散を,それぞれ,$\bar{x}_A$, $\hat{\sigma}_A^2$, B 社の標本平均と不偏標本分散を,それぞれ,$\bar{x}_B$, $\hat{\sigma}_B^2$ とすると,

$$\bar{x}_A = 80, \ \hat{\sigma}_A^2 = \frac{500}{9}, \ \bar{x}_B = 70, \ \hat{\sigma}_B^2 = \frac{600}{9}$$

であるから，自由度 $d = 9$ における $t_{0.025} = 2.262$ を用いて，

$$\bar{x}_A - t_{0.025}\frac{\hat{\sigma}_A}{9} \leq \mu_A \leq \bar{x}_A + t_{0.025}\frac{\hat{\sigma}_A}{9}$$

および，

$$\bar{x}_B - t_{0.025}\frac{\hat{\sigma}_B}{9} \leq \mu_A \leq \bar{x}_B + t_{0.025}\frac{\hat{\sigma}_B}{9}$$

より，$74 \leq \mu_A \leq 86, \ 64 \leq \mu_B \leq 76$ を得る.

　自由度 $d = 18$ における $t_{0.025} = 2.101$ を用いる.

$$\bar{x}_A - \bar{x}_B - t_{0.025}\hat{\sigma}\sqrt{\frac{1}{5}} \leq \Delta \leq \bar{x}_A - \bar{x}_B + t_{0.025}\hat{\sigma}\sqrt{\frac{1}{5}}$$

$$\hat{\sigma} = \sqrt{\frac{9\hat{\sigma}_A^2 + 9\hat{\sigma}_B^2}{18}}$$

より，$2.7 \leq \Delta \leq 17.4$ を得る. 帰無仮説 $\Delta = 0$ は棄却される.

問題 8.19　標本平均と不偏標本分散は，それぞれ，$\bar{x} = 81, \ \hat{\sigma}^2 = 490/9$ であるから，$d = 9$ における $t_{0.05} = 1.833$ を用いると

$$t = \frac{\mu_1 - \bar{x}}{\sqrt{\frac{\hat{\sigma}^2}{10}}} \approx 1.714 < 1.833$$

となり，帰無仮説は受容される. 製品開発に成功した.

索　引

【著者紹介】

笠原健一（かさはらけんいち）
東京大学大学院工学系研究科博士課程修了，工学博士（1981 年）
現職：立命館大学理工学部特任教授
専門分野：光・量子エレクトロニクス，光通信

宮野尚哉（みやのたかや）
京都大学大学院理学研究科博士課程単位取得満期退学，理学博士（1985 年）
現職：立命館大学理工学部機械工学科教授
主著：『時系列解析入門　第 2 版』（共著，サイエンス社，2020 年）等
専門分野：非線形力学，人工知能

長憲一郎（ちょうけんいちろう）
立命館大学大学院理工学研究科博士課程後期課程修了，博士（工学）（2015 年）
現職：立命館大学理工学部機械工学科講師
専門分野：非線形力学，暗号理論

データ科学の基礎	著　者	笠原健一
Introduction to Data Science		宮野尚哉　　© 2021
		長憲一郎
2021 年 12 月 10 日　初版 1 刷発行	発行者	南條光章

発行所　**共立出版株式会社**
郵便番号 112-0006
東京都文京区小日向 4-6-19
電話　03-3947-2511（代表）
振替口座 00110-2-57035
www.kyoritsu-pub.co.jp

印　刷　藤原印刷
製　本

一般社団法人
自然科学書協会
会員

検印廃止
NDC 007.6, 417
ISBN 978-4-320-12479-0　　Printed in Japan